面向大众解说民用航空

宋庆功 等 编著

科学出版社

北京

内 容 简 介

本书以安全高效为主线，面向社会大众，解说民用航空基本知识、安全理念、管理架构、运维体系与功效等。全书共9章，包括民用航空概述、航空运输管理体系与安全管理、航空工业、空中交通管理、航空公司、民用机场、支持与服务、民航维修与适航管理，以及享受飞行等内容，旨在引导公众了解民航、走近民航、体验民航、享受民航服务，推动我国公众与民航行业的协同共进。

本书力求文字简练、语言流畅，具有较强的可读性，又不失严谨、规范，可供大中学生课外阅读，或作为大学通识课程、中学特色校本课程的教学参考书或辅助教材。

图书在版编目（CIP）数据

面向大众解说民用航空 / 宋庆功等编著. —北京：科学出版社，2018.9

ISBN 978-7-03-058685-8

Ⅰ．①面…　Ⅱ．①宋…　Ⅲ．①民用航空-基本知识
Ⅳ．①V19

中国版本图书馆 CIP 数据核字（2018）第 202421 号

责任编辑：滕亚帆　梁晶晶 / 责任校对：郭瑞芝
责任印制：吴兆东 / 封面设计：华路天然设计工作室

科 学 出 版 社 出版
北京东黄城根北街 16 号
邮政编码：100717
http://www.sciencep.com

北京九州迅驰传媒文化有限公司 印刷
科学出版社发行　各地新华书店经销

*

2018 年 9 月第　一　版　　开本：787×1092　1/16
2019 年 6 月第二次印刷　　印张：14 1/2
字数：380 000

定价：49.00 元

（如有印装质量问题，我社负责调换）

前　言

近年来，我国经济社会快速发展，民用航空（简称民航）发展更为迅猛。2012 年，国务院颁布了《国务院关于促进民航业发展的若干意见》，提出："坚持率先发展、安全发展和可持续发展，提升发展质量，增强国际竞争力，努力满足经济社会发展和人民群众出行需要。"明确航空发展目标："到 2020 年年运输总周转量达到 1700 亿吨公里，年均增长 12.2%，全国人均乘机次数达到 0.5 次。航空运输服务质量稳步提高，安全水平稳居世界前列，运输航空百万小时重大事故率不超过 0.15，航班正常率提高到 80% 以上。通用航空实现规模化发展，飞行总量达 200 万小时，年均增长 19%。经济社会效益更加显著，航空服务覆盖全国 89% 的人口。"随着我国民航强国战略的实施和"十三五"规划的贯彻落实，公众对于民航安全理念的探询、对民航运输的需求将更加旺盛；同时，公众对民航的新奇感、神秘感，以及公众对民航的不了解、不理解带来的各种不和谐因素或矛盾，乃至个别的纠纷或冲突，给社会和企业造成负面影响。以笔者的思考和分析，这里既涉及政府管理问题，也有企业营运问题，当然也有公众的了解不到位、理解不透彻的问题。从更深层次来说，主要是经济社会快速发展与公民素养提升和公众文化发展不协调的问题。本书的目的就是满足普通大众对民航基础知识与信息的需求，为搭建民航行业与公众沟通交流平台添砖加瓦，为促进民航与社会大众的协同发展贡献微薄之力。

本书的写作思路：以安全理念和安全管理为主线，基于作者对民航相关知识的学习研究、实际调查与旅行体验，遵循学习认知规律，以对未知事物探询的思路，梳理民用航空知识架构，解读民航运维体系与功效，面向社会大众读者，以平民化的视角、较通俗的语言文字将专业性较强的民航知识尽量用"大白话"阐述清楚；把相对"神秘"的行业概念或术语尽力用"大实话"解释明了，旨在引导普通大众了解民航、走近民航、体验民航、享受民航服务，为推动我国公众与民航的协同共进做些实事。

当前，我国已是民航大国，建设民航强国也已经纳入国家战略。建设民航强国的重要内涵之一，就包括公众对民航认知的高水准和公众使用民航运输的普及率。通过对本书的阅读，读者将会对民航有较全面的了解，加深对民航文化、服务理念、服务效率的理解，甚至使没乘坐过民航飞机的读者产生"飞一次"的憧憬、分享民航事业发展成果、体验先进的民航运输服务。

本书由宋庆功、李卫民策划，研究制订写作框架。全书最终由秦川、宋程成、朱佳林、朱轶婷、顾威风、宋庆功共同完成编著，具体分工是：秦川（1.7～1.17 节，3.1～3.12 节）；宋程成（2.4～2.15 节，4.5～4.11 节）；朱佳林（6.1～6.7 节，7.1～7.7 节）；朱轶婷（8.1～8.8 节）；顾威风（5.1～5.6 节）；宋庆功（1.1～1.6 节，2.1～2.3 节，3.13～3.18 节，4.1～4.4 节，5.7～5.12 节，6.8～6.10 节，7.8～7.11 节，8.9～8.11 节，9.1～9.8 节）。全书由宋庆功担任主编，负责对全书稿件进行统稿、定稿，交付出版社出版。

在本书的写作过程中，参考了许多专家学者的著作和网络资源，在此特致谢意！因篇幅有限，本书不能将所有参考的著作、论述一并在参考文献中列出，在此对所有专家学者表示感谢！

本书是一种新的尝试，因主客观条件所限难免存在不足之处，恳请读者批评指正。

宋庆功

2017 年 8 月 15 日

目　　录

第1章　民用航空概述

说到民用航空，你也许了解一些，能说出它的许多特点。但以我们的了解，它是一个复杂的系统。对于许多没有乘坐过民航飞机，或没有接触过民航系统的人来说，它的确是陌生的。要了解民用航空，请看我们的逐节解说。

1.1　人类飞的梦想

天空无垠，鸟儿自由翱翔！与鸟类处于同一生物圈的人类不禁浮想联翩，人们都会渴望像鸟儿一样飞行，希望飞得更高、更远，幻想追星逐月……

飞向天空，是人类的梦想，是经久不衰的话题。在世界各民族绚丽多彩的神话中，都能找出许许多多人与鸟比翼齐飞的传说。我国嫦娥奔月的故事反映出人们幻想升空飞行的强烈愿望（图 1-1）。在《封神演义》里有个叫雷震子的人，是姜太公手下的一员大将，他肋下生翅，能在空中自由地飞来飞去（图 1-2）。还有牛郎织女，列子驾风飞行，萧史和弄玉乘龙骑凤上天，孙悟空腾云驾雾、一个筋斗十万八千里等神话故事，都充分反映出人们对飞行的遐想和憧憬。

图1-1　嫦娥奔月

图1-2　雷震子飞行

然而，人类毕竟与鸟类有显著的差异，为了实现自由自在的飞翔这个愿望，人类经历了漫长的历程。从远古神奇的幻想到近代不断的探索，从中国的风筝、木鸟、孔明灯、竹蜻蜓和"火箭"到西方人用鸡毛做成双翼的飞行尝试，经过了无数痛苦的失败，探索却从未停息。

1.2　历程漫漫

为了实现飞的梦想，人类早期对飞行的探索主要是模仿鸟类飞翔，这经历了一个漫长而又曲折的历程。中国和欧洲都有人用羽毛做成翅膀绑在身上，试图靠手臂扇动翅膀产生升力，以此模仿鸟类的飞行，但常常事与愿违。

到17世纪，近代科技的发展为研究飞行奠定了基础、指明了方向，例如，通过研究鸟类飞行的特点，发现鸟类肌肉力量与其体重的比值很大；而人类肌肉的力量与体重的比值则很小，根本不足以通过扇动翅膀进行有效的飞行。从此，人们对飞行的探索向着更为理性的方向发展。例如，尝试制作密度小于空气的物体，利用热空气的静浮力使物体升空，并且在技术上比较容易实现。

事实上，早在10世纪初，中国就出现了类似于热气球的"孔明灯"（图1-3）。它们升入空中，作为战争中的联络信号，如今它们仍然被人们在游戏或娱乐中使用。1783年6月5日，法国蒙哥尔费兄弟制造了直径为10米填充空气的热气球，并飞行成功（图1-4）。几乎同时，1783年8月27日，法国科学家查理的氢气气球第一次升空。他用涂覆了橡胶的丝绸制作气囊以防止氢气泄漏。

图1-3　孔明灯

图1-4　热气球

随后，蒙哥尔费兄弟的第二只热气球实现载有动物升空，并飞行约3000米后安全降落。1783年11月21日，罗奇埃和阿尔朗德乘热气球升到约1000米的高度，并飞行了12千米。查理和罗伯特于同年12月1日，一起乘坐氢气球在空中飘行了50千米。这些可谓是人类首次搭乘航空器离开地面飞行，从此便开始了对气球（航空器）的研究与广泛使用，但这种飞行没有自身动力、缺乏可操控性。

巴西的杜蒙特是早期的航空器研制者和飞行家。1898年，杜蒙特制造的第一个气囊飞艇——"巴西"在巴黎升空成功。1901年10月19日，他设计的装有20马力①引擎、形状像香肠的动力飞艇——"桑托斯·杜蒙特6号"正式起飞。它绕埃菲尔铁塔转了几圈，掉头飞往法国航空俱乐部所在地——巴格特勒，最后缓缓落地。杜蒙特也因此获得了法国航空俱乐部颁发的10万法郎重奖。

19世纪初，英国的凯利提出了重于空气的航空器飞行理论，阐明了利用固定机翼产生升力及利用不同翼面控制飞机的设计理念。他于1847年设计制作了一架载人滑翔机（图1-5），并进行了试飞，以验证其理论的有效性，从而确立了现代飞机的基本构型，

图1-5　凯利设计制作的载人滑翔机

————————————
① 1马力=745.7瓦

迎来了胜利的曙光。他著有科学著作《论空中航行》，为后续航空器的研制提供了重要的理论基础和经验，因此他被誉为"世界上成功地使载人滑翔机飞上蓝天"的第一人。

1.3　美　梦　成　真

第一架自身有动力且具有可操控性的载人飞机是由美国莱特兄弟设计和制作的。1903 年 12 月 17 日，他们制作的飞机——"飞行者" 1 号，由弟弟奥维尔·莱特驾驶，在北卡罗来纳州的基蒂霍克飞行了 12 秒，他们进行了几次飞行，其中一次飞行由哥哥威尔伯·莱特驾驶，飞行距离 260 米，在空中持续了 59 秒。这可谓是人类第一次有动力、稳定、可操控、可重复的持续飞行，使人类渴望了数千年的飞天美梦成为现实，开创了人类现代航空的新纪元。因此，人们普遍认为是莱特兄弟设计并制作了首架可以载人的航空器。

图 1-6 是"飞行者" 1 号示意图。这是一架普通双翼飞机，飞机长 6.5 米，翼展（也就是宽度）12.3 米。一台 12 马力的活塞式汽油发动机，用链条带动两副推进式螺旋桨。螺旋桨直径为 2.59 米，分别安装在驾驶员位置的左右两侧。飞机的起飞重量为 340 千克。

图 1-6　"飞行者" 1 号

事实上，巴西的杜蒙特也在飞机研制方面做出了重要贡献。通过刻苦钻研，杜蒙特设计出了一种他取名为"14Bis"的飞机。1906 年 10 月 23 日，他的飞机发动机功率已达 50 马力，飞机在巴黎升到 3 米的高度，并足足飞了 60 米。巴西人认为，这架飞机才能算是人类"第一架真正意义上的飞机"。1909 年，杜蒙特又成功试飞了他设计的第 5 代飞机"少女号"，它既小巧又轻快，被认为是真正实用的轻型飞机。

冯如被誉为我国第一位飞机设计师、制造者和飞行家。1903 年，在得知莱特兄弟发明了飞机后，他立志依靠中国人自己的力量来研制飞机。在华侨的赞助下，冯如于 1907 年在美国旧金山湾东岸的奥克兰设立飞机制造厂；1909 年，广东飞行器公司正式成立，他任总工程师。1910 年 10 月，冯如驾驶他制作的第二架飞机，在奥克兰进行飞行表演并大获成功，受到了孙中山先生和旅美华侨的赞许，同时获得美国国际航空学会颁发的甲等飞行员证书。1911 年 2 月，冯如谢绝美国多方的聘任，带着助手及两架飞机回到中国。当时冯如带回国的两架飞机中，一架翼展 8.9 米，弦长 1.37 米，使用一台功率为 30 马力的活塞式发动机，螺旋桨转速为 1200 转/分；另一架为双翼鸭式布局飞机，发动机功率为 75 马力，采用推进式螺旋桨。

人类实现飞行是 20 世纪最伟大的技术成就之一，这给人类生活带来了巨大的变化，飞行事业发展速度越来越快。从古代的飞行传说到人类第一次借助气球升空，经过了漫长的几千年；从热气球载人升空到有动力的飞机载人飞行，经过了长达 120 年之久；从飞机的问世到喷气式飞机出现，却只经历了 36 年；而从喷气式飞机到超音速飞机的间隔只有 8 年……

飞机在第一次世界大战中显现出了重要作用，飞机的应用极大地促进了航空科学技术和航空工业的发展以及相关的力学、物理学、材料学与机械学的发展。战后，许多国家开办了民用航空运输业，以继续发展航空工业。从 1919 年开始，世界上就已有几条定期国际航线（airway）。

今天，民用航空运输已经成为人们日常生活中不可缺少的交通手段，人们可以借助民航运输安排自己的行程，到世界各地去旅行。人类也已经实现地月往返飞行，人类到其他星球去安家落户已经不再是空想。

1.4　理解空气动力

飞机为什么能飞起来？这是许多人想明了的问题，你也有这个兴趣吧。

飞行需解决的首要问题就是如何获得飞行器所需要的举力、减小飞行器的阻力和提高它的飞行速度。这就要从理论和实践上研究飞行器与空气相对运动时作用力的产生及其规律。

- **流体的易流性**

飞机的质量轻则几十千克重则甚至达到几百吨，如此沉重的物体能够在空气中翱翔而不坠落，就是因为飞机在飞行过程中受到了足够大的"升力"托举，它抗衡着地球的引力。要理解飞行原理，首先就得了解流体的性质。

流体是液体和气体的总称。与固体不同，流体没有确定的几何形状，把流体盛在某容器内，它的形状就取决于该容器的几何形状。流体的这种容易流动（或抗拒变形能力很弱）的特性，称为易流性。

在流体中，气体与液体又有所不同。一定量的液体虽然没有确定的几何形状，但却有一定的体积，在容器中能够形成一定的自由表面。而气体则大不一样，它连体积也是不确定的，总是能够充满容纳它的整个容器。

- **空气动力**

空气动力是指物体与空气相对运动时所产生的空气对物体的作用力。空气的动力作用与其易流性密切相关。空气动力的大小与气体的密度、温度、速度、物体的形状等密切相关。刮大风时，我们会明显感觉到空气的作用力，有时十几米、几十米高的大树都会被连根拔起，这就是空气动力作用的结果。

- **空气动力与相对运动**

当一个物体在静止的空气中（无风情况下）作水平、等速直线飞行时，气体将在物体的外表面上产生空气动力；反过来，如果空气以同样的速度水平、等速地流向静止不动的同一物体，同样会在物体的外表面上产生空气动力。显然，这两种情况下作用在物体（飞机）上的空气动力是一样的。可见，空气动力与物体（飞机）和气体之间的相对运动有重要关系。

1.5 飞机飞行原理

● **伯努利定律**

说到空气动力必须要提到伯努利定律。1738 年，瑞士物理学家伯努利研究流体流动时，发现了压强随流速变化的现象。如图 1-7 所示，当试验管道中的气体静止时，五个测压管中的指示剂高度是相同的。当试验管道中气体流速增加时，试验管道中压强就会减小，测压管中的指示剂高度就会升高；试验管道中部直径最小、气体流速最大，压强最小、指示剂高度最大。这就是伯努利定律揭示的道理，它是研究气流特性和在气流中的物体表面上产生空气动力的基本规律之一。

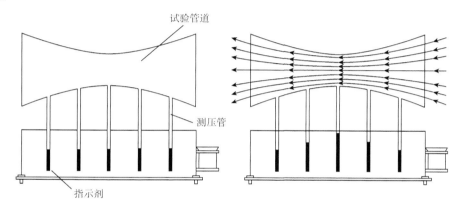

图 1-7　流体内压强与流速的关系

● **升力的获得**

我们将风筝视为简易平板，该平板与风向形成的夹角称为迎角，如图 1-8 所示。

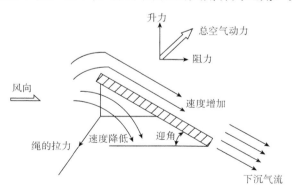

图 1-8　风筝上的气流和风筝受力

风（空气）在风筝上产生的向后的作用力称为阻力，向上的作用力就是升力。该升力是由于流过风筝上表面的气流速度大、压力小，而风筝下表面的气流受到阻隔，流速小、压力大。这就形成两个表面间的压力差，总的合力就是空气动力，也就是升力与阻力。此时的空气动力可以被分解为两个力：向后的阻力和向上的升力。当迎角为 90°，也就是风向与风筝平面垂直时，风只产生阻力。人只能用手拉紧风筝线，使拉力与阻力平衡，风筝才不至于被风刮跑。当迎角为 0°时，风筝基本不受风力的作用，它会在重力作用下逐渐飘落。可见，只有当风筝的迎角为一定的锐角时，空气动力（也就是风的作用力）变为向后、向上的力，才能驱动风筝升空遨游。此时风筝受的阻力与牵线对风筝的拉力平衡，而升力则与风筝受的重力平衡。风筝在天空飞翔的原理为人们飞上天空提供了很好的借鉴。

● 飞机飞行原理

人类若想借助风筝在天空飞翔的原理使自己也飞上天空，必须解决两个很关键的问题：一是必须要制造出能够控制迎角的平面，从而产生足够的升力；二是必须自己造出"风"，不再受大自然的摆布，自由地在风中前行。

飞机是靠机翼的上下气压差来提供升力的，因为只要飞机向前运动（无论是在跑道上滑行还是在空中飞行），机翼下方的气压就会大于机翼上方的气压。飞机前进的速度越大，这个压强差就越大，升力也就越大。所以飞机起飞时必须高速前行，这样就可以使飞机升上天空。当飞机需要下降时，它只要减小前行的速度，其升力自然会变小，当小于飞机自身所受重力时，它就会下降着陆了。

根据相对运动的道理，飞机前进时，人站在飞机上就会感觉到空气在向后流动。这种空气流动产生的阻力也是相当大的。飞机靠发动机带动螺旋桨旋转产生的牵引力或是喷气产生向前的推力，获得能量，从而克服各种阻力、实现在风中前进。

1.6　飞行器与航空器

飞行器（flight vehicle）是由人类设计制造、能脱离地面在空间飞行的器械或物体。飞行器的关键特征是由人进行操控，能够在大气层内或大气层外空间（含环地球空间、行星际空间、恒星际空间、星系际空间）飞行。通常，飞行器可分为四类：航空器、航天器、火箭和导弹。

（1）航空器是指在大气层内飞行的飞行器，如气球、飞艇、滑翔机、喷气飞机、直升机等。它靠空气的静浮力或飞行器与空气相对运动产生的空气动力升空飞行。

（2）航天器则是指在大气层之外的空间飞行的飞行器，如人造地球卫星、空间探测器、空间站、载人飞船、航天飞机等。它在运载火箭的推动下获得足够大的速度进入太空，在人的操控或遥控下飞行。

（3）火箭是依靠火箭发动机获得飞行动力的飞行器，它可以在大气层内，也可以在大气层外飞行。火箭发动机是通过向后喷出高速气流而获得反作用力，从而推动自身向前运动的喷气推进装置。从物理原理来说，喷气飞机、载人飞船等与火箭获得动力的方式类似。

（4）导弹是依靠制导系统控制其飞行轨迹的飞行武器。实际上，导弹就是装有战斗部的可控制的火箭，包括主要在大气层外飞行的弹道导弹和装有翼面、在大气层内飞行的地空导弹及巡航导弹等。

下面仅对航空器能够升空的原理作简要介绍。在地球大气层中，物体既无法避开地球的引力，也难以回避与空气的接触。任何航空器都必须克服自身所受重力，才能脱离地面升空飞行，恰是空气为人类提供了这种可能性。按照产生升力的流体力学原理，可将航空器分为两大类：一类是靠空气的静浮力升空飞行的航空器，习惯上将其称为轻于空气的航空器。另一类是靠航空器与空气相对运动而产生空气动力升空飞行的航空器，习惯上将其称为重于空气的航空器。航空器分类如图 1-9 所示。

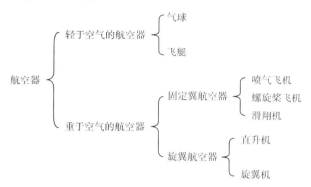

图 1-9　航空器的分类

　　轻于空气的航空器主要有气球和飞艇，其主体都是一个气囊，其中充以密度小于外界空气密度的气体（如热空气、氢气或氦气等）。气囊因排开空气而获得的静浮力大于气囊本身所受的重力，故气囊获得净外力而升空。热气球没有动力装置，升空后只能随风飘动或被绳索固定在某一区域。飞艇通常装有发动机、螺旋桨、安定面和操纵面以及装载人或物的吊舱，其飞行可以由人操控。

　　重于空气的航空器是靠其自身与空气相对运动而产生的升力升空和飞行的。这种航空器主要有固定翼航空器和旋翼航空器两类。固定翼航空器包括喷气飞机、螺旋桨飞机和滑翔机等，旋翼航空器包括直升机和旋翼机。

　　喷气飞机和螺旋桨飞机靠推进装置获得动力而前进，通过机翼与空气相对运动获得升力而升空。滑翔机在飞行原理与构造形式上与喷气飞机、螺旋桨飞机基本相同，主要区别是，滑翔机没有动力装置和推进装置，一般由弹射或拖曳升空，然后靠有利的气流（如上升气流）或降低高度（势能转变为动能）继续飞行，而靠机翼与空气相对运动获得升力。

　　直升机有巨大的螺旋桨。它通过螺旋桨与空气的相对运动获得升力与前进的动力。旋翼机与直升机的区别是，旋翼机的旋翼没有动力直接驱动，而是靠自身前进时（前进的动力由动力装置提供）的相对气流吹动旋翼转动而产生升力。

1.7　飞机的组成部分

　　飞机通常是指由动力驱动的、有固定机翼的而且重于空气的航空器。

　　飞机一般包括机身、机翼、尾翼、起落装置、动力装置、操纵系统和机载设备等，通常把机身、机翼、尾翼、起落装置这几个构成飞机外部形状的部分合称为机体，如图 1-10 所示。

　　（1）机身的主要功用是装载乘员、旅客、武器、货物和各种设备，将飞机的其他部件，如机翼、尾翼及发动机等连接成一个整体。

　　（2）机翼的主要功用是产生升力，以支持飞机在空中飞行，同时也起到一定的稳定和操纵作用。在机翼上一般还要安装副翼和襟翼，操纵副翼可使飞机滚转，放下襟翼可使升力增大。机翼上还可安装发动机、起落架和油箱等。不同用途的飞机其机翼形状、大小也各有差异。

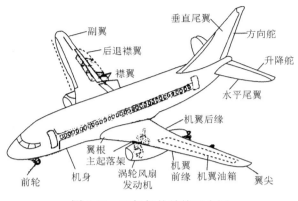

图 1-10 飞机机体结构示意图

（3）尾翼包括水平尾翼和垂直尾翼。水平尾翼由固定的水平安定面和可动的升降舵组成，有的高速飞机将水平安定面和升降舵合为一体，称为全动平尾。垂直尾翼包括固定的垂直安定面和可动的方向舵。尾翼的作用是操纵飞机俯仰和偏转，保证飞机能平稳飞行。

（4）起落装置（即起落架）大都由减震支柱和机轮组成，作用是起飞、着陆滑跑，地面滑行和停放时支撑飞机。

（5）动力装置是飞机的发动机以及保证发动机正常工作所必需的系统和附件的总称。发动机主要用来产生拉力和推力，使飞机前进。其次，还可为飞机上的其他用电设备提供电源等。

（6）操纵系统是指从座舱中飞行员驾驶杆（盘）到水平尾翼、副翼、方向舵等操纵面，用来传递飞行员的操纵指令，改变飞行状态的整个系统。早期的操纵系统是由拉杆、摇臂（或钢索）组成的纯机械操纵系统。现代飞机在操纵系统中采用了很多自动控制装置。因而，它也称为飞行控制系统，是飞机的中枢。在这个中枢的数据库内存储着各个机场及各条航路（air route）的数据。驾驶员只要选定航路的起点和终点，将命令输入计算机，它就可以代替驾驶员指挥飞机起飞、爬升、巡航、下降直到降落在目的地机场。这套系统还可以在飞行全过程中即时发出指令，使飞机按照最佳的飞行状态、最合理的推力、最经济的油耗飞完全程，从而实现了全程自动化飞行。

（7）机载设备是对飞机飞行中的各种信息、指令和操纵进行测量、处理、传递、显示和控制的设备的总称。例如，飞行仪表包括高度表、空速表、马赫数表、升降速度表、地平仪、转弯侧滑仪、地速偏流角指示器等。另外，飞机还包括各种监控设备、通信设备、导航设备、黑匣子等。军用飞机机载设备还包括火力控制、电子对抗、侦察、预警、反潜等设备。

1.8 翼型与升力

翼型是指用平行于飞机机身对称平面的切平面切割机翼所得的剖面，也可以理解为机翼的横断面外部轮廓或形状，如图 1-11 所示。其中，1 为翼型，2 为前缘，3 为后缘，4 为翼弦。

参考图 1-12，可根据伯努利定律分析升力与翼型的关系。从图中的流线分布可知，气流流过上翼面时，流线收缩变密，气体速度增大、压力降低，压力低于前方气流的大气压力。

相反，气流流过下翼面时，由于机翼前缘上仰，气流受到阻挡，流线扩张变疏，气体速度减小、压力增高，压力高于前方的大气压力，对机翼而言，这就有了上下翼面间的压力差，产生了升力 **Y** 和阻力 **Q**，它们的合力就是空气动力 **R**。

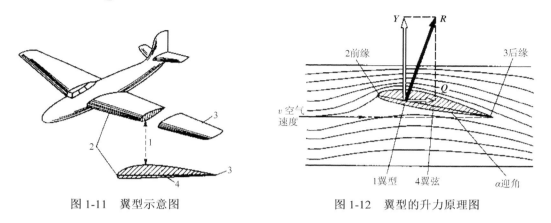

图 1-11　翼型示意图　　　　　　　　　　图 1-12　翼型的升力原理图

1.9　飞机的操纵

● **飞机的三个操纵面**

飞机的垂直尾翼上装有一个可以左右活动的舵板。当舵板向右转时，飞机就向右转弯；舵板向左转时，飞机就向左转弯。这个舵板就是方向舵。

飞机在天空飞行，除了左右转弯，它还需要低头向下或抬头向上飞行。这种动作称为俯仰。在飞机水平尾翼上还装有一副可以上下活动的舵板。当舵板向上翻转时，气流冲击舵板使机尾被压向下，此时机头就会抬起；反之，如果舵板向下翻转，则机尾被抬高，机头向下。这个舵板就是升降舵，用于控制飞机的俯仰。

在空中除了可以做左右转向、下俯、上仰等动作，飞机还可以环绕从机头到机尾的纵轴转动或摇摆。飞机的这种运动称为侧倾。怎么才能使飞机侧倾呢？聪明的设计师在左右机翼上各装了一个可以转动的翼面，这就是副翼。它们在同一时间内反向运动，结果就会使飞机的一侧机翼升高，而另一侧机翼下沉，从而造成飞机的侧倾。

一架飞机有了方向舵、升降舵和副翼，驾驶员就可以灵活地操纵飞机的转向（左转、右转）、俯仰（低头、抬头）和侧倾（左侧倾、右侧倾）运动。这三种活动翼面统称为操纵面。

● **飞机的一杆两舵**

驾驶员用手操纵驾驶杆（盘）和用脚蹬方向舵来控制飞机的飞行。

驾驶杆通过钢索等机械结构直接控制升降舵和副翼。一般驾驶杆（盘）是可以向前、后、左、右四个方向活动的。向前推驾驶杆时，由钢索牵动升降舵转向下方，机尾被气流向上抬，飞机就低头。向后拉驾驶杆时，升降舵转向上方，机尾被气流压下，飞机也就抬头。向右转驾驶杆，右侧机翼上的副翼向上转，右机翼被压向下；与此同时，左侧机翼的副翼向下转，左机翼被抬起，飞机向右侧倾斜。同理，当向左转驾驶杆时，飞机就向左倾斜。方向舵是用脚蹬来控制的，驾驶员踩下左脚蹬时，方向舵就向左转、机头也向左转；反之踩下右脚蹬时，机头就向右转。

驾驶员就是以这种方式实现对飞机三个操纵面的控制并使飞机围绕三个轴自如地转动的。图 1-13 中标出了三个轴（横轴、立轴和纵轴）与升降舵、方向舵和副翼的关系。了解了这一杆两舵，也许你就可以模拟操纵飞机了。

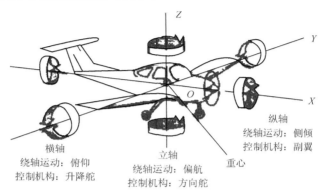

图 1-13 飞机的三个轴

1.10 细说机翼

● 机翼组成和类型

机翼是飞机升力的基本来源，因而它是飞机必不可少的部分。机翼可分为四大部分：翼根、前缘、后缘、翼尖，见图 1-14。飞机的两翼尖之间的距离称为翼展。

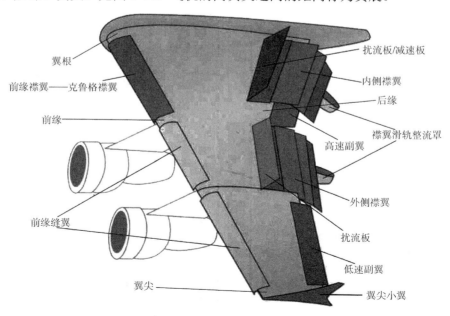

图 1-14 现代飞机机翼示意图

对现代飞机，机翼除了提供升力，还作为油箱和起落架舱的安放位置，并且其上还装有多种功用部件。由图 1-14 可见，机翼上还有副翼、襟翼、缝翼、扰流板、襟翼滑轨整流罩、翼尖小翼等。

- **机翼的后掠角**

飞机的升力与机翼面积密切相关，阻力也与机翼面积密切相关。为了减小阻力，高速飞机的机翼面积都有所减小。研究表明，当飞机的速度超过 600 千米/小时时，仅靠减小机翼面积已经不能进一步减小飞行阻力了。探索发现：如果使机翼不再与机身垂直，而是与飞机的横轴形成一定的夹角，就能有效地减少飞机所受的阻力。这样的机翼称为后掠翼，这个夹角称为后掠角。根据后掠角的不同，机翼可分为平直翼、后掠翼、三角翼、前掠翼。

后掠角大的机翼所受的阻力小、升力也小，因此后掠翼不适用于速度低的飞机。飞行速度越大的飞机，其机翼的后掠角就越大。国产运 7 或神舟 60 型飞机，飞行速度仅为 450 千米/小时，它们就没采用后掠角。波音公司的 B737 和 B757 型飞机飞行速度达 850 千米/小时，它们的后掠角为 25°；B747 型飞机的飞行速度在 900 千米/小时左右，其后掠角增加到 37.5°。英国和法国设计制造的协和式飞机速度更高。它们使用的是三角形的机翼，该三角形前段后掠角达到 70°，后段也达到 57° 之多。

- **襟翼的多种功用**

为避免发生冲出跑道等事故，飞机在起飞和降落阶段的速度不可以太高。然而，如果飞机起飞时速度太低，飞机升力就不足、无法飞离地面，这显然是矛盾的。为解决这个矛盾，设计师在机翼的后部内侧紧邻副翼的位置上增添了一对或几对可以活动的翼面——襟翼。襟翼对称地安装在两侧机翼上。它只能向下偏转一定的角度，有的类型在向下偏转时还可向后方伸出一段距离，有点像我国传统上衣的衣襟。有了可调整的襟翼就使机翼的面积和轮廓可调控、升力可调节。

襟翼向下弯曲后，改变了机翼下表面的弯曲程度，使机翼下方的空气流动变慢，同时也使机翼面积变大。这两种因素同时作用的结果是使升力增大。当然，襟翼打开时阻力也会增加。飞机在起飞和降落时，都要打开襟翼以增加低速飞行时飞机的升力。起飞时飞机需要更多的升力、尽量减少阻力，此时襟翼打开的角度要小，一般仅 15° 左右；而在飞机降落时，升力和阻力都需要尽量大，使飞机在降落的同时，速度迅速降低，保持平稳下降和滑行，此时襟翼打开的角度为 25° 左右。飞机升空到一定高度，速度提高到一定程度，驾驶员就及时收回襟翼，飞机就能以较小的阻力在空中翱翔了。

- **缝翼**

缝翼位于机翼前缘。当机翼向前移动时，在机翼前缘会出现一道缝隙，这将使气流由翼下流到机翼的上表面，上表面的气流加速，同时消除上表面后部形成的大部分气流漩涡，就使升力增加，并加大迎角，这对飞机降落及着陆是极为有利的。襟翼和缝翼的作用相同，统称为增升装置。

- **扰流板**

在机翼的上表面还铰接着多个能活动的小翼面，它们只能向上打开，这就是扰流板。当它们打开时，机翼的阻力增加，同时升力减少，使飞机能在空中迅速降低速度，并且在飞机接触地面时增大机轮对地面的压力，进而增加机轮与地面的摩擦力，以空气动力制动飞机。因此，扰流板也称为减速板。当只有一侧翼面上的扰流板打开时，它的作用与副翼类似，其使飞机一侧的阻力增大、升力减小，使飞机侧倾。

1.11　机翼的储油功能

从飞行角度来看，机翼越轻越好。现代飞机的翼梁、肋板及蒙皮都使用铝合金材料，把一排横向排列的肋板用几根长梁串起来，再用蒙皮包上就成了机翼。这样的机翼中有很大的空间。

为了利用这个空间，制造者用胶把它密封起来并存放燃油。这样一来，机翼就变成了大油箱。飞机飞行时，机翼受到的升力是向上的；而机翼和燃油所受重力是向下的，它们会相互平衡，使机翼受的净作用力减小。这样机翼的结构就可以做得更轻巧。现在大型客机有70%的燃油是存放在机翼中的，如波音公司的 B747 客机，仅机翼就可以储存 110 吨燃油，相当于两节火车的载重量。图 1-15 是机翼的典型结构。

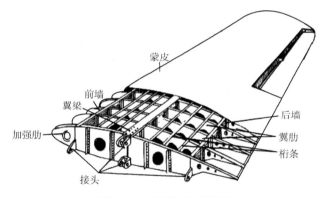

图 1-15　机翼的典型结构

1.12　机身的功用及特点

飞机的机身是载人和装货物用的，这是一般的常识，但从航空专业角度看，这个回答不够完全。

机身在飞机结构中的重要作用是把飞机的各部分连成一个整体。具体来说：机身的前部是驾驶舱，中部与机翼连接，尾部连着尾翼，机身的下部还有起落架。它既要载人载物还要起到连接飞机其他部分的作用，在空中飞行时受到的阻力还必须尽量小。这些条件就决定了机身的形状必须是长筒形。为了减少阻力，前端要缩小；为了防止尾端在起飞时擦地，机尾就需要向上翘起并且尽量小。

典型的机身都是一个中间粗、两头小的长筒。大型飞机由多根长梁将一组成型的隔框串接起来构成骨架，其外边再用蒙皮包上就形成了机身。机身中间的多数隔框规格尺寸完全相同。这样的设计有几个好处：一是加工方便，二是降低成本，三是可以通过添加或减少框架来改变机身长度，在中间添加几个框架就能使机身加长，反之减少几个框架就可以使机身缩短。这样，同一种型号的飞机就变得可伸、可缩，可以制造一系列不同规格的机型，从而满足各种航空公司和业主的需求。机身的典型结构如图 1-16 所示。

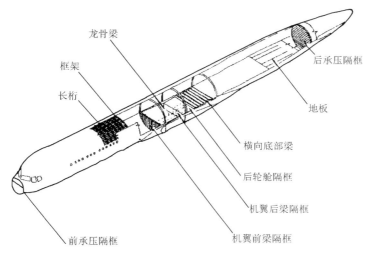

图 1-16　机身的基本结构

1.13　尾翼与起落架

● **尾翼及其功用**

　　尾翼是飞机尾部的水平尾翼和垂直尾翼的统称。通俗而言，尾翼就是飞机的尾巴。

　　飞机为什么要长出一个尾巴？没有它行不行？让我们用射出去的箭打个比方。箭的尾部都装有箭翎，没有箭翎的箭在空中就会翻转打滚，箭翎就是起平衡作用的。实际上，动物的尾巴也有平衡等多种功用。

　　如图 1-17 所示，尾翼的竖直部分称为垂直尾翼，它的作用是防止飞行中的飞机向左右转弯或滚动；尾翼的水平部分称为水平尾翼，它的作用是防止飞行中的飞机向上向下翻滚。同样的道理，装上尾翼，飞机在空中飞行时就不会翻滚。

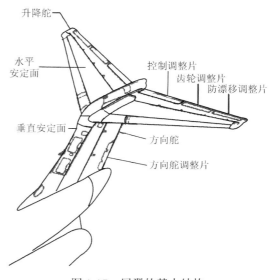

图 1-17　尾翼的基本结构

实际上尾翼的功能更多，它具有保证飞机在 3 个轴方向上的稳定性和操纵性的作用。在垂直尾翼上安装可以控制方向的方向舵，在水平尾翼上安装可以控制俯仰的升降舵，驾驶员就可以方便地控制飞机了，所以尾翼是飞机不可或缺的重要组成部分。

● 起落架及其功用

起落架是飞机起飞、着陆、滑跑、地面移动和停放所必需的支撑系统。起落架工作性能的好坏及可靠性直接影响飞机的使用和安全，因此它是飞机不可或缺的组成部分。没有它，飞机就难以在地面移动。当飞机起飞后，可以视飞机性能而收回起落架。

飞机的起落架的功用主要有四点：①承受飞机在地面停放、滑行、起飞着陆滑跑时的重力。②供给飞机停放、移动、起飞、着陆时在地面上滑跑、滑行支撑和限位。③承受、消耗和吸收飞机着陆与地面运动时的撞击能量、颠簸能量和水平动能等。④飞机在滑跑与滑行时的制动和操纵，自如而稳定地完成地面的各种动作的着力点。

为此，起落架的最下端装有带充气轮胎的机轮。以 A340-600 为例，最大起飞重量达 380 吨，其由一组包含 10 个轮胎的主轮承重，每个轮胎要分配近 38 吨重量。为了缩短着陆滑跑距离，机轮上装有刹车或自动刹车装置。轮胎还要承受很强的垂直方向的冲击载荷和水平方向的减速时的摩擦载荷。

起落架通常包括减震系统、承力支柱、撑杆、机轮、刹车装置、防滑控制系统、收放机构、电气系统、液压系统、收放运动锁定及位置指示装置、操纵转弯机构、起落架舱门及其收放机构等。承力支柱将机轮和减震器连接在机体上，并将着陆和滑行中的撞击载荷传递给机体。前轮减摆器用于消除高速滑行中前轮的摆振。前轮转弯操纵机构可以增加飞机在地面上转弯的灵活性。

按布置形式分，起落架有前三点式起落架、后三点式起落架、自行车式起落架和多支柱式起落架。

按结构分，起落架有构架式起落架、支柱式起落架、摇臂式起落架和浮筒式起落架。

1.14　如何操纵飞机飞行

● 上升和下降

飞机在空气中飞行是靠与空气的相对运动产生升力来支撑的。升力的大小主要是由飞机运动的速度和迎角决定的。如果想使飞机上升，首先必须加大推力、提高速度，然后向后拉动驾驶杆抬起机头，机翼的迎角随之增大，升力进一步增加，飞机就向上爬升。飞机在爬升时要加大油门增加推力。但爬升坡度也要适度。如果坡度太大，即使飞机仰着头，一旦动力不足，它就会往下降落，这种情况就十分危险。

飞机准备降落时，驾驶员向前推动驾驶杆，机头逐渐朝下，与此同时，必须降低飞行速度，飞机才能平稳下降。此时，如果飞机以小角度下降而速度不减甚至加快，极有可能出现机头虽然朝下，但飞机整体却向上飘动的情况。

● 如何转弯

飞机的转弯更需要技巧。如果驾驶员只用驾驶杆控制副翼使飞机转弯，例如，右转弯，此时飞机向右侧倾斜，有一个向心力拉着飞机向右转，但机头所对的方向并未改变（实际上它可能由右侧倾斜导致略向左侧偏转），于是就出现了机头向前而飞机的整体向右转的状态。犹如一条船向前行而整个船体却沿着圆弧行进，这样会使阻力增大，造成不必要的燃料浪费。如果飞机驾驶员仅用脚蹬控制转弯，在机身不倾斜的状况下机头突然转向，此时机翼上的气流方向发生剧变，升力下降、机身受力增大，飞机高度快速下落，客舱内的旅客会感觉很不舒服。所以要实现一个平稳的、使人感到舒适的转弯（民航称为协调转弯），飞机驾驶员必须同时使用驾驶杆和脚蹬。假如飞机需要右转弯，驾驶员就把驾驶杆向右转动，同时踩右脚蹬，此时飞机机头向右转、机身向右倾，飞机在天空中画出一条高度不变的平滑且圆润的向右弯曲的美丽弧线，左转弯也是如此。这就是飞机转弯的奥秘。实际上这与人骑自行车转弯的情况相似。如果只转车把，人的身体没有侧倾，转弯就会出现问题。

有了对飞机的这些了解，也许你就可以自己试驾飞机了！当然是模拟机，你完全可以体验一下驾驶飞机的感觉，如果有机会的话千万不要错过。

1.15　什么是航空发动机

飞机起飞必须要有足够的速度，这种速度是靠发动机推力产生的。飞机在天空中飞行时，发动机一刻也不能停止运转。发动机一旦停止转动，飞机的飞行速度就会下降，这导致升力下降、飞机高度下降。因此发动机就是飞机的动力源，相当于人的心脏，有了强有力的"心脏"，飞机才能获得足够的动力。

● **航空发动机的特点**

用于飞机的发动机自身必须轻便，因为如果发动机重量很大，由它产生的升力连自身所受重力都抵消不掉，更不用说把人和其他物品送上天空了。衡量发动机性能的重要指标之一就是推重比，它是发动机所产生的推力与其净重之比。发动机的推重比越大越好。为了减轻发动机重量，飞机上使用的发动机的每一个零部件都是以克为单位精心设计的，力争没有一点多余的重量。

19 世纪末，世界上已经造出了很多种类的发动机，如蒸汽机、使用汽油或柴油的活塞式内燃机等。制造飞机的先行者莱特兄弟选择了以燃烧汽油为动力的活塞式发动机，使飞机成功地飞起来。他们的发动机功率很小，仅为 12 马力（相当于现在一辆小型摩托车的动力），其重量已达 70 千克，这在当时是最轻的汽油发动机。如今，同样功率的汽油发动机重量才15 千克。当时其他的飞机研制者未能尽早使飞机飞起来的原因之一，就是没有选择到好的发动机。苏联的莫扎伊斯基是一位有成就的航空先行者，可惜他的飞机没有选用活塞式汽油发动机，而是选择了重达 500 千克的蒸汽发动机。

● **航空发动机的种类**

现代航空发动机的构造复杂、自成系统，它独立于机体，成为飞机系统的一个主要组成部分。用于飞机的航空发动机分为活塞发动机和喷气发动机两大类，如图 1-18 所示。

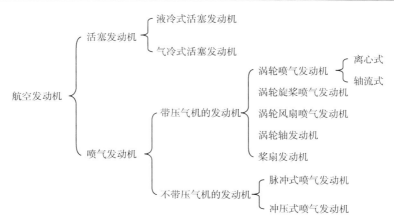

图 1-18　航空发动机分类

1）活塞发动机

飞机上使用的活塞发动机与汽车上使用的发动机差别不大。活塞发动机的动力来自于汽缸内汽油燃烧时对活塞的冲击力，这种冲击力推动活塞带动连杆运动，连杆再带动曲轴转动，曲轴转动就可带动螺旋桨旋转。螺旋桨旋转，向后推动空气快速流动，使飞机自身获得推动力。

由于飞机飞行时所需的动力远远大于汽车行驶时所需的动力，飞机必须安装大功率发动机。发动机的功率与汽缸的容量是成正比的，那么加大汽缸的体积不就可以获得更大的功率了吗？但实际上没有那么好的材料能使汽缸承受如此大的压力，只能通过增加汽缸的数量来增加发动机的功率。一般汽车上使用的功率最大的是 12 缸 220 马力左右的发动机，而在飞机上使用的功率最大的活塞发动机有 28 个汽缸，功率可达到 4000 马力。如果功率仍达不到使用要求，飞机上还可以安装数台发动机。

2）喷气发动机

喷气发动机是一种通过加速和排出高速流体做功的热机或电机。以涡轮喷气发动机（图 1-19）为例，它共有 6 个主要部分，从前至后分别是整流锥、进气道、压气机、燃烧室、燃气涡轮和尾喷管。

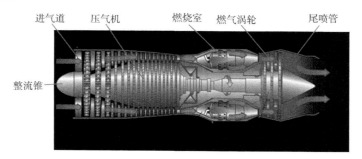

图 1-19　涡轮喷气发动机

（1）整流锥主要是用来对发动机前方紊乱的气体进行整流；另外，当飞机飞行速度达到所在区域的声速时可以防止激波阻力。

（2）进气道导通整流后的气体进入压气机。

（3）压气机由静子叶片和转子叶片构成。静子叶片与转子叶片一圈一圈交错排布，叶片通过收敛扩张控制气流的速度从而达到对气体压缩的目的。

（4）经过压缩的气体高速流入燃烧室。现在的燃烧室一般都是环式的，其中有两个喷油嘴和多个点火嘴。喷油嘴把航空煤油雾化喷出，多个点火嘴点火，保证油气混合气体燃烧均匀充分。

（5）经过燃烧后的气体达到高温高压，冲击燃气涡轮，带动涡轮转动。因为涡轮轴与压气机轴为同轴，涡轮又带动压气机转动，所以燃气涡轮是带动发动机继续工作的一个部件，简单来说就是拥有续航能力的部件。

（6）尾喷管。尾喷管一般是可收敛式的，因为喷口收敛可以增加排气速度、增大推力。现在还有一种尾喷管是收敛-扩张式的。这种尾喷管主要用于超声速飞机，因为气体达到声速后，越压缩速度越小，所以在收敛到顶时，气体正好达到声速。此时起用扩张式尾喷管就可以继续增大气流速度。

总体而言，燃料燃烧时产生的气体自发动机后部高速喷射而使发动机获得推动力。

1.16　民用航空与军用航空

民用航空（civil aviation）是指使用航空器从事除了国防、警察和海关等国家航空活动以外的航空活动，包括公共航空运输和通用航空，其主要组成包括航空公司、机场、空管、监管机构等。民用航空活动是航空活动的一部分，同时以"使用"航空器界定了它和航空制造业的界限，用"非军事等性质"表明了它与军用航空等国家航空活动的区别。我国《国内投资民用航空业规定（试行）》已于 2005 年 8 月 15 日起正式实施。后续章节将对民用航空逐步展开介绍。

基于民用航空对发展国民经济和促进国际交往的重要意义，多数国家都很重视发展航空事业。政府设立专门机构进行管理，例如，中国设立中国民用航空局（Civil Aviation Administration of China，CAAC），美国设联邦航空管理局（Federal Aviation Administration，FAA）等，实行多种优惠政策支持航空运输企业的发展，如政府直接投资、贷款、减免捐税、给予财政补贴等。

军用航空（military aviation）是指用于军事目的的一切航空活动，主要包括作战、侦察、运输、警戒、训练和联络救生等方面。军用航空可以使用轻于空气的航空器，如气球和飞艇，也可以使用重于空气的航空器，如飞机、直升机和滑翔机等。现代军用航空活动主要依靠飞机和直升机。

军用航空是从军事上应用气球开始的。早在 1794 年，在法奥战争期间，法国就成立了第一个气球观察分队，担负军事任务。在第一次世界大战中，交战国曾广泛利用系留气球作为监视对方的空中平台。

飞机诞生以后很快就被用于军事目的，最初为炮兵校射和观察服务。在第一次世界大战期间，飞机首先就被用于目视侦察，逐步发展到照相侦察。在第二次世界大战期间，航空侦察的作用更为显著。例如，1943 年 5 月，英国空军通过照相侦察发现了德军新式武器 V-1 和 V-2 的研究基地，为英国主动采取措施提供了关键情报。

飞机承担作战任务始于 1911～1912 年的意土战争，主要是从飞机上向地面目标投掷炸弹。在第一次世界大战期间就出现了专门用于投掷炸弹的轰炸机，交战双方的相互轰炸已经很频繁。为了保障己方、制止对方的空中侦察和轰炸，双方飞机逐步开展了在空中的格斗。空战使用的飞机都装有固定的重机枪，可以进行复杂的机动飞行。在第二次世界大战期间，飞机性能和武器装备有了很大改进，但空战方式和战术并没有本质的变化。航空母舰出现以后，作战飞机成为海军装备的重要武器。

飞机用于军事运输开始得比较晚，大规模地将空运用于作战并取得成功是在 1939 年以后。1940 年 4 月德军用大量容克 52 运输机满载步兵在挪威法内布机场强行降落，两小时内降落了 3000 人，着陆部队很快占领了奥斯陆。

直升机参加军用航空活动始于 20 世纪 40 年代初。德军首先用小型直升机进行海上侦察搜索活动。随后，直升机逐步用于营救、医疗和后勤支援等。

1.17　航空运输与通用航空

民用航空包括航空运输与通用航空。

航空运输（air transportation）也称为商业航空，是指以航空器运载工具进行经营性的客货运输的航空活动，也就是我们常见的航空公司运营模式。它的经营性表明，它是一种商业活动，以盈利为目的。它又是运输活动，这种航空活动是交通运输的一种重要方式，它与铁路、公路、水路和管道运输共同组成了国家的交通运输系统。航空运输以其迅捷、安全、准时的超高效率赢得了相当大的市场，大大缩短了交货期，对于物流供应链加快资金周转及循环起到了极大的推动作用。

航空运输企业经营的形式主要有班期运输、包机运输和专机运输。通常以班期运输为主，后两种是按需要临时安排。班期运输是按班期时刻表，以固定的机型沿固定航线、按固定时间执行运输任务。当待运客货量较多时，还可组织沿班期运输航线的加班飞行。

通用航空（general aviation）是指使用民用航空器从事公共航空运输以外的民用航空活动，包括从事工业、农业、林业、渔业和建筑业的作业飞行以及医疗卫生、抢险救灾、气象探测、海洋监测、科学实验、教育训练、文化体育等领域的飞行活动。通用航空业是以通用航空飞行活动为核心，涵盖通用航空器研发制造、市场运营、综合保障以及延伸服务等全产业链的战略性新兴产业体系。

通用航空应用范围十分广泛，包括通用航空包机飞行、石油服务、直升机引航、商用驾驶员执照培训、空中游览、人工降水、航空探矿、航空摄影、城市消防、空中巡查、电力作业、跳伞飞行服务、航空护林、个人娱乐飞行、运动驾驶员执照培训等。

第2章 安 全 保 障

——航空运输管理体系与安全管理

众所周知，在空气中静止或运动速度较低的物体会自然掉落。人们不免怀疑：飞机不会掉下来吗？飞机飞行那么快，速度达几百千米/小时，安全吗？你是怎么想的呢？

乘坐飞机，人们最关心的就是飞行是否安全。对于大众旅客而言，这一点尤为关键。如果旅客对于飞行安全存在很大的疑虑，那么他宁可选择其他交通工具去工作、旅行，也不会选择乘坐飞机。这里既有航空运输——飞机飞行的特殊性，也有公众对于航空运输知识的不了解。因此，本章将对航空运输管理体系与安全管理展开介绍，与你一一分享。

2.1 航空运输管理体系

航空运输的特点就是快捷、高效、高成本。这就必然需要高标准、高效率的管理体系支持。特别是航空运输的特殊性与飞机飞行的特殊性密切相关，因为飞机在飞行过程中出现故障、发生事故是难以预料的，但飞机不能停在空中等待排障、处理，所以，业界强调必须把航空安全放在首位。事实上，安全问题始终是制约航空运输事业稳定与发展的重要因素。例如，马航 MH370 的失踪对相关企业是沉重打击，而对全世界航空运输界则产生了震撼的警示和督促作用，必须进一步加强安全管理。

为了提升航空安全水平，世界各国都一直在大力加强航空运输组织管理和航空安全管理，政府设有管理机构，如我国设有中国民用航空局（CAAC），美国设有联邦航空管理局（FAA），欧洲设有欧洲航空安全局（European Aviation Safety Agency，EASA）等。而国际上则有国际民用航空组织（International Civil Aviation Organization，ICAO）、国际航空运输协会（International Air Transport Association，IATA）等。这些国际组织机构把各国的管理机构和企事业单位联系起来，进而形成了在全球航空运输一体化框架下的航空运输管理体系。该体系的结构框架如图 2-1 所示。在当代航空运输市场一体化背景下，各国管理当局管理的对象不仅有本国企事业单位，还会涉及其他国家的企事业单位。因此，各个管理层级并非是简单的树状结构。

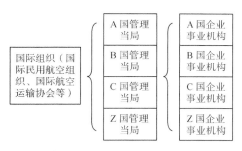

图 2-1　航空运输管理体系

这一系列组织机构开展的工作包括：研究制定避免空难发生的措施，如法律、法规、条例、条令，调查与研究空难发生的原因，培训相关管理者与员工，对公众进行相关教育，各国或地区之间的合作等。在以后各节，我们将逐步对这些主要组织机构进行介绍以便其他内容的展开。

2.2　国际民用航空组织

国际民用航空组织简称国际民航组织，会徽如图 2-2 所示，其总部设在加拿大的蒙特利尔。

图 2-2　国际民航组织会徽

截止到 2016 年，国际民航组织的缔约国已达 191 个。国际民航组织是为了促进全世界民用航空安全、有序的发展而成立的。它是协调世界各国政府在民用航空领域内各种经济和法律事务、制定航空技术国际标准和航行规则的政府间组织，其主要活动是研究国际民用航空的问题，制定民用航空的国际标准和规章，鼓励使用安全措施、统一业务规章和简化国际边界手续，在世界民航领域组织协调并开展国际合作等。

● **历史沿革**

国际民航组织的前身为根据 1919 年《巴黎公约》成立的空中航行国际委员会（International Commission for Air Navigation，ICAN）。第二次世界大战对航空技术的发展起到了巨大的推动作用，促使一个包括客货运输在内的航线网络在世界范围形成。毫无疑问，这势必带来一系列急需国际社会协商解决的政治和技术问题。因此，在美国政府的推动下，全球 52 个国家在芝加哥举行会议，自 1944 年 11 月 1 日，经过历时近 40 天的讨论，各国达成共识，签订了《国际民用航空公约》，也称为《芝加哥公约》，成立了临时国际民航组织（Provisional Civil Aviation Organization，PICAO）。1947 年 4 月 4 日，《国际民用航空公约》正式生效，国际民航组织也随之正式成立；同年 5 月 13 日，国际民航组织正式成为联合国的一个专门机构，负责处理国际民航事务。1947 年 12 月 31 日，完成使命的空中航行国际委员会正式终止，并将其资产转移到国际民用航空组织名下。

● **宗旨和目的**

国际民航组织的宗旨和目的在于发展民用飞机国际航行的原则和技术，促进国际航空运输的规划和发展，以便实现下列各项目标：①确保全世界国际民用航空安全和有秩序的发展；②鼓励为和平用途的航空器的设计和操作技术；③鼓励发展国际民用航空应用的航路、机场和航行设施；④满足世界人民对安全、正常、有效和经济的航空运输的需要；⑤防止因不合理的竞争而造成经济上的浪费；⑥保证缔约各国的权利充分受到尊重，每一缔约国均有经营国际空运企业的公平的机会；⑦避免缔约各国之间的差别待遇；⑧促进国际航行的飞行安全；⑨普遍促进国际民用航空在各方面的发展。

以上 9 条共涉及国际航行和国际航空运输两方面的问题。前者为技术问题，主要是安全；后者为经济和法律问题，主要是公平合理，尊重主权。两者的共同目的是保证国际民航安全、正常、有效和有序的发展。由此不难看出，安全在国际民航组织和各个缔约国心目中的重要地位。

● **机构及其职能**

国际民航组织的机构由三级框架，即大会、理事会和秘书处构成。

1）大会

大会是国际民航组织的最高权力机构，由全体成员国组成。大会的主要职能为：选举理事会成员国，审查理事会的各项报告，提出未来三年的工作计划，表决年度财政预算，授权理事会必要的权力以履行职责，并可随时撤回或改变这种权力，审议关于修改《国际民用航空公约》的提案，审议提交大会的其他提案，执行与国际组织签订的协议，处理其他事项等。

大会由理事会召集，一般情况下每三年举行一次，遇有特别情况时或经 1/5 以上成员国向秘书长提出要求，可以召开特别会议。大会决议一般以超过半数视为通过。参加大会的每一个成员国只有一票表决权。但在某些情况下，如《国际民用航空公约》的任何修正案，则需 2/3 多数票通过。

大会召开期间，一般分为大会、行政、技术、法律、经济五个委员会对各项事宜进行讨论和决定，然后交大会审议。

2）理事会

理事会是大会的常设机构，由 33 个成员国（理事国）组成，他们由大会选出并对大会负责。理事国分为三类：第一类是在航空运输领域居特别重要地位的成员国；第二类是对提供国际航空运输的发展有突出贡献的成员国；第三类是区域代表成员国。三类成员国的比例分配为 10：11：12。

理事会设主席一名。主席由理事会选举产生，任期三年，可连选连任。理事会每年召开三次会议，每次会议会期约为两个月。理事会下设财务、技术合作、非法干扰、航行、新航行系统、运输、联营导航、爱德华奖八个委员会。每次理事会开会前，各委员会先分别开会，以便将文件、报告或问题提交理事会。

理事会的愿景是实现一个可持续的全球民用航空体系，任务就是通过会员国及利害攸关方的合作，制定政策、标准，开展循规审计，进行研究和分析，提供援助和建设航空能力。

理事会的主要职责包括：按照大会决定的方向工作；履行《国际民用航空公约》（芝加哥，1944）授予的职责和义务；向大会提交年度报告；报告本组织及各国执行公约的情况；管理本组织财务；领导属下各机构工作；通过公约附件；向缔约各国通报有关情况，以及设立运输委员会，研究、参与国际航空运输发展和经营有关的问题并通报成员国，对争端和违反《国际民用航空公约》的行为进行裁决等。

3）秘书处

秘书处是国际民航组织的常设行政机构，由秘书长负责并保证国际民航组织各项工作的顺利进行。秘书长由理事会任命，现任秘书长为柳芳（中国人，2015 年 3 月当选，2015 年 8 月 1 日正式上任，任期三年）。2018 年 3 月 16 日，国际民航组织第 213 届理事会一致通过柳芳连任国际民航组织秘书长，下一任期为 2018 年 8 月 1 日至 2021 年 7 月 31 日。秘书处下设航行局、航空运输局、法律局、技术合作局、行政局五个局以及财务处、外事处。此外，秘书处有一个地区事务处和七个地区办事处，分设在曼谷、开罗、达喀尔、利马、墨西哥城、内罗毕和巴黎。地区办事处直接由秘书长领导，主要任务是建立和帮助各个缔约国实行国际民航组织制定的国际标准和建设措施以及地区规划。

- **法律地位**

国际民航组织是国际法主体。这种主体资格是由成员国通过《国际民用航空公约》而赋予的。《国际民用航空公约》第 47 条规定："本组织在缔约各国领土内应享有为履行其职能所必须的法律能力。凡与有关国家的宪法和法律不相抵触时，都应承认其完全的法人资格。"同时，《国际民用航空公约》还详尽规定了国际民航组织作为一个独立的实体在国际交往中所应享有的权利和承担的义务。应该说，它已经具备了一个国际法主体所必须具有的三个特征，即具有独立进行国际交往的能力、直接地享有国际法赋予的权利和构成国际社会中地位平等的实体。

国际民航组织的权利和行为能力主要表现在：①协调国际民航关系。努力在国际民航的各领域协调各国的关系及做法，制定统一的标准，促进国际民航健康、有序的发展。②解决国际民航争议。多年来，国际民航组织充当协调人，在协调各国关系上发挥着不可替代的作用。③缔结国际条约。国际民航组织不仅参与国际条约的制定，还以条约缔约方的身份签订国际条约。④特权和豁免。国际民航组织各成员国代表和该组织的官员，在每个成员国领域内，享有为达到该组织的宗旨和履行职务所必需的特权和豁免。⑤参与国际航空法的制定。在国际民航组织的主持下，世界各组织制定了很多涉及民航各方面活动的国际公约，包括从《国际民用航空公约》及其附件和制止非法干扰民用航空安全的非法行为的公约，以及国际航空司法方面的一系列国际文件。

- **我国与国际民航组织的关系**

我国是国际民航组织的创始成员国之一，中国政府于 1944 年 11 月 9 日签署了《国际民用航空公约》。1971 年 11 月 19 日国际民航组织第 74 届理事会第 16 次会议通过决议，承认中华人民共和国政府为中国唯一合法代表。1974 年 2 月 15 日，我国政府致函国际民航组织，承认《国际民用航空公约》并从即日起恢复参加国际民航组织的活动，同时，对不定期飞行，我国声明需事先向我国政府申请，在得到允许后方能进入；对公约第十八章"争端和违约"的执行，以不损害我国主权为原则。

1974 年 9 月 24 日～10 月 15 日，中国代表团出席了国际民航组织第 21 届会议；同年我国当选为二类理事国；同年 12 月，中国政府派出了驻国际民航组织理事会的代表。在 2004 年 9 月举行的第 35 届国际民航组织大会上，我国当选为一类理事国，在蒙特利尔设有中国常驻国际民航组织理事会代表处。我国已经第五次连任一类理事国。

2.3　国际航空运输协会

国际航空运输协会（IATA），简称国际航协，是一个由世界各国航空公司所组成的、半官方的大型国际组织，其会徽如图2-3所示。国际航协前身是1919年在荷兰海牙成立并在第二次世界大战时解体的国际航空业务协会。目前，国际航协总部设在加拿大的蒙特利尔，执行机构设在瑞士的日内瓦。与监管航空安全和航行规则的国际民航组织相比，国际航协更像是一个由承运人（航空公司）组成的国际协调组织，其主要作用是通过航空运输企业来协调和沟通政府间的

图 2-3　国际航空运输协会会徽

政策，并解决实际运作的问题，管理在民航运输中出现的如票价、危险品运输等问题。

实际上所有从事定期航空运输的空运企业都是国际航协的会员，目前会员航空公司已经超过 200 个，遍布 30 个国家。在世界定期国际航空运输业务中，会员航空公司占了 98％的份额。在权威方面，它是仅次于国际民用航空组织的民间团体，该协会的会员在国际航空运输中直接承担民事责任。

国际航协从组织形式上是一个航空企业的行业联盟，属非官方性质的组织，但是由于世界上的大多数国家的航空公司是国家所有，即使非国有的航空公司也受到所属国政府的强力参与或控制，国际航协实际上是一个半官方组织。它制定运价的活动，也必须在各国政府授权下进行，它的清算所对全世界联运票价的结算是一项有助于世界航空运输发展的公益事业，因而国际航协发挥着通过航空运输企业来协调和沟通政府间政策，解决实际运作困难的重要作用。

国际航协的宗旨是："为了世界人民的利益，促进安全、正常和经济的航空运输，扶植航空交通，并研究与此有关的问题"；"对于直接或间接从事国际航空运输工作的各空运企业提供合作的途径"；"与国际民航组织及其他国际组织协力合作"。

2.4　中国民用航空局及其职责

中国民用航空局（CAAC），简称中国民航局，是我国国务院主管民用航空事业的国家局，是中国民航事务的最高管理机构，归交通运输部管理，其标志如图2-4所示。

图 2-4　中国民用航空局标志

在 1987 年以前，中国民航总局曾承担中国民航的运营职能。2008 年 3 月，中国民航总局由国务院直属机构改制为部委管理的国家局，同时更名为中国民用航空局。

在经历了数次职能调整后，中国民用航空局根据行政权力和飞行安全管理相对高度

集中的行业特点，按照社会主义市场经济体制的需求，切实转变职能、与企业脱钩，以"安全第一，正常飞行，优质服务"为中心，加强飞行安全管理，空中交通管理，航空运输市场管理，机场安全运行管理以及民用航空发展规划、宏观调控、行业政策、依法监督等行业管理的职能；将民用航空的管理职责、组织进行民用航空科技成果推广应用的职责、民用航空运输服务标准及质量的监督检查和受理用户投诉的职责，均交给民用航空企业、科研单位或社会中介机构来承担。

目前，中国民用航空局的职责主要包括以下各项内容。

（1）研究并提出民用航空事业发展的方针、政策和战略；拟定民用航空法律、法规草案，经批准后监督执行；推进和指导民用航空行业体制改革和企业改革工作。

（2）编制民用航空行业中长期发展规划，对行业实施宏观管理，负责全行业综合统计和信息化工作。

（3）制定保障民用航空安全的方针政策和规章制度，监督管理民用航空行业的飞行安全和地面安全；制定航空器飞行事故和事故征候标准，按规定调查处理航空器飞行事故。

（4）制定民用航空飞行标准及管理规章制度，对民用航空器营运人实施运行合格审定和持续监督检查，负责民用航空飞行人员、飞行签派人员的资格管理；审批机场飞行程序和运行最低标准；管理民用航空卫生工作。

（5）制定民用航空器适航管理标准和规章制度，负责民用航空器型号合格审定、生产许可审定、适航审查、国籍登记、维修许可审定和维修人员资格管理并持续监督检查。

（6）制定民用航空空中交通管理标准和规章制度，编制民用航空空域规划，负责民用航空航路的建设和管理，对民用航空器实施空中交通管理，负责空中交通管制人员的资格管理；管理民用航空导航通信、航行情报和航空气象工作。

（7）制定民用机场建设和安全运行标准及规章制度，监督管理机场建设和安全运行；审批机场总体规划，对民用机场实行使用许可管理；实施对民用机场飞行区适用性、环境保护和土地使用的行业管理。

（8）制定民用航空安全保卫管理标准和规章，管理民用航空空防安全；监督检查防范和处置劫机、炸机预案，指导和处理非法干扰民用航空安全的重大事件；管理和指导机场安检、治安及消防救援工作。

（9）制定航空运输、通用航空政策和规章制度，管理航空运输和通用航空市场；对民用航空企业实行经营许可管理；组织协调重要运输任务。

（10）研究并提出民用航空行业价格政策及经济调节办法，监测民用航空行业经济效益，管理有关预算资金；审核、报批企业购买和租赁民用飞机的申请；研究并提出民用航空行业劳动工资政策，管理和指导直属单位劳动工资工作。

（11）领导民用航空地区、自治区、直辖市管理局和管理民用航空直属院校等事业单位；按规定范围管理干部；组织和指导培训教育工作。

（12）代表国家处理涉外民用航空事务，负责对外航空谈判、签约并监督实施，维护国家航空权益；参加国际民用航空组织活动及涉外民用航空事务的政府间国际组织和多边活动。处理涉香港特别行政区及澳门、台湾地区民航事务。

（13）负责民用航空党群工作和思想政治工作。

（14）承办国务院交办的其他事项。

2.5 中国民用航空局下设安全管理主要相关机构

中国民用航空局下设的具体职能部门有综合司、航空安全办公室、政策法规司、发展计划司、国际司、运输司、飞行标准司、航空器适航审定司、机场司，以及空中交通管理局等。其中与航空安全直接相关的主要部门有航空安全办公室、飞行标准司、航空器适航审定司和空中交通管理局。

● **航空安全办公室**

航空安全办公室的主要职责是保障全行业航空安全。其具体职责包括：①承办民用航空局航空安全委员会的日常工作；②负责拟定民用航空安全工作规划；③综合协调管理全行业的飞行安全、空防安全和航空地面安全，组织协调行业的"系统安全"管理工作；④评估检查民用航空企事业单位贯彻执行，保证航空安全的方针、政策、法规、安全生产责任制及命令、指令情况；⑤全面掌握全行业的航空安全情况，定期分析安全形势，提出安全建议，起草安全指令和安全通报；⑥负责拟定事故调查的法规及标准，按规定组织航空事故调查，提出预防事故的建议和措施；⑦负责航空安全评估人员、事故调查员的聘任、考核和培训工作；⑧办理安全奖励和安全责任制奖罚兑现事宜；⑨负责民用航空安全信息工作，对外发布相关安全信息；⑩组织协调国际民用航空组织安全审计及有关航空安全方面的事务，开展民用航空安全管理和信息方面的国际交流合作；⑪联系国务院安全主管部门；⑫承办局领导交办的其他事项。

● **飞行标准司**

飞行标准司主要负责对民用航空器安全运行状态的审定和持续监督，制定民用航空器维修以及与航空器运营相关的各类人员的管理规章、标准和程序，并根据这些程序对其进行持续性的管理和监督。其具体职责包括：①拟定民用航空营运人（包括航空运输、通用航空和在我国运行的外国航空营运人）运行合格审定规章、标准和政策，组织实施运行合格审定和持续监督检查工作，负责航空营运人运行合格证和运行规范的颁发、修改和吊销工作；②拟定飞行人员训练机构和民用航空器维修机构合格审定规章、标准和政策，组织实施合格审定和持续监督检查，负责飞行人员训练机构合格证和维修单位许可证的颁发、修改和吊销工作；③拟定飞行人员训练设备（包括飞行模拟机、飞行训练器等）的鉴定标准，组织、指导飞行人员训练设备的鉴定工作；④拟定民用航空飞行人员、飞行签派员、维修人员执照的颁发标准和管理规章，负责执照的考核、颁发和吊销工作；⑤拟定飞行标准监察员、局方委任代表的业务标准和管理规章，组织业务培训和考试，监督检查其工作；⑥负责民用航空器安全运行状态的审定和持续监督，包括航空器的年检、适航证的再次颁发、适航指令的实施监督、使用困难报告与有关信息的收集、维修方案与可靠性方案的审批、特殊装机设备运行要求的制定与符合性检查等；⑦拟定民用航空器维修政策、规章、标准和程序，负责民用航空器型号合格审定、适航审定中的飞行标准工作；⑧负责民用航空器重复性、多发性故障的收集、分析和处理；⑨会同空管部门拟定民用机场飞行程序和运行最低标准的技术规范和管理规章，审批机场飞行程序和运行最低标准；⑩监管民用航空卫生、防疫、机场应急医疗救护工作，指导民用航空医学研究工作；⑪拟定民用航空人员（含飞行人员、乘务员、空中交通管制员）体检合格证的颁发标准和管理规章，负责体检合格证的颁发和吊销工作；⑫监管危险品航空运输；⑬参与飞行事故、事故征候中有关飞行运行、持续适航和航空医学方面的调查；⑭承办局领导交办的其他事项。

- **航空器适航审定司**

航空器适航审定司的主要职责是制定民用航空器、发动机、螺旋桨及其零部件、机载设备的适航审定规章、标准，并根据相应的规章标准对航空产品进行适航性的审定，保证民用航空产品符合相关适航标准，从而达到保证航空产品安全性的根本目的。其具体职责包括：①起草民用航空器国籍登记和注册、民用航空产品（包括航空器、发动机、螺旋桨，下同）及其航空材料、零部件、机载设备和民用航空油料、化学产品适航审定管理以及相应环境保护的相关法规、规章、政策、标准，并监督执行；②负责民用航空产品型号及补充型号的合格审定、型号认可审定、补充型号认可审定，负责型号合格审定委员会的工作，负责民用航空器飞行手册的审查和批准；③负责民用航空产品生产许可审定，根据民航局与外国适航当局的协议，负责国内制造厂生产外国民用航空产品的监管工作；④负责航空材料、零部件和机载设备型号和生产合格审定、适航审定，负责民用航空器加、改装审定及重大特修方案、超手册修理方案工程审准；⑤负责民用航空器重复性、多发性故障的工程评估，颁发民用航空产品和零部件适航指令；⑥负责民用航空器噪声、发动机排出物的合格审定；⑦负责民用航空产品和零部件单机适航审定；⑧负责适航审定委任代表和委任单位代表的审核和管理；⑨负责民用航空油料及民用航空化学产品适航审定；⑩负责民用航空器的国籍登记和注册；⑪参与民用航空器的事故调查；⑫负责民航标准化和计量工作；⑬承办局领导交办的其他事项。

- **空中交通管理局**

中国民用航空局空中交通管理局（简称民航局空管局）是民航局管理全国空中交通服务、民用航空通信、导航、监视、航空气象、航行情报的职能机构。

中国民航空管系统现行行业管理体制为民航局空管局、地区空管局、空管分局（站）三级管理；运行组织形式基本是区域管制、进近管制、机场管制为主线的三级空中交通服务体系。民航局空管局的主要职责包括：①贯彻执行国家空管方针政策、法律法规和民航局的规章、制度、决定、指令；②拟定民航空管运行管理制度、标准、程序；③实施民航局制定的空域使用和空管发展建设规划；④组织协调全国航班时刻和空域容量等资源分配执行工作；⑤组织协调全国民航空管系统建设；⑥提供全国民航空中交通管制和通信导航监视、航行情报、航空气象服务，监控全国民航空管系统运行状况，负责专机、重要飞行活动和民航航空器搜寻救援空管保障工作；⑦研究开发民航空管新技术，并组织推广应用；⑧领导管理各民航地区空管局，按照规定，负责直属单位人事、工资、财务、建设项目、资产管理和信息统计等工作；⑨民航局空管局领导管理全国民航七大地区空管局，及其下属的民航各空管单位。驻省会城市（直辖市）的民航空管单位简称为空中交通管理分局，如北京空中交通管理分局等，其余民航空管单位均简称为空中交通管理站，如厦门空中交通管理站等。这些内容将在第4章介绍。

2.6 中国民航区域管理局及其分支机构

中国民航局下设七个地区管理局和一个直辖区管理局，具体情况如图 2-5 所示。

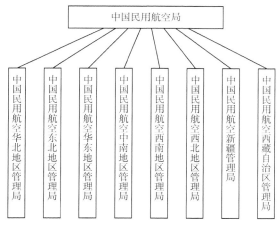

图 2-5 中国民航局所属管理局

每个地区管理局向其所辖省（自治区、直辖市）派出民航安全监督管理机构，具体如下：

（1）中国民用航空华北地区管理局设有民航北京、天津、河北、山西、内蒙古安全监督管理局。

（2）中国民用航空东北地区管理局设有民航黑龙江、吉林、辽宁、大连安全监督管理局。

（3）中国民用航空华东地区管理局设有民航上海、江苏、浙江、安徽、福建、江西、山东、青岛、厦门、温州安全监督管理局。

（4）中国民用航空中南地区管理局设有民航河南、湖北、湖南、海南、广西、广东、深圳、桂林、三亚安全监督管理局。

（5）中国民用航空西南地区管理局设有民航四川、重庆、贵州、云南、丽江安全监督管理局。

（6）中国民用航空西北地区管理局设有民航陕西、甘肃、青海、宁夏安全监督管理局。

（7）中国民用航空新疆管理局设有民航乌鲁木齐、喀什安全监督管理局。

（8）中国民用航空西藏自治区管理局。

2.7 其他国家和地区航空管理当局

● **美国联邦航空管理局**

美国联邦航空管理局（FAA）是美国运输部下属负责民用航空管理的机构，其标志如图 2-6 所示。美国联邦航空管理局的主要任务是保障民用航空的飞行安全，促进民航事业的发展，但不直接经营民航企业。联邦航空管理局的机构设置分总部、地区机构和地方机构三级。联邦航空管理局总部设在华盛顿，是国家的行政立法机构，负责制定民用航空的政策、

图 2-6　美国联邦航空管理局标志

规划和颁布规章制度、处理国际民用航空事务、领导本系统各地区和地方机构的工作。

地区机构是管理本地区民用航空业务的工作机构，负责审查、颁发本地区民用航空领域内各种合格证件和技术业务人员执照，对所辖地方机构实行技术指导和管理。

在北美大陆的美国境内共划分 9 个地区，各地区设地区办事处。美国联邦航空管理局根据所制定的《联邦航空条例》直接实施空中交通管制，为民用航空产品颁发型号合格证、生产许可证和适航证，为航空运输企业颁发营业执照，为机场和各类航空设施颁发合格证等，在民用航空领域内对飞机的设计、生产、使用、维护以及空中运输、地面保障等进行全面的监督、控制和管理。

● **欧洲航空安全局**

欧洲航空安全局（EASA）是欧盟机构，欧洲自由贸易联盟成员国授权参与该机构，其总部设在德国科隆，其标志如图 2-7 所示。

欧洲航空安全局的职责包括进行安全性分析和研究，授权国外运营商，提意并起草欧盟法规，执行和监测安全规则（包括对其成员国的观察），给飞机及其组件进行型号认证，以及批准相关航空产品的设计，制造和维护的机构。

第二次世界大战以后,全球航空事业发展迅速,美国一家独大，几乎一度垄断了当时社会主义阵营国家之外的全部大型商用客、货机市场。其他西方发达国家当然不甘落后，20 世纪 70 年代初，欧洲各国决心通过整合欧洲的技术和资源，联合设计、

图 2-7　欧洲航空安全局标志

制造大型商用飞机，以便同美国竞争、共同分享庞大的全球航空业市场。起初，欧洲成立了"联合适航局"（Joint Aviation Authorities，JAA）。成立该机构的最初目的是建立大型飞机和发动机的通用型号代码，以满足欧洲航空业的需要，尤其是几个国家间相互协作制造飞机的需要。到 1987 年，该机构的工作已经扩展到飞机的运营、维修、人员执照和设计认证等领域，覆盖生产、设计、维修机构的认证与通用程序。

随着欧洲区域一体化的进展，客观上就更需要一个拥有更大权利的、对各成员国具有约束力的组织来统一管理欧洲的航空领域。这样，欧洲航空安全局于 2002 年 7 月 15 日成立。设立欧洲航空安全局的目的就是最大限度地保护公民的安全，促进欧盟航空业的发展。例如，起草民用航空安全法规，给欧盟提供技术上的支持，并对有关的国际协议的结论提供技术上的帮助等。除此之外，该机构执行与航空安全相关的运行颁证工作，例如，航空产品和有关设计、制造和维护组织的认证。这些认证活动有助于确保适航性和环保标准在成员国内达到同等水平。到 2008 年，欧洲航空安全局实现其全面的功能，逐步取代了联合适航局的功能。

客观上，一体化的欧洲市场也要求在欧盟内部必须有这样一个权力机构进行立法和对法规的实施进行监督。因此，在 2002 年 7 月，欧盟委员会一致通过编号为 1592/2002 的法案，这也是欧洲航空安全局的一个基本立法文件。该文件规定，要建立持续保障民用航空安全和环境保护的通用规则，建立欧洲航空安全局并确保实施其法规规定的职能，通过第二级的立法，建立有关所有机型的持续适航标准，同时也规定了负责飞机设计、制造和维修相关的机构和人员的安全标准。

- **俄罗斯联邦航空运输署**

俄罗斯联邦航空运输署是俄罗斯联邦的权力机关，隶属于俄罗斯联邦交通部，履行航空运输领域和空中运输管理统一体系民用领域的公共服务职能，保证各项措施正常施行、国际和国内航班正常运行，保护交通设施不受干扰，也负责国有资产管理和执法。俄罗斯联邦航空运输署的标志如图 2-8 所示。

图 2-8 俄罗斯联邦航空运输署标志

该机构的主要职责有：组织执行联邦专项规划和联邦投资规划；提供俄罗斯联邦法律规定的针对不特定人群的具有普遍社会意义的公共服务。具体有：①依据规定程序组织空中运输管理统一体系民用领域的发展和现代化；②实施保障国际和国内飞行的综合措施；③依据俄罗斯联邦宪法、宪法性法律，联邦法律，俄罗斯联邦总统、联邦政府和联邦交通部的命令和委托，颁布独立的法律文件。

- **独联体国家间航空委员会**

独联体国家间航空委员会起初是由 12 个独立国家（包括俄罗斯、白俄罗斯、阿塞拜疆等）缔结协议形成的国际组织，总部设在俄罗斯的莫斯科。

1991 年 12 月，根据这 12 个国家民航空域使用协议成立了独联体国家间航空委员会。该委员会的宗旨是各缔约国遵守统一的航空规章、适航标准，统一的航空设备认证体系及生产体系、国际分类机场及设备，独立的事故调查，促进民用航空及空中交通管理系统协调发展。

2.8 了解航空安全的重要性

- **航空安全的重要性**

从前面各节内容不难看出，航空安全终始是各组织机构和公众关注的焦点，无论是国际组织、各国政府，还是公众均把航空安全放在关键位置。国际民航组织、各国管理当局文件等均有很多具体体现。国际民航组织的目标中，有五条直接与安全密切相关，各国民航管理当局的职责也都把安全列为首要目标。

安全是民用航空永恒的主题，保障航空安全是民航运输生存和发展的基础，也是民航政府管理部门的重要职能。民用航空是一个庞大而又复杂的系统，从航空器的生产制造到运行使用，再到各类保障和服务，在每一个过程和环节，安全始终是第一位。作为一种交通工具，飞机已被越来越多的旅客接纳和选择，理由是它的快捷、便利和优质的服务。当代飞机的性能和现代化的管理优势更加适应现代社会的需求，因而民航运输也就有着更大的发展空间，但安全始终处于最基本、最重要的位置。

● **我国民航行业的安全理念**

从中华人民共和国民航事业诞生之日起，中共中央、国务院就非常重视民航的安全工作。党和国家领导人多次作出批示或指导。例如，1957 年 10 月 5 日，时任国务院总理周恩来在关于中缅航线通航一周年总结报告上批示："保证安全第一，改善服务工作，争取飞行正常。"该批示成为我国民航工作的长期指导方针。1994 年 10 月 1 日，时任中共中央总书记江泽民为中国国际航空公司飞行总队安全飞行 40 周年题词："保证飞行安全，提高服务质量，为我国改革开放和经济建设服务。"

先进理念是实现全行业持续安全的灵魂，紧抓安全管理不放松是安全的保障。2008～2015 年，时任民航局局长李家祥就结合行业安全工作实际，做了 10 次安全系列专题讲话。他还提出抓安全必须坚持"四个服从"，将"安全第一"方针更加具体化。这些重要讲话，不仅丰富和深化了持续安全理念，而且为全面做好民航安全发展工作指明了方向。2016 年全国民航工作会议暨航空安全工作会议指出，"十二五"期间，全行业以持续安全理念为引领，凝聚安全共识，转变管理观念，创新方法手段，在建立健全安全生产长效机制上下工夫，使安全生产工作呈现常态化，实现长期效益。目前，我国民航行业保持了平稳向好的安全态势，安全水平继续保持在世界先进行列。

● **航空公司品牌与航空安全**

世界一些著名航空公司在建设品牌要素过程中，多以安全管理为切入点。企业把安全管理的特色、特点作为竞争要素之一，品牌就意味着安全，在市场竞争就有优势地位；依靠过硬的安全管理就能赢得旅客的广泛赞誉和信赖。例如，澳大利亚快达航空公司，自 1920 年成立以来已连续安全飞行了 90 多年。"安全"这个品牌使该航空公司拥有一大批忠实的旅客。相反，有的航空公司因一次空难或重大事故，品牌形象受到毁损、被禁飞，甚至走向倒闭和破产的边缘。例如，2008 年 11 月 14 日，欧盟将 194 家存在安全问题的航空公司列入"黑名单"，禁止他们飞入欧洲空域。可见，航空安全是航空企业进入市场的最基本的通行证。

2.9　了解航空安全及其保障措施

● **初识航空安全**

什么是安全？严格地说，安全就是没有不可接受的风险。常态下的安全是灰色的、相对的，往往是介于"发生事故"（可称为黑色）与"绝对安全"（可称为白色）之间的中间状态。因此，正确理解安全的涵义更有助于我们理解航空安全。

航空安全，顾名思义就是指涉及航空的安全。对于民用航空而言，航空安全就是避免人员伤害和财产损失发生。

在这方面，国际民航组织对航空安全有个较为科学的定义："安全是一种状态，即通过持续的危险识别和风险管理过程，将人员伤害或财产损失的风险降至并保持在可接受的水平或其以下。"

在飞行过程中，飞机出现故障、发生事故是难以预料的，但飞机不能停在空中等待排障、处理。与飞机的这种特殊性相伴的安全问题始终是制约航空运输事业的重要因素。例如，马航 MH370 的失踪对全世界航空运输产生了震撼的警示作用。

● **航空安全内容分类**

对普通大众而言，航空安全是模糊的、抽象的。从专业的角度来看，航空安全内容则清晰、明了、具体，包括飞行安全、空防安全、客舱安全、航空地面安全、危险品运输、搜寻与救援六个方面。

此外，事故调查也是航空安全工作必不可少的一个环节。了解这些内容，也许对人们选乘民航飞机有所帮助和启发。下面我们一一介绍，请你慢慢品读。

● **飞行安全**

飞行安全是指航空器在运行中处于一种无危险的状态，也指民用航空器在运行过程中，不出现人员伤亡和航空器损坏的事件。在一般人看来，在开阔的空中飞行时，飞机很难受到各种制约或其他人或物体的影响。事实上并非如此，正是由于在空中飞行且飞行速度快，人或物体对飞机飞行的影响就会更严重、危害就会更大。

不同的国家或地区，对于民用航空器飞行安全的运行范围有不同的界定，但大同小异。无论如何界定，都是要求保障不出现航空器上的人员伤亡和航空器损坏的事件。可见，飞行安全的核心就是航空器上人员和航空器（也就是飞机）的安全。

飞行安全是衡量一个国家的民航事业和一个航空公司的经营管理状态的主要指标。但不可否认，航空器是在空中运行的，航空器的设计制造和维护修理难免有缺陷；航空器的运行环境包括人工环境和自然环境，如机场、航路、天气、地形、通信、导航等，复杂多变，机组操作有时也会有失误。因此，国际上通常采用人们普遍接受的一种指标来衡量一个国家或一个航空公司的飞行安全水平。

● **空防安全**

空防安全通常是指为了有效地预防和制止人为的非法干扰民用航空的犯罪与行为，保证民用航空活动安全、正常、高效运行所进行的计划、组织、指挥、协调、控制，以及所采取的法律规范和技术手段的总和。

国际民航组织提供的数据表明，非法干扰航空器飞行的恶性事件时有发生。危及空防安全的主要对象是人，其中，以政治为目的的占19%，刑事犯罪的占15%，精神病患者占52%，其他占14%。因此，通常将空防安全的主要内容确定为有效地预防和制止人为的非法干扰民用航空，也就是"地面防"和"空中反"两个方面。民用机场和地面相关部门的职责是做好"地面防"；而航空公司主要从"空中反"入手，在飞机上配备专职的航空安保员，有效地打击机上犯罪行为，维护机上秩序和纪律。

所谓"地面防"，就是通过采取有效的手段和措施，将可能发生的危及空防安全的事件消除在发生之前。这是空防工作的重点，也是确保安全的关键之一。

具体措施包括：①对乘机人员和货物进行严格的检查，以防止将危及飞机和人员安全的危险物品带上飞机；②对飞行器和飞行设施进行安全保卫，防止无关人员接触；③对乘机人员的行为进行规范，制定一系列法律、法规。这些措施的实施，有效地堵塞了漏洞、消除了隐患，使空防工作变被动为主动，保证了空防安全。说到这里，大家也就更能理解：乘飞机要进行安检，并且规定许多物品，如刀具、打火机、汽油、香蕉水等不能带上飞机。实际上这些要求不仅针对旅客，也包括机组人员。机场有严格的管理规定，禁止无关人员接触飞行器和飞行设施，更不能上飞机等。据悉，某机场工作人员送一位好朋友上飞机，机上安保发现他没有带相关证件、未经合法程序登机。这造成国际航班延误，被确定为严重事故。事后，该职工被所在单位开除，相关管理人员逐级受到处分。

所谓"空中反"，就是指在危及空防安全的事件发生时，及时采取措施，以确保飞机和人员生命财产安全、维护航空器内良好秩序和纪律为原则，平息事态发展。打击在空中实施劫持航空器、机上旅客或工作人员，要求改变航线的行为；或利用劫持的航空器及机上人质来要挟政府，达到劫持者非法目的的行为；甚至将航空器作为攻击性武器，攻击地面目标的行为。因此，中国民航已经规定航空公司要在飞机上配备航空安保员，专门负责空防安全。例如，旅客在飞机上使用手机，如果影响飞行安全，乘务员和安保员有权制止；旅客精神不正常，对乘务员或其他旅客进行打骂等，乘务安保员可以将其制服等。2017 年 3 月 8 日，从埃塞俄比亚首都亚的斯亚贝巴飞往北京的埃航 ET604 航班上，一名歹徒猛撞驾驶舱门、企图劫机。机上旅客、中国航空工业集团有限公司员工曹先生和埃航机长等四人合力将歹徒制服，使飞机和旅客脱险。

- **客舱安全**

客舱安全通常是指为旅客与机组人员，在飞机停于停机坪时登机与下机阶段，或在飞机飞行阶段，提供一个安全环境，以及在事故中减少伤亡。客舱安全包括机舱及其出口的安全、机舱配置及设备的安全和人的安全。

为了实现客舱安全，在飞机客舱的设计和开发、仪器设备的研制安装、工作程序的设计执行、人员训练与管理、旅客管理等方面都需要系统的研究与设计。实际上，客舱的各种设施尽量减少了棱、角，以免对乘机人员造成伤害；座椅套等都具有一定的阻燃功能等。乘务员和安保人员要严格管理与服务，安排旅客就座和放置行李。例如，在飞机起飞或降落阶段，要求旅客系好安全带、收起小桌板、调直座椅靠背、打开遮光板等；要将较大件行李放进行李箱、防止滑落等。再如，禁止不合格的锂电池等。不合格的锂电池容易起火或者发生爆炸，如果带上飞机就会带来很大的安全隐患。

- **航空地面安全**

航空地面安全主要指航空活动地面的持续安全状态以及维护安全的措施和相关机构。航空地面安全范畴比较大，主要包括飞行区安全、飞行活动区道路交通管理、机场安全保卫、地面安全保障、地面勤务与紧急救援等。也许普通大众多不涉及此类问题，但要说明的是：中国民航各单位对航空地面安全管理非常严格，即使是民航内部人员或相关单位人员，没有工作牌或准入证件，也无法进入机场区域。但在世界各国，无关人员侵入机场特别是跑道附近区域事件时有发生，这造成无法挽回的损失。据英国《镜报》报道，在墨西哥的奇瓦瓦州就发生过两名少女在机场跑道附近玩自拍，不幸被着陆飞机的机翼撞上头部而死亡的事件，其中一名少女还是法学系的大学生，现场目击者还曾大声警告，要她们离开那个区域。

● **危险品安全**

作为交通运输方式之一，民航运输必然涉及危险品的运输。民航运输安全也就必然包括危险品安全。

那么，什么是危险品？危险品是指对健康、安全、财产或环境构成危险，并在《航空运输危险品目录》（2017 版）中列举的物品或物质。

危险品分为爆炸品、压缩气体和液化气体、易燃液体和易燃固体、自燃物品和易燃物品、氧化剂和有机过氧化物、毒害品和感染性物品、放射性物品、腐蚀品及其他（杂类）等 9 类。详细分类参见国际民航组织《危险物品规则》，危险物品品名以《中国民用航空危险品运输管理规定》载明的为准。

航空危险物品运输的特殊性主要是由航空运输的特殊条件及危险物品的性质决定的。飞机在飞行过程中发生事故的难以预料性和出现事故时的不可挽救性及航空运输过程中温度、湿度、压力或振动发生的巨大变化，要求危险物品在正常空运条件下不能发生任何泄漏、燃烧等事故，不能有任何影响飞机正常飞行和损害旅客、机组人员身体健康的事故发生。因此，航空危险物品运输与公路、铁路危险品运输有着本质的区别。

为了确保安全，只有经过具有合法资质的机构正确的鉴定和包装的危险物品，且满足航空运输飞行特殊条件的要求才能够运输。这就是对航空安全的保障。

2.10　航空安全的其他方面

我们前面介绍的主要是如何认识航空安全和如何保障航空安全。但航空事故就像其他交通事故一样，时有发生、难以彻底根除。因此，《国际民用航空公约》及我国法律、法规等和管理当局对这类问题都有明确的表述及措施，以尽量减少损失、分析事故产生的原因，并且为改善安全水平提供解决指南。

● **搜寻与援救**

为了及时有效地搜寻和援救遇到紧急情况的民用航空器，避免或者减少人员伤亡和财产损失，我国制定了《中华人民共和国搜寻援救民用航空器规定》，并强调该规定适用于中华人民共和国领域内及中华人民共和国缔结或者参加的国际条约规定由中国承担搜寻援救工作的公海区域内搜寻援救民用航空器的活动。

实际上，许多国家和地区都有相关规定，国际上有《国际民用航空公约》等。

搜寻与援救的主要工作包括搜寻与援救方案的制订、搜寻与援救系统建立、搜寻与援救的实施等。

根据《国际民用航空公约》附件 12 中的定义，民航搜寻与援救主要包括以下内容。

（1）搜寻，通常由援救协调中心或援救分中心利用现有人员和设施，确定遇险人员位置的工作。

（2）援救，找回遇险人员，为其提供初步的医疗或其他需要，并将其送往安全地点的工作。

（3）搜寻与援救航空器，配备有适合高效从事搜寻与援救任务的专用设备的航空器。

（4）搜寻与援救服务，通过利用合作使用航空器、船只和其他航空和水上装置等公共和私人资源，对遇险情况履行监控、联络、协调及搜寻与援救、初步医疗援助或医疗转运职能。

（5）搜寻和援救设施，用于实施搜寻和援救工作的任何移动资源，包括指定的搜寻和援救单位。

● **事故调查**

当意外事件发生后，为吸取教训、查明事故原因，分清责任，防止同类原因事故的再次发生，必须组织及时、科学的事故调查。进行调查所依据的法律、法规等包括以下各项。

（1）国际现行事故调查的有关文件包括《国际民用航空公约》附件 13《民用航空器失事调查》、国际民航组织文件《航空器事故和事故征候调查手册》（Doc 9756-AN/965）等。

（2）我国现行事故调查的法律、规章等包括《中华人民共和国民用航空法》《特别重大事故调查程序暂行规定》《中国民用航空器飞行事故调查规定》《民用航空器飞行事故调查程序》等。

通过对以上航空安全内容的了解，也许你对民航运输的安全性及为了实现航空安全所采取的各种措施和付诸的行动会有更多的理解。

2.11　更进一步——我国航空安全现状与发展

● **什么是安全事件**

国际民航界一般用事故、事故征候、空难等航空器运行安全事件发生率作为衡量一个国家或地区民用航空安全的主要指标。这些事件的具体含义如下。

1）事故

事故（accident）是指在所有人登上航空器准备飞行，直至所有人下了航空器为止的时间内，所发生的与该航空器操作使用有关的事件。此类事件包括以下内容。

（1）有人因在航空器内，或因航空器的任何部分包括已脱离的航空器的部分直接接触，或因直接暴露于喷出气流而受致命伤或重伤。

（2）航空器受到损坏或结构破坏，对结构强度、性能或飞行特性有不利影响。

（3）航空器失踪或处于不能安全接近的地方。

2）空难

民航界一般将空难（air disaster）界定为由飞机、飞艇、气球、宇宙飞船等航空器发生的伤亡事故。

国际民用航空组织将空难界定为飞机等在飞行中发生故障、遭遇自然灾害和其他意外事故所造成的灾难。

3）事故征候

依据《国际民用航空公约》的附件 13，事故征候（incident）不是事故，而是指在飞行中未造成事故，但危及飞行安全的一切反常情况。

我国民用航空局规定，事故征候是指航空器飞行实施过程中发生的未构成飞行事故或航空地面事故但与航空器运行有关，影响或者可能影响飞行安全的事件。

4）其他安全事件

依据中国民用航空局颁布的《民用航空安全信息管理规定》，其他安全事件是指在航空器运行中发生航空器损坏、设施设备损坏、人员受伤或者其他影响飞行安全的情况，但其程度未构成飞行事故征候或航空地面事故的事件。

● **衡量航空安全的主要指标**

目前，国际上通用的指标有定期飞行的亿客千米死亡率、亿飞行千米事故率、百万飞行小时事故率、10 万起降架次事故率，其中，百万飞行小时事故率最为常用。这也表明，民航运输是否安全、安全程度如何，均以是否发生事故、发生事故多少为关键标志。国际标准为平均百万飞行小时事故率不超过 0.64%。

● **我国航空安全现状**

统计数据显示，"十二五"期间，中国民航运输保持了平稳向好的安全态势，"十二五"以来，全行业未发生运输航空重大安全事故，安全水平世界领先。亿客千米死亡人数从"十一五"末的 0.009 降至目前的 0.001，降幅达 89%；运输航空百万架次重大事故率从"十一五"末的 0.19 降至目前的 0.04，降幅达 79%。

● **我国运输航空发展规划**

2016 年 12 月，我国政府公布了中国民航发展第十三个五年规划。该规划第二章就是"确保航空持续安全"，其中共五节内容，它们分别是完善安全监管体系、提升安全运行能力、加强安保体系建设、提升应急和调查能力、全面实施适航攻关。

规划强调民航发展必须"坚持安全第一"的原则。牢固树立持续安全理念，不断提高安全管理综合能力，全面筑牢安全发展基础，正确处理安全与发展的关系，确保飞行安全、空防安全、网络信息安全和廉政安全，保障行业健康发展。

"十三五"的主要目标就是"到 2020 年，基本建成安全、便捷、高效、绿色的现代民用航空系统，满足国家全面建成小康社会的需要"。航空运输持续安全，航空服务网络更加完善，基础设施保障能力全面增强，行业治理能力明显加强，运输质量和效率大幅度提升，国际竞争力和影响力不断提高……安全水平保持领先。全面建成具有中国特色的民航安全管理体系和运行机制，运输航空每百万小时重大及以上事故率低于 0.15。

各位读者朋友，看到这个规划目标，您是否对我国民航人的信心和能力更有底了？

2.12　航空安全的影响因素剖析——人为因素

不可否认，影响航空安全的因素多种多样，普通大众无法一一列举。从专业角度看，首先就是人为因素。

人是航空安全中最积极、最活跃和最主动的影响因素。人为差错和工作失误等原因，影响航空安全，导致航空事故或者航空灾害发生的致灾因素称为航空安全中的人为因素。随着飞机的可靠性不断提高，由人为因素引发的航空灾害几乎达到了全部航空灾害比例的 70%～80%。这里的"人"主要包括机组人员、维修人员、空管人员和机场人员等，其中，机组人员对飞行安全起着决定性作用、处于核心位置。

- 关于机组人员中飞行员的人为因素

在网络媒体极为发达的今天，我们时常看到民航飞行员身价高昂、条件优越，令人羡慕。实际上，人们了解的多为表面的现象，而非深层次的实质。一个合格的民航飞行员的培养过程是漫长而曲折的。他必须经过一系列的理论与实践考核，特别是经过驾机飞行实践，取得一系列驾驶执照，才能加入这个行列。在工作中，飞行员对旅客和其他机组人员、飞机及其他财产负有重要责任。因此，航空运输及其安全对飞行员的要求更高、更严格。

表 2-1 列出了关于飞行人员的人为因素内容。

表 2-1　飞行人员的人为因素内容

人为因素内容	人为因素内容
（1）飞行人员能力不及	（14）飞行教员、学员计划不周密，配合失误
（2）飞行人员非故意违章违规，违反手册和程序	（15）飞行人员未执行口述空管指令规定
（3）飞行人员判断错误	（16）飞行人员执行任务前或途中饮用了含酒精的饮料，或使用了以任何方式影响其官能而不利于安全的任何药物
（4）飞行人员准备不充分	
（5）机组配合失误	（17）飞行人员决策和应变能力差
（6）飞行人员获得信息有误	（18）飞行人员的专业培养不充分
（7）飞行人员使用资料有误	（19）飞行人员稳定进近和复飞意识差
（8）飞行人员疲劳、反应迟钝	（20）飞行人员对空中管制程序、指令、运行环境和限制缺乏理解
（9）飞行人员心理承受能力弱，遇有紧急情况产生慌乱	
（10）飞行人员未持续有效地监控航空器运行状态	（21）飞行人员执行国际民航组织的标准用语，准确报告异常情况和应急援助需要存在缺陷
（11）飞行人员漫不经心、骄傲自满、鲁莽操作	
（12）飞行人员语言障碍	（22）飞行机组利用危险评估工具或检查单，弄清并减轻危险的意识弱
（13）飞行人员理论水平差	

飞行人员的人为因素导致的航空灾害往往是致命的。例如，大韩航空 801 号班机（B747-300，机身编号 HL7468）空难。1997 年 8 月 6 日，该班机从韩国的首尔飞往美国的关岛阿加尼亚市。在飞机降落过程中，机组人员操作失误，错误地将飞机下降到 198 米的高度，飞机撞上了海拔 216 米的尼米兹山。这导致 17 名机组人员和 237 名旅客中的大部分人死亡，只有 3 名机组人员和 23 名旅客生还。

事后调查显示，机长未能正确执行非精确着陆程序，本来预定高度为 440 米，而实际飞机高度比预计低了 243 米，导致飞机撞在山上；副机长和各机师未能互相监督机长的操作行为是导致事故发生的主要原因。

- 关于维修人员的人为因素

维修人员对新机型、新技术不熟悉，工艺知识不足，对设备、附件的结构不够清楚，对手册、技术文件的理解有偏差，不能及时发现飞机上已经存在危及安全的故障，对系统发生的复杂故障缺乏正确判断和迅速处理能力，这就造成了人与硬件和软件的不匹配，诱发维修差错。维修差错在航空人为因素中占的比例不断提高。维修差错有可能导致飞机出现致命性故障，其已经成为导致航空灾害的最重要因素之一。

- **关于空管人员的人为因素**

飞机为人们的生活拓展了空间、带来了便利，但同时也使天空变得越来越混乱，一场场危机暗暗地酝酿。20 世纪中叶的一天，放任和自由酿成了惨剧，两架飞机在美国本土上空迎头相撞。由于是客机，死难者众多，损失惨重。这次事故为人类敲响了警钟，人们意识到：天上的交通也应该和地上一样，受到某种规则的管理和约束，形成一定的秩序。这样才能保障航空飞行的安全。由此，空中交通管制事业应运而生。

空中交通管制员（简称管制员）是指管制员执照持有人（简称持照人）且具有符合要求的知识、技能和经历、资格，从事特定空中交通管制工作的人员。或者说，在机场、地区空管局等地工作，负责指挥飞机的起降以及飞行过程中的安全指控，在塔台工作的人员。关于空管人员的人为因素主要包括以下几方面。

（1）空管人员素质缺陷。人的素质包括多方面，具体素质缺陷有：①空管人员思想素质差、缺乏责任心、安全意识薄弱是飞行安全的大忌；②空管人员业务素质缺乏，主要体现在相关的专业知识储备不足，缺乏必要的工作技能。主要原因有两个，一是天赋不足，从事管制的基本素质有很大的缺陷；二是缺乏良好的培养和培训，空管理论不扎实，业务技能薄弱；③空管人员心理素质缺陷，包括决策能力、情绪控制能力、应变能力、语言表达能力、情景意识能力、精力分配能力、预测统筹能力、沟通协调能力、立体感知能力、记忆和心算能力。

（2）空管人员操作违规。有章不循是导致空管人员人为差错的关键因素，有的空管人员在管制工作中不按规范行事，凭自己的想象，断章取义，形成错误的管制概念和行为准则，以至于遇到问题时造成混乱；或凭经验，想当然，形成了思维定式而忽略了规范，从而引发管制冲突，甚至造成事故。

（3）空管班组配合不当。现实中多次发生由空管班组交叉检查不到位、配合不当所导致的事故。

（4）空管工作负荷影响。随着航空运输业的飞速发展，空中交通流量增长很快，相比之下，现有的空域结构，航线、航路的网络布局，通信导航设备等管制条件难以适应空中交通流量的快速增长，导致一些机场、航班交叉点出现较为频繁的飞行冲突，空管人员的工作变得紧张而繁重，工作压力增大。机场终端区交通拥挤和空管人员工作负荷过重已成为现实问题。

（5）空管人员对自动化适应不良。数据自动化会减少空管人员所需的一些重要信息，数据自动化可以包含重要的定量信息，但不再包含定性信息。空管人员使用这些信息时，不能掌握它的可靠性和持久性。自动化系统会抑制人的灵活性。强制实行标准化，可能会导致新的人为差错和误差。

- **关于机场人员的人为因素**

机场的工作人员更多，人为因素也多种多样，概括起来包括以下四方面。

（1）安检人员工作失误。许多劫机事件都是因为安全检查漏洞而造成的。1988 年的洛克比空难是第一起由于保安措施不力造成大批人员死亡的航空灾害。安检人员没有检查出藏在行李中的炸弹，而且在发现旅客未登机后也没有将其行李卸下。安检人员的工作失误表现为岗位适应性不良、工作规范性欠佳和工作时间过长等。

（2）地面指挥人员工作失误。地面指挥人员负责机场日常活动生产运行指挥协调、施工与生产运行的协调与管理、专机保障、U类仪表着陆系统运行指挥协调、机场重大活动和异常天气的指挥协调、紧急情况处置以及机场运行情况通报等。地面指挥人员的工作失误严重，威胁航空安全。

（3）机场配载人员工作失误。飞机的配载工作是重要的地面保障工作。如果货物实际配平超限，就有可能导致飞机在空中失衡或失控，甚至造成机毁人亡的后果。

（4）机场监护人员工作失误。机场监护人员的工作失误，会造成严重的安全隐患。

2.13　航空安全的影响因素再剖析

除了人为因素，航空安全的影响因素还有航空器与有关设备故障、环境因素。在有些情况下，这些因素显得更为关键。

● **航空器与有关设备故障**

航空器及有关设备是保障航空安全的物质基础。一旦航空器及有关设备发生故障，就有可能导致航空事故甚至空难，典型的航空器及有关设备故障包括发动机空中停车、起落架系统故障、液压系统故障、飞行控制系统故障、油料系统故障等。此外，飞机的结构腐蚀及疲劳损坏、飞机的设计缺陷、飞机的零部件生产质量等都会对航空安全产生影响。

统计分析显示，机械系统故障是主要因素。产生机械系统故障的因素也多种多样。首先是飞机设计上的缺陷。任何机械设计都不可能完美无缺，或者说都是一个综合、折中的结果。人自身的知识缺陷也同样制约机械系统的设计。其次是制造质量没有达到标准，飞机制造材料的缺陷，如材料的腐蚀、老化、磨损等，都能造成相关机械故障。其他还有维修方面存在漏洞，飞机燃料系统密封不好，元器件本身的缺陷，航空煤油热氧化，油料污染、清洁度差，以及航空煤油生碳性高等都可能引起机械系统故障。

● **环境因素**

影响航空器安全的环境因素一般指航空器运行过程中的环境因素，涉及自然环境因素和人工环境因素。环境因素往往不单独导致航空灾害，一旦与其他航空灾害因素结合，就极易导致航空灾害。

1）自然环境

自然环境主要指与飞行活动有关的各种大气物理现象，飞行地带和空域、航路及其周围的地形地貌，而且大气环境往往受地形环境影响。飞机的飞行与天气密切相关，天气影响飞机飞行的全过程。气压、能见度、风速、云量、降雨等都影响飞行安全。

恶劣的天气，如狂风、大雾等自然环境往往单独导致（或诱发）航空灾害。在飞机着陆前，飞行员必须确切地了解着陆机场场压，场压的错误往往会导致事故发生。在起飞时，空气能见度差则容易导致飞机偏离跑道。在飞行中，空气能见度差则可能导致飞机与山头、高层建筑物相撞。在着陆时，空气能见度差会使飞行员难于将飞机对准跑道，也很难掌握接地时机。风对飞行安全影响更为严重，侧风可使起飞/着陆的飞机发生偏转和倾斜，特别是强侧风可使飞机偏离航线。不规则的升降气流可使飞机发生颠簸，甚至会损伤或折断机翼。下降气流按速度大小可分为下沉气流、下冲气流和下击暴流三种，如果遇到后两种气流，往往凶多吉少。离地几十米至 1500 米的低云（碎层云、层积云等）使能见度变坏，不利于飞机起飞和着陆。下雨和下雪使跑道变滑，飞机难以起飞和降落，飞机机身、机翼、发动机和天线容易结冰。如果遇雷暴天气，飞机可能会遭遇雷击或使飞机失去控制。

例如，大韩航空 733 航班事故。2007 年 9 月 2 日晚，大韩航空公司的一架 A300-600 型客机，在由韩国济州岛飞往日本关西国际机场途中遭遇乱气流，机上 5 名旅客和 7 名乘务员受伤。受伤者中有的头部受伤，有的腰部受重创，部分伤员被送往医院治疗。

2）人工环境

人工环境涉及飞行场所的机场、航路、通信、导航、灯光、标志及保障安全生产的各种设备和设施。

在民航飞机的整个飞行过程中，进近着陆阶段和起飞阶段是最容易发生事故的阶段，所以机场环境因素十分重要。复杂的机场布局常常会诱发机组在滑行中混淆道面，进而导致事故。其复杂性主要表现在：机场活动区大；跑道、滑行道、服务通道纵横交错，滑行指令复杂；标志、标记牌、标志物、灯光林立；活动区交通（飞机和车辆）流量大；不同跑道的入口彼此靠近；非全跑道起飞等。

此外，目视助航设施的缺陷也会触发事故，主要表现在跑道、滑行道在多个交叉口都缺乏醒目的标记牌；机场的灯光、标志、标记牌不规范；缺少跑道警戒灯和停止排灯；机场标志、标记牌没有反光材料或掉漆褪色；标志被冰雪覆盖不清晰；标记牌被杂草遮挡；机场跑道灯光比跑道还亮等。

另外，鸟击、进场净空、场道条件、风筝等飞行物、烟雾、鞭炮、烟花等一些机场环境因素都构成了航空事故链中的重要一环。

例如，新加坡航空 B747 空难。2000 年 10 月 31 日，新加坡航空公司一架 B747 执行从中国台湾桃园中正机场到美国洛杉矶机场航班任务时，管制员指挥该飞机使用 05L 跑道离场。由于机场跑道设计缺憾，机组错误地将飞机滑入部分关闭的 05R 跑道，飞机在起飞滑跑过程中撞上施工机械，爆炸起火。这导致 83 人死亡，39 人重伤，32 人轻伤，飞机报废。

此外，空中交通环境也是民航安全生产中十分重要的人工环境。通信环境差、航线设计不合理、空域管理不当、空中交通流量过大，都会对民航飞行安全带来很大影响。

人们都知道飞机起飞后要关掉手机。这是因为如果通信设备出现故障、信号受到干扰导致信息失真、通信中断等都可能成为影响飞行安全的重要因素。

你乘坐飞机的时候，也许遇到过航班延误的情况。那有可能是因为当时空中交通流量过大，航路过于拥挤，为了保证各架飞机之间保持一定的安全间隔，保证飞机飞行安全，就必须实施流量控制，导致的直接后果就是飞机晚点，关于流量控制的相关知识详见第 4 章。

2.14　我国航空安全管理组织体系与法律体系

● 航空安全管理

认识了航空安全的重要性，剖析了航空安全的影响因素，各位读者也就会更加理解我国民航业界的安全理念。我国民航管理当局和企业等相应地采取一系列措施、开展一系列活动，为航空安全保驾护航，这就引出了航空安全管理。它是指航空管理者对航空安全生产进行的计划、组织、指挥、协调和控制的一系列活动，以保护各类相关人员在生产过程中的安全与健康，保护国家和集体的财产不受损失，促进航空企事业单位改善管理、提高效益，保障航空事业的顺利发展。

● **我国航空安全管理组织体系**

为了保证航空安全，我国构建了航空安全管理组织体系和民用航空法律体系。经过一系列的管理体制改革，中国民用航空建立起了适合本国的安全生产和持续发展的"两级政府、三级管理"的安全管理组织体系，如图 2-9 所示。

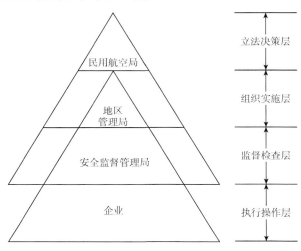

图 2-9　我国航空安全管理组织体系及其功能层次结构

1）两级政府

按照政企分开、转变职能、加强监管、保证安全的目标，我国建立起了与民用航空事业发展相适应的民用航空地区行政管理机构，实行中国民用航空局和中国民用航空地区管理局两级行政管理体制，即"两级政府"。

2）三级管理

"三级管理"则是指由民用航空局、民用航空地区管理局及地区管理局的派出机构——安全监督管理局，共同组成并实施的安全管理体系。

在我国民用航空安全管理组织体系中，政府的安全管理活动主要集中在立法决策、组织实施以及监督检查等宏观管理层面。民用航空企业的安全管理活动则主要集中在组织实施、监督检查和执行操作等微观管理层面。在这个层面每个企业也有十分严密的安全管理体系，这是持续安全的保障，将在后续章节介绍。

近年来，"两级政府、三级管理"的安全组织体系对实现中国民用航空安全的全面管理，保障中国民用航空的安全，促进中国民用航空业快速、健康、安全的发展起到关键作用。

● **我国民用航空法律体系**

我国在法治建设方面，也取得了显著成效。各种航空法律、法规以及部门规章，共同构成了一个比较完善的航空法律制度和规范体系，使航空活动的各个领域和各个方面基本实现了有法可依，为全面保障民用航空的安全和发展奠定了制度基础。

我国民用航空法律体系按照法律地位可以划分为三个层次。

（1）第一层为全国人大通过的法律，如《中华人民共和国民用航空法》，它是民用航空法律体系的龙头，也是制定民用航空法规、规章的上位法。

（2）第二层为国务院通过的行政法规，如《中华人民共和国搜寻援救民用航空器规定》《中华人民共和国民用航空器适航管理条例》等。由于民用航空活动涉及诸多部门和单位，需要国务院协调处理，凡涉及其他部门的，就由国务院以行政法规的形式规范相互的法律关系。

（3）第三层为民用航空局颁布的各类规章、标准、程序等，如《大型飞机公共航空运输承运人运行合格审定规则》，也包括各种标准（标准一般指相关机构发布的技术标准，包含国家标准和行业标准）。

由于法律、法规、规章等文件本身就是标准的载体，标准常常需要通过在法律、法规、规章中以引用的方法来赋予其法律效力。

2.15　粗说民用航空相关法律

目前，我国已经基本形成了较为完备的民用航空法律体系。但普通大众对这些法律、法规、规章的了解既不全面，更不详细。本节仅概要介绍几个重要法律，特别是与普通大众密切相关的内容。这也许对于读者较好地理解和享用民航服务大有裨益。

● **民用航空法律**

1）《中华人民共和国民用航空法》，简称《民用航空法》。它全面地规范了我国的民用航空活动，是我国民用航空的基本法，在中国民用航空法律体系中处于核心地位，其主要目的和任务是维护国家的领空主权和民用航空权利，保障民用航空活动安全和有序地进行。认真贯彻实施《民用航空法》可以起到以下几方面的重要作用。

（1）维护国家的领空主权和各项航空权益。

（2）加强政府职能和宏观调控。强化行业管理，充分发挥市场机制的作用，促进民用航空事业的发展。

（3）管理空中航行。严格制定和执行空中航行的技术标准和操作规程。维持空中交通秩序，确保民用航空飞行的安全和有序。

（4）调整民用航空中的民商事法律关系。保护好民用航空活动中当事各方的合法权益和公众利益。

（5）保障民用航空安全。打击刑事犯罪，制止非法干扰民用航空活动的行为，保护人民的生命财产安全。

（6）协调好民用航空和军用航空的关系，在发展民用航空事业的同时，又有利于国防建设。

2）其他具有代表性的航空安全法律

（1）《全国人民代表大会常务委员会关于惩治劫持航空器犯罪分子的决定》明确规定："以暴力、胁迫或者其他方法劫持航空器的，处十年以上有期徒刑或者无期徒刑；致人重伤、死亡或者使航空器遭受严重破坏或者情节特别严重的，处死刑；情节较轻的，处五年以上十年以下有期徒刑。"

（2）《制止危害民用航空安全的非法行为的公约》，也就是《蒙特利尔公约》。该公约明确了在飞行中的航空器内从事暴力行为、破坏或损坏航空器及航行设备、放置破坏航空器的装置、传送虚假情报等危及航空器安全的行为均构成犯罪。

（3）全国人民代表大会通过了《制止在用于国际民用航空的机场发生的非法暴力行为以补充1971年9月23日订于蒙特利尔的制止危害民用航空安全的非法行为的公约的议定书》，该议定书增加了在国际民用航空机场实施暴力行为，造成人员重伤或死亡的，破坏或严重损坏用于国际民用航空的机场的设备或航空器，中断机场服务危及机场安全的行为也视为犯罪。

3）其他法律中涉及民用航空活动的典型内容

这些法律的有关规定是从事民用航空活动所必须遵守的，也是我国民用航空安全法律法规体系的重要组成部分。

（1）《中华人民共和国刑法》中关于民用航空活动刑事犯罪量刑的规定包括：破坏交通工具罪；破坏交通设施罪；劫持航空器罪；暴力危及飞行安全罪；重大飞行事故罪；聚众扰乱公共场所秩序、交通秩序罪；投放虚假危险物质罪；编造、故意传播虚假恐怖信息罪等。

（2）《中华人民共和国海关法》中关于运输工具进出境的规定，都包括航空器在内。例如，第十六条规定："进出境船舶、火车、航空器到达和驶离时间、停留地点、停留期间更换地点以及装卸货物、物品时间，运输工具负责人或者有关交通运输部门应当事先通知海关。"第二十条规定："进出境船舶和航空器兼营境内客、货运输，需经海关同意，并应当符合海关监管要求。"第二十二条规定："进出境船舶和航空器，由于不可抗力的原因，被迫在未设立海关的地点停泊、降落或者抛掷、起卸货物、物品，运输工具负责人应当立即报告附近海关。"

● 民用航空行政法规

民用航空行政法规是我国民用航空法律体系的重要组成部分，对调整民用航空活动中各种法律关系起着十分重要的作用。然而，公众对这些行政法规往往了解较少、重视程度较低，因而在执行过程中易造成较大偏差。实际上，民用航空行政法规涉及的内容更具体、更具可操作性，在规范和管理日渐频繁的航空运输活动、发展民用航空事业中发挥了重要作用。民用航空行政法规涉及机场、航空器、客货运输、损害赔偿、安全保卫等多个方面，举例如下。

（1）《中华人民共和国飞行基本规则》（2000年7月24日）简称《规则》。该《规则》总结吸取我国航空管理的经验教训，借鉴国外的有益做法，参照国际标准和惯例，对我国境内的空域管理、飞行管制、机场区域内飞行、航路和航线飞行、飞行间隔、飞行指挥、飞行中特殊情况的处置、通信导航雷达气象和航行情报保障、对外国航空器的特别规定及法律责任等组织实施飞行的所有方面作出了更为明确的规定。它适用于中华人民共和国境内所有航空器的飞行活动，是我国境内组织实施飞行和规范一切飞行活动的基本法规。同时，《规则》明确了空管领导关系，规定全国的飞行管制由国务院、中央军委空中交通管制委员会领导。

（2）《国务院关于保障民用航空安全的通告》（1982年12月1日）。该通告明确规定了乘坐民航班机的行为准则，例如，旅客须通过安全检查门；拒绝检查者，不准登机；严禁旅客携带枪支、弹药凶器和易爆、易燃、剧毒、放射性物品以及其他危害民用航空安全的危险品进入机场和乘坐飞机；严禁未经安全检查的人员进入候机楼隔离区等。

（3）《国务院、中央军委关于重新颁发关于保护机场净空的规定的通知》（1982 年 12 月 11 日）。该通知明确了保护机场净空的要求，例如，在机场净空区域内，严禁修建超出本规定的高大建筑物和影响机场通信、导航的设施；今后，各地区、各部门凡在机场附近规划或兴建各项工程时，必须事先与该机场所驻单位联系；凡属擅自在机场净空区域内修建的超高建筑物，超高部分必须拆除。

（4）《国务院关于开办民用航空运输企业审批权限的暂行规定》（1985 年 5 月 28 日）。该规定明确了开办航空运输企业应该具备的基本条件、所需的申请审批手续及内容、所需遵守的相关规定。

（5）《国务院关于通用航空管理的暂行规定》（1986 年 1 月 8 日）。该规定明确了从事通用航空事业的各种依据。

（6）《民用机场管理暂行规定》（1986 年 4 月 6 日）。该规定指明了运输机场、通用航空机场以及军民合用机场民用部分的管理规定及奖惩办法。

（7）《民用航空运输不定期飞行管理暂行规定》（1989 年 3 月 2 日）。该规定指出了从事运输旅客、行李、货物和邮件的中外民用航空器的不定期飞行所需遵守的相关准则。

（8）《中华人民共和国搜寻援救民用航空器规定》（1992 年 12 月 8 日）。该文件规定了搜寻援救民用航空器工作的具体分工，搜寻援救的准备以及实施的具体步骤。

（9）《国内航空运输旅客身体损害赔偿暂行规定》（1993 年 11 月 29 日）。该文件规定了国内航空运输承运人对旅客身体损害应当承担的民事责任。

（10）《中华人民共和国民用航空安全保卫条例》（1996 年 7 月 6 日）。该条例指出了民用机场的建造、使用以及民用航空营运所应具备的安全保卫条件。

这里需要大家注意的是，该条例的第十六条明确提出了机场内禁止的行为：①攀（钻）越、损毁机场防护围栏及其他安全防护设施；②在机场控制区内狩猎、放牧、晾晒谷物、教练驾驶车辆；③无机场控制区通行证进入机场控制区；④随意穿越航空器跑道、滑行道；⑤强行登、占航空器；⑥谎报险情，制造混乱；⑦扰乱机场秩序的其他行为。

（11）《通用航空企业审批管理规定》（2001 年 8 月 31 日）。该规定明确了通用航空的经营项目，开办通用航空企业应遵循的原则、基本条件以及企业变更的注意事项等。

（12）《通用航空飞行管制条例》（2003 年 1 月 10 日）。该条例明确指出了通用航空飞行空域的划设与使用、对飞行活动的管理、飞行保障、升放和系留气球的规定以及违反该条例所应承担的法律责任。

- **民用航空规章**

民用航空局根据《民用航空法》制定的关于行政程序、航空安全管理、航空市场和经济管理、行政管理方面的规章，在中国民用航空法律法规体系框架中所占比例最大，涉及民用航空生产经营的各个方面。其具体内容涉及行政程序规则、航空器、航空人员、空域、导航设施、交通规则和一般运行规则、民用航空企业审定及运行、学校、非航空人员及其他单位的合格审定及运行、民用机场建设管理、委任代表规则、航空保险、综合调控规则、航空运输规则、航空保安、科技和计量标准、航空器搜寻救助和事故调查等。

民用航空规章标准由民用航空局单独（或与有关部、委联合）起草，以民用航空局局长

（或联合）命令的形式颁发，并在《中国民用航空》杂志上刊登。它们是以国际民用航空组织18 个附件为依据，以航行服务程序等国际民用航空组织的技术规范为参考，结合我国实际而制定的，通常编入《中国民用航空规章》（China Civil Aviation Regulations，CCAR），它们只能约束民用航空行业内部人员。

这里所指的规章标准是一个泛指概念，统指法律、行政法规之下的所有规范性文件，包括规定、规则、规程、标准、办法、命令、安全指令、咨询通告及企事业单位内部的管理章程、制度、手册、细则等。

民航业界规章标准是对安全生产规律、工作经验和民航运行实践的理性归纳与系统总结，是安全管理及运行工作的重要准则及基本依据。贯彻执行规章标准的重要意义和作用表现在：规章标准的科学性，使安全管理具有可靠的科学依据；规章标准的强制性，使安全管理具有坚强的法律后盾；规章标准的规范性，使安全管理具有明确的行为准则；规章标准的稳定性，使安全管理形成习惯、成为自然。

第3章 谁 制 造

——航空工业

飞机功能多样、威力巨大,令人充满好奇心,似乎它离我们遥不可及、神秘莫测。人们也许会惊奇:谁制造了这些飞机?通过本章的阅读,你也许会对谁制造飞机、如何制造飞机有所了解,也可能激发你对飞机设计者、制造者的敬仰;也许会使年轻的读者,产生做一个飞机设计者的憧憬。

3.1 航空工业及其特点

● **航空工业**

在科学技术日益发达的今天,飞机的制造更为复杂。要了解飞机制造,就得先了解一下航空工业。概括而言,航空工业就是研制、生产和修理航空器的工业。它通常包括航空飞行器、动力装置、机载设备、机载武器等多种产品制造和修理行业,以及独立的或隶属于企业的研究设计单位、试验基地和管理机构等。天上飞的飞机就是这样的企业制造的。

航空工业的主要产品有固定翼飞机、旋转翼飞机、飞艇、飞机发动机、机载设备、机载武器、地面保障设备等。因此,本章也将依据这些产品的类别差异逐步展开。

本章着重介绍飞机和发动机企业。从专业角度来说,飞机和发动机是两类不同的专业企业,它们既相互关联,又界限分明。对于一种飞机而言,它可以根据用户的需求选择发动机,例如,B777-200ER,一般会选择装 GE90-85B 的发动机,当然也可以选择其他品牌。因此,我们对飞机和发动机也多是分开介绍。

● **航空工业的特点**

航空工业有什么特点呢?航空工业的特点与飞机等航空器的特点密切相关。一般认为,航空工业主要具有以下特点。

1) 知识、技术和人才密集

现代飞机的研究、生产离不开先进而又复杂的科学技术。在飞机研究、生产、运营、维修的整个过程中,往往涉及力学、机械、电气电子、物理、化学、材料、安全、管理、经济等诸多学科,学科跨度大、知识密集程度可谓令人难以想象。

航空工业的技术密集程度是不言而喻的,航空材料、机械机构、航空电气设备、电子设备等往往都具有比其他交通运输装备行业较高的先进性和精密度,并且还得具有低密度、低能耗等特点。这就要求其设备、生产工艺和管理等要建立在先进的科学技术基础上,以较低的资源消耗,实现较高的综合性能。

先进的知识与技术等离不开高层次人才。航空工业的发展需要一大批各个层次的从事基础研究、技术、管理、研制、生产、制造、使用、维修等方面的人才。科技人员在航空工业中所占比重较大，具有较高的劳动生产率。作者参观上海飞机设计研究院时，就发现这里有一大批技术人才，他们素质高、能力强，在研制 C919 工作中担当大任。目前，我国已经初步形成了一支素质高、知识结构合理、年龄梯次科学、经验丰富、相对稳定、研发能力强的，从事科研、生产、使用、管理等工作的人才队伍，为推进航空工业快速持续的发展提供了保障。我国自主设计制造的 ARJ21 投入商业运营，C919 的成功首飞都可谓是明证。西方发达国家十分重视研发、服务等人才队伍的建设，他们采取措施，从培训、发展、管理、福利、人文关怀等诸方面凝聚人才队伍，不断提高人才队伍的综合素养和研发能力。

2）高可靠性和精密度、极强的综合性能

航空运输具有特殊性，这就要求飞机相关产品具有高可靠性和精密度。实际上许多新技术、先进技术、精密设备多是在航空领域率先应用的。然后，这些技术设备逐步地推广到其他行业。为提高航空产品的综合性能和性价比，需要对产品进行多维度、系统性研究、试验、测试与评估等，以实现产品的安全性和经济性。因此，民航飞机具有极强的综合性能。

3）高投入、高风险

航空器产品技术性能复杂、更新换代迅速、国际竞争激烈，因此需要很高的投入，这包括各种资源的投入。航空工业要靠高科技、巨额研究开发投入来支撑行业发展，这必然需要高素质强能力的研发团队。航空工业对经济规模也有特殊的高要求。例如，研制一种新型作战飞机，至少要花 20 亿～50 亿美元、8～10 年时间，而且要生产 300 架左右才能达到盈亏平衡。

4）民用与军用结合密切

一般而言，民用产品可以随时转为军用产品。反过来，研制军用产品的技术装备可以用于研制民用产品。民用与军用结合可以提升企业的生存发展空间、确保经济效益和社会效益。

5）高产品附加值

根据日本通产省的分析，按产品单位质量创造的价值计算，如果船舶为 1、小汽车为 9、彩电为 50、电子计算机为 300，则喷气客机为 800、航空发动机则达 1400。美国 F-16 战机每千克价值 2680 美元，是白银的 20 倍。F-117A 隐形战机的价值则与等质量的黄金相等。

● **航空工业的重要性**

航空工业是国家综合实力的象征，在国家军事、国防和经济上具有重要地位和作用。毋庸置疑，发展航空产业对捍卫国家主权、保卫民族利益、维护世界和平具有战略意义。

首先，航空工业是建设独立自主国家、巩固国防的重要基础。世界军事大国都把航空武器的发展放到了更加突出的位置，以争夺 21 世纪军事斗争的"制高点"。在美国的国防预算中，1/3 以上的投资是用于飞机项目的。现代局部战争的实践也表明，航空武器装备对战争的进程和结局都发挥着关键性作用。其次，航空工业是带动国民经济发展的重要产业，是引领尖端技术发展的引擎。先进航空产品的研制、生产需求，极有力地激发了冶金、材料、机械、电子和化工等领域的技术进步，从而在技术层面上提升了国民经济水平。并且航空高技术可以转移，应用于广阔的非航空领域，从而推动国民经济的发展。日本曾作过一次关于 500 余项技术扩散案例的分析，发现 60%的技术源于航空工业。最后，航空工业的发展能够提供大量的高技术岗位，为高素质人力资源提供就业机会。2001 年，欧盟航空航天工业的直接从业人员有 43.6 万人，而由航空航天工业带来的欧洲就业人数达到 120 万人。航空工业的发展也会促进航空运输事业的发展，提升航空运输对国民经济发展的贡献率。

3.2 我国航空工业发展简况

● 航空工业体系建设

我国航空工业起步较晚。1949 年前的中国几乎没有航空工业，仅有几家小型的航空修理厂，虽说有空军，也有使用飞机的历史，但都是从国外购买的飞机，根本谈不上飞机设计与制造。

中华人民共和国成立后，党中央非常重视发展我国的航空工业，调集全国各地的航空人才和技术力量筹建航空工业。1951 年 4 月 17 日，中央人民政府、人民革命军事委员会和政务院颁发了《关于航空工业建设的决定》，宣告了我国航空工业的诞生。

1951 年成立了航空工业局。1963 年成立了航空工业部，即第三机械工业部（简称"三机部"）。同时，国家组织建设了第一批骨干企业，包括飞机、航空发动机、航空机载设备、附件等制造厂，创办了航空高等院校。1956 年组建了飞机、发动机、材料、工艺等研究与设计机构。1960 年 6 月成立了航空研究院。

到 20 世纪 50 年代末期，中国航空工业先后成立了材料、技术情报和飞行试验等专业研究院所及飞机、发动机和航空仪表设计室，创办了航空研究院和 22 个航空专业设计所、研究所，在相对短时间内建立起了航空工业体系。

1993 年，我国组建了中国航空工业总公司，拉开中国航空工业向企业化运作转变的序幕。

1999 年，中国航空工业总公司一分为二，分别组建了中国航空工业第一集团公司和中国航空工业第二集团公司。中国航空工业逐步掌握了第三代战斗机和发动机、涡扇支线客机、先进直升机的研发技术，使我国跻身能够研制先进歼击机、直升机等航空装备的少数国家之列，为民用航空以及相关产业发展做出了重要贡献。

2008 年，由原中国航空工业第一、第二集团公司重组整合成立了中国航空工业集团有限公司（简称中航工业）。

近几年，我国又先后组建了中国商用飞机有限责任公司（简称中国商飞）、中国航发商用航空发动机有限责任公司（简称中国航发商发）等大型企业。

经过几十年的建设，我国基本形成了一个具有相当规模的航空工业体系，并取得了丰硕的成果。

● 飞机研究与制造

1954 年 7 月 3 日，中华人民共和国生产的第一架飞机——南昌飞机厂试制的初教 5（雅克-18）教练机首飞成功，通过国家鉴定。8 月 1 日，毛泽东为此亲笔签署了嘉勉信。8 月 18 日，株洲航空发动机厂试制爱姆-11（M-11）发动机获得成功。10 月 25 日，毛泽东也亲笔给该厂签署了嘉勉信。

1956 年 9 月 8 日，我国第一架喷气式飞机——歼 5（米格-17）由沈阳飞机制造厂试制成功，通过国家鉴定验收，随后成批生产交付部队使用。它的试制成功，标志着中国航空工业从此跨入喷气机时代。

1963 年 9 月 23 日，我国制造的第一种超声速喷气式歼击机——歼-6 首飞。它曾是 20 世纪六七十年代中国空军的主力战斗机。

1980 年 9 月 26 日，我国自行设计的大型客机——运-10 首飞成功。这也是第一架首先飞越世界屋脊的、中国制造的飞机。

1998 年 3 月 23 日，我国具有自主知识产权的第三代战斗机——歼-10 首飞成功，并于 2004 年 7 月 19 日获批设计定型。

2000 年 6 月，中国民航适航部门批准新舟 60（MA60）飞机型号合格证，同时正式批准将改进后的运 7-200A 飞机定名为新舟 60（MA60），列为产品型号。2000 年 8 月 3 日，首架新舟 60 飞机交付四川航空公司，不久正式投入运营。

2008 年 11 月 28 日，我国自主研制的首架喷气式支线客机——ARJ21-700 在上海首飞成功。2016 年 6 月 28 日，由 ARJ21-700 执飞的成都航空 EU6679 航班，从四川成都双流机场起飞，飞往上海虹桥机场。这标志着 ARJ21 正式投入商业运营。

2008 年 6 月 29 日，国产新型涡桨支线飞机——新舟 600 在西安总装下线。2008 年 10 月 10 日，新舟 600 飞机在西安阎良机场首飞成功，转入适航验证试飞阶段。

2008 年 11 月，我国首款按最新国际适航标准研制的干线民用客机——C919 开始研制。2016 年 12 月 25 日，中国商飞研制的 C919 飞机首架机交付试飞中心。2017 年 5 月 5 日，C919 飞机首飞成功。

3.3　其他各国航空工业发展状况

目前，世界大国都在大力发展自身的航空工业，但发展状况不尽相同，甚至存在很大的差距。最具有代表性的是美国、俄罗斯、英国、法国、巴西等。

（1）美国是当今世界唯一能自行设计、生产、装备所有型号飞机的国家，其生产能力和技术水平在世界上堪称一流。美国所生产的各类飞机型号众多、出口量大，是世界上出口飞机最多的国家。其主要生产厂家有波音公司、洛克希德·马丁公司、麦克唐纳·道格拉斯公司（麦克唐纳·道格拉斯公司，已与波音公司合并）、洛克韦尔国际公司、北美航空公司、费尔柴尔德公司、特里达因·瑞安飞机公司、贝尔直升机公司、诺斯罗普公司、格鲁门公司、通用动力公司、卡曼飞机公司等。

（2）俄罗斯也是极少数具备生产多种型号飞机能力的国家之一，其科学技术基础雄厚，航空工业力量强大，相比而言，其设计、生产的各类飞机的型号和数量比美国少一些。俄罗斯采用由飞机设计局负责新型号的研制、由飞机制造厂组织生产的运行机制。他们原有的主要设计部门有米高扬·格列维奇设计局、苏霍伊设计局、雅克福列夫实验设计局（位于乌克兰）、米里设计局、卡莫夫设计局。这些设计局的研究方向相对确定，研制的飞机类型相对专一，有利于形成系列。

（3）英国也有较好的航空工业基础，能生产多种类型的飞机，但所生产的机型不多，能力有限。20 世纪 70 年代后，英国开始走技术合作之路，先后与德国和意大利合作研制了"狂风"IDS 战斗机；与德国、意大利、西班牙合作研制了 EF2000 战斗机；与法国联合研制了中程超声速客机——协和式飞机（Concorde）。

（4）法国有较强的航空工业实力，其政治的相对独立性，使得国内主要作战飞机大多数立足于自己研制和生产。其战斗机、直升机等已形成系列生产，喷气运输机也颇具生产规模。空中客车（Airbus）公司（简称空客公司）总部就位于法国图卢兹。

（5）其他国家。除上述几个航空强国，巴西的航空工业也具有相当实力。他们能够设计生产系列支线客机，并且占有较大的市场份额。其他国家的航空工业实力均相对较弱，其技术水平和生产能力只能表现在个别飞机上。

3.4　我国主要航空制造企业

● **中国航空工业集团有限公司**

中国航空工业集团有限公司（简称中航工业）是由中央管理的国有特大型企业，是国家授权投资的机构。它是 2008 年 11 月 6 日由原中国航空工业第一、第二集团公司重组整合而成立的。

中航工业设有航空装备、运输机、发动机、直升机、机载设备与系统、通用飞机、航空研究、飞行试验、贸易物流、资产管理、工程规划建设、汽车等产业板块，下辖 200 余家成员单位、有 20 多家上市公司，员工约有 40 万人。2014 年中航工业第六次入围《财富》世界500 强企业，排名跃升至第 178 位。

中航工业研发、生产系列歼击机、轰炸机、运输机、教练机、侦察机、直升机、强击机、通用飞机、无人机等飞行器；全面研发涡桨、涡轴、涡喷、涡扇等系列发动机和空空导弹、地空导弹等，强力塑造歼-10、飞豹、枭龙、猎鹰、山鹰等飞机品牌和太行、秦岭、昆仑等发动机品牌，为中国军队提供先进航空武器装备。

中航工业以"寓军于民、军民融合"作为重要发展原则，以新理念、新思路、新举措，大力发展军民用运输机产业，研制生产新舟 60、新舟 600、新舟 700 系列涡桨支线飞机、运-8 飞机、运-12 飞机，直-9 直升机等多种机型，是 ARJ21 新支线客机的主要研制者和供应商，是大飞机重大专项的主力军。

● **中国商用飞机有限责任公司**

中国商用飞机有限责任公司（简称中国商飞）是经国务院批准成立，由国务院国有资产监督管理委员会、上海国盛（集团）有限公司、中国航空工业集团公司、中国铝业股份有限公司、宝钢集团有限公司、中国中化集团公司共同出资组建，由国家控股的有限责任公司。

2006 年 7 月，经国务院批准，成立了大型飞机重大专项领导小组。2008 年 3 月，国务院正式批准组建中国商飞。2008 年 5 月 11 日，中国商飞在上海正式成立并揭牌。

中国商飞包括设计研发中心——上海飞机设计研究所、总装制造中心——上海飞机制造有限公司、客户服务中心——上海飞机客户服务有限公司等。

中国商飞的产品包括 ARJ21 支线客机、C919 大型客机等。

● **中国航空发动机集团**

中国航空发动机集团（简称中国航发）于 2016 年 5 月 31 日在北京市完成工商注册，注册资金 500 亿元。

2016 年 8 月 28 日，中国航空发动机集团在北京挂牌成立。原属于中航工业，被誉为"发动机三剑客"的成发科技、中航动控和中航动力从中航工业剥离，中国航发成为其实际控制人。

中国航发将致力于发动机设计、制造、试验、相关材料研发等方面的研究，逐步建立起中国航空动力研制和生产的完整产业链，以提升我国航空发动机研发的整体水平、自主创新地解决中国航空动力急需解决的问题。

3.5　其他国际著名航空制造企业

● 波音公司

波音公司成立于 1916 年 7 月 1 日，总部设在芝加哥。该公司研发、生产和经销军用、民用飞机，研制、生产导弹和航天产品以及军民用电子系统、信息系统管理等。它是世界上最大的航空航天工业公司、最大的民用喷气客机制造商及最大的美国国家航空航天局（National Aeronautics and Space Administration，NASA）合同承包商，公司共有雇员 15 万余人，工厂遍布全球 70 多个国家。

波音公司生产的典型民机包括 B737、B747、B757、B767 和 B777 等机型，以及大量衍生型号。进入 21 世纪，波音公司推出 B787 机型，使波音公司在与空客公司的竞争中又略胜一筹。B787 大量采用复合材料技术取得明显成效。

波音公司与中国的合作十分广泛。1972 年时任美国总统尼克松历史性地访华就将波音飞机引入了中国市场。从此，波音公司与中国各航空公司、航空工业界、中国民用航空局及中国政府建立了持久稳定的合作关系。中国运营的所有民用喷气飞机中，超过 50% 是波音飞机。

我国企业参与了所有波音机型的制造，包括 B737、B747、B767、B777 和最具创新意义的 B787 "梦幻客机"。例如，新一代 B737 制造水平安定面、垂直尾翼、后机尾段、舱门、翼板、束线和其他部件；B747 的后缘翼肋以及 B747-8 的水平安定面、垂直尾翼、副翼、扰流板和内侧襟翼零部件等。在 B787 "梦幻客机"的制造中，中国同样起着重要的作用，负责制造方向舵、翼身整流罩面板、垂直尾翼前缘和面板及其他复合材料零部件。目前，超过 8000 架飞行在世界各地的波音飞机上使用了中国制造的零部件和组件。

2008 年，波音公司与 4 所中国高校结成了战略合作伙伴关系，它们分别是北京大学、清华大学、中国民航大学及中国民航飞行学院，并且承诺为这四所大学提供资金和项目方面的全面赞助。

2010 年，波音公司在中国的 6 所大学（北京大学、清华大学、中国民航大学、中国民航飞行学院、华南理工大学以及中山大学）启动了大学生航空俱乐部项目。

● 空客公司

空客公司于 1970 年 12 月成立于法国。空客公司是一个欧洲航空公司的联合企业，参与创立的公司来自德国、法国、西班牙与英国。其创建的初衷是为了同波音公司和麦克唐纳·道格拉斯公司竞争。早在 1967 年 9 月，英国、法国和德国政府就签署了一个谅解备忘录，开始进行 A300 的研制工作。这是欧洲继协和式飞机之后第二个主要的联合研制飞机计划。

空客公司于 20 世纪 90 年代早期开始超大型客机的研发计划，除为了完善机种，填补超大型客机的空白，还希望打破 B747 在超大型客机市场的垄断。空客公司生产的典型民机包括 A300、A320、A330、A340 等机型。

2000 年 12 月，空中客车集团的主要持股者——欧洲航天国防集团与英国航天集团共同宣布，通过投资 88 亿欧元的 A3×× 计划，并将名称改为 A380。当时已经有 6 家航空公司预定共 55 架 A380。A380 于 2001 年初正式定型，第一架 A380 出厂时计划的开发成本已升至 110 亿欧元。目前，A380 已在各国投入使用。

● **巴西航空工业公司**

巴西航空工业公司是巴西的一家航空工业集团。它成立于 1969 年，业务范围主要包括商用飞机、公务飞机和军用飞机的设计与制造，以及航空服务。该公司现为全球最大的 120 座级以下商用喷气飞机制造商，占世界支线飞机市场约 45% 的市场份额，现已跻身于世界四大民用飞机制造商之列，成为世界支线喷气客机的最大生产商。

巴西航空工业公司总部位于巴西圣保罗州的圣若泽杜斯坎普斯，同时在巴西、中国、法国、葡萄牙、新加坡和美国设有办事机构、工业生产运作和客户服务中心。截至 2010 年 6 月 30 日，公司共有员工 16781 人。公司已向全球 45 个国家交付约 6000 架各类飞机。

巴西航空工业公司商用喷气飞机分为两大系列：ERJ145 喷气系列——共 4 款，分别为 50 座的 ERJ145，50 座的 ERJ145 远程型，44 座的 ERJ140 和 37 座的 ERJ135；E-喷气飞机系列——共 4 款，分别为 70～80 座的 E-170，78～88 座的 E-175，98～114 座的 E-190 和 108～122 座的 E-195。

巴西航空工业公司在北京设有代表处，负责中国内地、香港和澳门特别行政区的市场推广、销售、客户支援和服务等业务。经过 10 年的发展，该公司已赢得包括四川航空股份有限公司、中国南方航空股份有限公司、中国东方航空股份有限公司、天津航空有限责任公司以及河南航空有限公司等在内的多家重要客户。巴西航空与中航工业合资的哈尔滨安博威飞机工业有限公司，为中国航空企业生产商用喷气飞机。

2010 年 7 月，巴西航空工业公司成立其在中国的全资子公司——巴航（中国）飞机技术服务有限公司，营业范围涵盖飞机技术咨询服务、飞机操作技术咨询、航材管理服务和飞机零部件批发等，增强了现有的客户支持能力，进一步满足既有及潜在客户的需求，同时也表明了巴西航空工业公司对高速发展的中国航空市场的长期承诺。

● **庞巴迪宇航公司**

庞巴迪宇航公司（简称庞巴迪公司）是一家总部位于加拿大魁北克省蒙特利尔的国际性交通运输设备制造商，行业排名世界第一，主要产品有支线飞机、公务喷气飞机、铁路及高速铁路机车、城市轨道交通设备等。

庞巴迪宇航集团是庞巴迪公司的子公司。以员工人数计，它是世界上仅次于波音公司和空客公司的第三大的飞机制造商。以年度付运量计，它是全球第四大商业飞机制造商。

庞巴迪宇航集团总部位于加拿大蒙特利尔国际机场附近的森特维尔。它拥有四家飞机制造企业，即位于加拿大魁北克省圣洛朗的加空公司、位于加拿大安大略省唐思维尤镇的德·哈维兰公司、位于美国亚利桑那州图盖的盖茨利尔喷气机公司以及位于北爱尔兰贝尔法斯特的肖特兄弟公司。

庞巴迪宇航集团主要提供公务机"利尔喷气"系列、"挑战者"系列，支线喷气机 CRJ

系列，以及涡桨飞机 Q200、Q300、Q400 等。

● **俄罗斯联合航空制造集团公司**

俄罗斯联合航空制造集团公司是由俄罗斯最主要的几家航空制造公司，于 2006 年 11 月 13 日合并而成的超大型军工企业。它包括米高扬设计局、苏霍伊设计局、伊尔库特科学生产集团、伊留申设计局、雅克夫列夫实验设计局、图波列夫设计局等。该集团的远期目标为 2025 年前产值达到 2500 亿美元，居全球市场第三位。

苏联解体后，俄罗斯航空制造业一直处于衰退状态，很多从事航空研发的科研单位停止运营，而俄罗斯内各飞机制造公司却在相互竞争，各自投入大量人力物力从事同质产品的研制，造成资源的巨大浪费。2006 年 2 月，俄罗斯总统普京下令成立联合航空制造集团，集中伊尔库特科学生产集团、米高扬设计局、苏霍伊设计局、伊留申设计局和图波列夫设计局等飞机制造公司的所有股份。成立联合航空制造集团的目的在于保存并发展本国航空制造行业的科研潜力并保障国家安全，同时集中国家的人力、物力和财力来发展本国的航空工业。

● **世界著名航空发动机制造企业**

发动机是飞机制造体系核心技术的关键。作为飞机的心脏，发动机直接影响飞机的性能、可靠性及经济性，也是一个国家科技、工业和国防实力的重要体现。在航空发动机市场，美国通用电气公司处于领先地位，占有约 40% 的市场份额；其次是英国罗尔斯·罗伊斯（简称罗·罗）公司，占有约 22% 的市场份额；美国普拉特·惠特尼（简称普惠）公司，占有约 9% 的市场份额。

（1）通用电气公司是世界上最大的综合性动力和设备制造商。世界上单台引擎推力最强的民航发动机 GE90、最优越的民用引擎 CF6-80C/E、最强大的涡轮轴发动机 CT7-8 系列都是通用电气公司设计制造的；使用广泛的 CFM56 发动机也是由通用电气公司牵头研发的。例如，GE90-115B 是一款推力最大的民用发动机，单台推力超过 56 吨；再如，GE90-94B 的推力可达到 41 吨。

（2）罗·罗公司（也称为劳斯莱斯公司），是英国主导的国际型企业。它在涡扇发动机领域仅次于通用电气公司。它的发动机市场占有率与通用电气公司相当。罗·罗公司最具代表性的是 RB-211 型发动机。像 B787 使用的低噪声发动机遄达（Trent）1000 系列、A380 使用的 Trent 900 发动机都是罗·罗公司的产品。

RB-211 是第一款三转子涡轮发动机。这也使得罗·罗公司在航空器发动机领域由一个小企业进入世界级前三名的大企业。RB-211 的推力为 166～270 千牛。至 20 世纪 90 年代，RB-211 被其概念的继承者遄达系列发动机所取代。

（3）普惠公司是世界知名的军用涡桨/涡扇发动机制造商、直升机用涡轮轴发动机及民航制造商，其生产的发动机以军用为主。例如，F-15、F-16 的标配动力之一，F-100 就是普惠公司制造的。目前世界上最领先的 6 吨级中型直升机 AW139 使用的发动机和中国武直-10 使用的 PT6C-67C 发动机都是普惠公司的产品，中国最先进的支线客机新舟 600 的引擎也采用了普惠公司的技术。

3.6　我国自主设计生产的典型民机机型简介

● 新舟 60

新舟 60（MA60）飞机是在运-7 短/中程运输机的基础上研制生产的 50～60 座级双涡轮螺旋桨发动机支线客机。新舟 60 飞机是中国首次按照与国际标准接轨的中国民航适航条例 CCAR-25 进行设计、生产和试飞验证的。

新舟 60 于 2000 年 3 月首飞，于 3 月 9 日飞抵北京并进行了飞行表演。2000 年 6 月，中国民航适航部门批准新舟 60 飞机型号合格证，正式批准将改进后的运 7-200A 飞机定名为新舟 60。图 3-1 为新舟 60 飞机。

● ARJ21

ARJ21 是英文 Advanced Regional Jet of the 21st century 的缩写。该型飞机的中文名字为"翔凤"。它是 70～90 座级的中、短航程涡扇支线客机。它也是中国航空工业历史上第一款自主设计、自主研发、拥有完全知识产权的民用飞机，填补了中国航空工业的空白，并为中国民用飞机产业的发展奠定了基础。图 3-2 为 ARJ21 飞机。

图 3-1　新舟 60 飞机

图 3-2　ARJ21 飞机

ARJ21 飞机的主要特点是：适应以中国西部高温高原机场起降和复杂航路越障为目标的营运要求；拥有支线客机中最宽敞的客舱，为旅客提供更多的行李空间和舒适的乘坐环境；对全寿命成本（life cycle cost，LCC）进行严格控制，最大限度地降低维护成本，提高飞机的使用经济性。

ARJ21 飞机将向系列化方向发展，拥有 ARJ21 基本型、加长型、货机和公务机四种机型。

● C919

C919 飞机（图 3-3）是继运-10 后我国自主设计、研制的第二种国产大型客机，市场布局定为与 B737 和 A320 竞争机型。C 是 China 的首字母，也是中国商用飞机有限责任公司的英文缩写 COMAC 的首字母，第一个"9"的寓意是天长地久，"19"代表的是中国首型中型客机最大载客量为 190 人。C919 或许还有潜在寓意，就是立志要跻身国际大型客机市场，要与 Airbus（空客公司）和 Boeing（波音）公司一起在国际大型客机制造业中形成 ABC 并立的格局。

图 3-3　C919 飞机

大型飞机重大专项是中共中央、国务院建设创新型国家，提高我国自主创新能力和增强国家核心竞争力的重大战略决策，是《国家中长期科学和技术发展规划纲要（2006—2020）》确定的 16 个重大专项之一。让中国的大飞机飞上蓝天是国家的意志、国民的期盼。C919 飞机的发展目标是为 8～10 年后的民用航空市场提供安全、舒适、节能、环保、具有竞争力的中短程单通道商用运输机。在市场定位上，以中国国内为切入点，同时兼顾国外市场，提供多等级、多种航程的产品。

C919 中型客机是建设创新型国家的标志性工程，具有完全自主的知识产权。为了实现气动布局、结构材料和机载系统等进入先进水平，研制人员对 100 余项关键技术进行攻关，包括飞机发动机一体化设计、电传飞控系统控制律设计等。各种先进材料首次在国产民机大规模应用，其中第三代铝锂合金材料、先进复合材料机体结构上的用量将分别达到 8.8% 和 12%。

C919 中型客机基本型混合级布局 158 座，全经济舱布局 168 座，高密度布局 174 座，标准航程 4075 千米，最大航程 5555 千米。2015 年 11 月 2 日，C919 中型客机首架机正式下线。2017 年 5 月，C919 中型客机首飞成功。

截止到 2017 年 6 月 14 日，C919 中型客机国内外用户数量为 24 家，总订单数达到了 600 架。

3.7　典型民机机型介绍 1——波音系列

- B737

1967 年 4 月 9 日，B737 原型机首次试飞，成为世界民航历史上最成功的窄体民航客机系列之一。至今 B737 已发展出 9 个型号，例如，370G（最老）包括 737-100/-200；737CL 包括 737-300/-400/-500，新一代 737（NG）包括 737-600/-700/-800/-900。图 3-4 是南航的 B737-600 飞机。

B737-900 是 B737 系列中最新、最大的成员，它可以载客 180～215 人，于 2000 年 8 月 3 日首飞成功。B737 家族已获得超过 9000 架飞

图 3-4　南航 B737-600 飞机

机的订单。波音公司预测，在未来 20 年，B737 的全球市场需求将达到 23000 架。B737 飞机也是目前中国各航空公司的主力机型之一。

- B747

B747（图 3-5）是波音公司于 20 世纪 60 年代末在美国空军主导下推出的大型商用宽体

客/货运输机，也是世界上第一款宽体民用飞机，拥有"空中女王"的美誉，载客量可达600人。在 1970 年 B747 投入服务后，直到 A380 投入服务之前，该机型保持全世界载客量最高飞机的纪录长达 37 年。

图 3-5　B747 飞机

- B777

B777 是目前全球最大的双引擎广体客机，三级舱布置的载客量为 283～368 人。它被誉为"以客为本"的产品之一。为了得到客户更多的意见和建议，波音实施"Working Together"计划；为了满足航空公司的需求，他们采用了多项新科技，总共有 1500 项设计是由团队研究确定的最终方案。为了开发和生产 B777，公司投入了大量人力、物力、财力，仅扩建厂房就花费了 15 亿美元。B777 计划是波音公司有史以来第二次商业豪赌（第一次为 B747 飞机的研制），如果计划失败波音公司将面临破产。

1994 年 6 月 12 日，第 1 架 B777 首次试飞。B777 在大小和航程上介于 B767-300 和 B747-400 之间。B777 也是我国各航空公司运营使用的典型机型之一。

- B787

B787 又称为"梦幻客机"，是航空史上首架超远程中型客机，最大航程为 16000 千米，如图 3-6 所示。B787 内部设有 250 个座位，经济舱座位宽大舒服；座位之间的走道更宽，飞机两侧的舷窗更大；机舱内的空气清新干净，但不干燥，而且氧气含量比其他飞机要高出 10% 左右。此外，飞机机舱内的压力更适宜。

图 3-6　B787 飞机

B787 飞机另一个重要特点就是采用了新型防湍流技术，可以大幅度提高飞行的平稳性，防止旅客出现晕机症状。B787 飞机主要由碳纤维复合材料及金属钛制成，体现了环保、绿色的特点，比相似类型的飞机可以节省 20% 的燃油。

B787 飞机于 2009 年 12 月 15 日，从华盛顿到西雅图首飞成功。2013 年 6 月 7 日，满载着 228 名旅客的南航 B787 飞机从广州白云国际机场起飞，并抵达北京首都国际机场。这标志着中国首架 B787 正式投入商业运行。目前，我国各航空公司已有多架 B787 飞机在运营。

3.8　典型民机机型介绍 2——空客系列

- **A320**

A320 是由欧洲空客公司制造的一款中短程窄体商用客机，成员系列包括 A318、A319、A320、A321 以及商务客机 ACJ。图 3-7 为 A320 飞机。

A320 于 1988 年推出，是第一款使用数字电传操纵飞行控制系统的商用飞机。截至 2011 年，整个 A320 系列共交付了 5000 多架，仅次于 B737，是历史上销量第二的喷气式客机。A320-100/200 长 44.51 米，高 11.76 米，翼展 34.09 米，空重 47700 千克，最大起飞重量 83000 千克，航程 4350 千米，载客 186 人。

- **A330 和 A340**

A330 是由空客公司所生产、高载客量的新一代电传操纵喷气式中长程双过道宽体客机，如图 3-8 所示。

图 3-7　A320 飞机

图 3-8　A330 飞机

A340 是由空客公司制造的四发动机远程双过道宽体客机。A340 最初设计的目的是要在远程航线与 B747 竞争，A340 载客量较少，适宜远程客运量少的航线。后来则是要与 B777 竞争远程与超远程的飞机市场。

A340 在机翼上装有四台涡轮风扇发动机，机翼端部有小翼。机上装有多普勒导航系统和自动着陆设备等。A340 大量使用复合材料，提高了发动机功率，耗油率有所降低。客舱装有最新声像娱乐设备和完善的通信导航系统。

在分析世界主要航空公司对大型远程客机的需求后，空客公司于 1986 年 1 月对外宣布研制两种先进的双过道宽机身客机。1987 年 6 月空客公司决定将 A330 和 A340 这两个型号作为一个计划同时进行。其思路是：一个基本的机身有相同的机体横截面，以 2 台或 4 台发动机作为动力装置，可以提供 6 种不同的构型，覆盖 250~475 座、从地区航线到超远程航线航班，提高飞机的通用性。A330 的机翼和机身的形状与 A340 几乎相同。

1991 年 10 月 25 日，该项目第一个型号四发动机远程客机 A340-300 首飞，并于 1993 年 2 月投入运营。

在 1992 年 11 月，双发中远程客机 A330 系列的第一个型号 A330-300 首飞。

● A380

A380（图 3-9）是空客公司研制生产的四发动机、550 座级超大型远程宽体客机。在 A380 投产时，它是载客量最大的客机，有"空中巨无霸"之称，2005 年 4 月 27 日首航。2006 年 11 月 22 日，A380 抵达广州新白云国际机场，进行验证和展示飞行，这是 A380 首次抵达中国内地机场。

图 3-9　A380 飞机

3.9　典型民机机型介绍 3——俄制系列等

俄罗斯使用的自主生产的民机主要是伊尔系列飞机（Ilyshin series aircraft）。伊尔系列飞机是苏联伊留申设计局研制的四发动机中远程喷气式客机。它的机身采用半硬壳式铝合金结构，截面呈圆形，悬臂式后掠下单翼。主要机型有伊尔-18、伊尔-62、伊尔-76、伊尔-86、伊尔-96 等 5 种。每种主要机型还有若干种改进型。最近，俄罗斯又研发了 MC-21 机型飞机。

（1）伊尔-18 为中程喷气式客机。其于 1955 年开始设计，1957 年首次飞行，1959 年加入航线飞行。它装有 4 台涡轮螺旋桨发动机，标准型载客 110 人。伊尔-18 加装电子设备和反潜武器，称为伊尔-38 反潜巡逻机。伊尔-18 共生产了 700 多架，除苏联外，还向阿富汗、保加利亚等许多国家输出。

（2）伊尔-76 为中远程军民两用重型运输机。伊尔-76 的设计始于 20 世纪 60 年代末，1971 年 3 月首次飞行，1978 年投入国际航线飞行。伊尔-76 载重 40 吨，航程 5000 千米，空中飞行 6 小时。苏联曾宣布伊尔-76 创造了 25 项飞行纪录，其中 24 项已为国际航空联合会正式批准。俄罗斯民航约有 120 架伊尔-76 飞机，空军约有 450 架。

（3）伊尔-86 为宽体中程客机。1972 年确定设计方案，1974 年生产出原型机，1976 年首次飞行，1979 年苏联民航接收，1980 年底加入国际航线飞行。到 1993 年 4 月伊尔-86 已生产 97 架，有的改作空军指挥机使用。

（4）伊尔-96 为伊尔-86 的远程型。其机身稍有缩短，翼展增大，机翼翼尖装有小翼，广泛采用复合材料和先进的导航设备，可载客 300 人，1988 年 9 月首次飞行。伊尔-96-300 翼展 57.66 米，机长 55.35 米，机高 17.57 米，最大有效载荷 40000 千克，最大起飞重量 216000 千克，巡航速度为 850～900 千米/小时，航程为 9000～11000 千米，最多载客 400 人。

图 3-10　MC21-300 飞机

（5）MC-21。2017 年 5 月 28 日，俄罗斯联合航空制造集团公司旗下伊尔库特科学生产集团和雅科夫列夫实验设计局研发的单通道干线客机 MC21-300（图 3-10）在西伯利亚伊尔库茨克完成首飞。2002 年，俄罗斯提出了 21 世纪干线客机的研发计划。MC21 的研发于 2007 年正式启动，2008 年完成初步设计方案，首架原型机于 2016 年 6 月下线。该系列飞机一共有两种型号，分别是可搭载 165 名旅客的 MC21-200 和可搭载 211 名旅客的 MC21-300，航程在 6000 千米左右。这与目前全球最普遍采用的单通道干线机型 B737 系列以及 A320 系列的相关指标都极为接近。据报道，MC21-300 首飞一共持续了 30 分钟，飞行高度为 1000 米，时速达到 300 千米。MC21 目前使用多达 40%的复合材料，有效降低了起飞重量和运营成本，同时采用新工艺制造的超临界机翼在重量及成本上都得到了比较好的控制。

在完成首次飞行之后，MC21-300 将开始一系列的飞行测试工作，并计划在 2018 年取得欧洲航空安全局（EASA）的型号认证。

3.10　飞机的全球化生产

20 世纪 90 年代以来，降低制造成本及提高飞机的综合性能，包括舒适性、可靠性、经济性和环保性，成为现代飞机研制的重要指标。民用飞机制造商在进行激烈竞争的同时，也在进行广泛的国际合作。适应经济一体化的趋势，世界民用航空工业在全球范围内逐步形成设计、生产与市场的全球化。民用航空工业逐渐形成了以特大型企业为核心，主系统承包商与分系统承包商和部件供应商关系更为紧凑的产业体系，产业组织结构的特点是：整机制造企业集中度高，是寡头垄断；发动机等直接为整机配套的系统供应商相对集中；零部件配套企业相对分散。以全球主要民用飞机制造商为例，波音公司已由 20 世纪 50 年代 B707 约 2%的零部件外包生产，发展到目前 B787 的近 90%的零部件外包生产；空客公司关闭了其在欧洲的工厂，把 A350 客机的生产外包给中国和其他国家，多达 60%的生产工作将在欧洲大陆以外进行；巴西航空工业已经采用全球制造系统。

全球化生产在 A380 和 B787 飞机研制中体现得特别突出。从研发、定型、转化到融资，B787 几乎都是通过全球化网络实现的。B787 的设计是由美国、日本、俄罗斯和意大利共同完成的；B787 的制造和研发涉及美国、日本、法国、英国、意大利、瑞典、加拿大、韩国、澳大利亚和中国等多个国家和地区的顶级供应商。在 B787 飞机的设计和制造方面，波音公司与其全球伙伴达成了史无前例的协同，可谓波音公司历史上完工最快、造价最低的一次，B787 也是在全世界外包生产程度最高的机型。据报道，在 B787 的开发过程中，波音公司将产品进入市场的时间缩短了 33%，且将研发费用节省了 50%。按价值计算，在 B787 的 400 万个零部件中，波音公司本身只负责生产大约 10%，即生产尾翼和最后组装，其余部件的生产是由全球 40 多家企业合作伙伴完成的。

　　日本作为 B787 飞机的关键启动用户所在地，是转包生产供应链中最重要的一环。日本承担了机翼及机身第 11、12、43 段等合作项目，其工作量约占到全机工作量的 35%，并且他们还进行了巨额的风险投资。

　　法国承担了 B787 的多项制造任务，包括：起落架结构；全球协作工具/软件；电源转换、综合备用飞行显示、机载娱乐系统；电缆、电刹车；客舱门等。

　　意大利阿莱尼亚宇航公司承担了 B787 机身第 44、46 段和水平安定面等部件的制造。

　　中国航空企业也承担了 B787 飞机的部分制造任务。中航工业旗下的成都飞机工业（集团）有限责任公司是 B787 方向舵的唯一供应商；沈阳飞机工业集团有限公司负责 B787 的垂直尾翼前缘制造；哈尔滨飞机工业（集团）有限责任公司则负责 B787 上部和下部翼身整流罩面板、垂直尾翼等零部件的生产。

　　在中国的 C919、俄罗斯的 MC21-300 的研制中，飞机的全球化生产也有明显的体现，他们也都选择使用其他国家生产的发动机。

3.11　飞机的总装

● 什么是飞机的总装

　　现代飞机的制造过程包括许多阶段。其中之一就是总装，也叫装配。在此阶段组装隔板、壁板、部件、飞机各段部件，以及相互对接、调整与检查。

　　在飞机制造中，装配工作量占直接制造（即不包括生产准备、工艺装备制造）工作量的 50%～70%。现代飞机的零件连接方法以铆钉连接为主，在重要接头处还使用螺栓连接。

　　空中客车（天津）总装有限公司［简称空客（天津）］就是专门承担总装任务的。它于 2008 年投入运营，规模为月产 4 架飞机；2009 年交付首架飞机。截至 2016 年底，空客（天津）已交付 A320 系列飞机 300 余架。仅 2016 年，空客（天津）就交付飞机 51 架，创历史新高。

● 飞机装配型架

　　飞机总装过程中多采用适合飞机结构和生产特点的工艺装备——型架。型架的种类很多，按其用途或工作性质划分，主要有装配型架、对合型架、精加工型架（或称精加工台）、检验型架等。装配型架可按其装配对象（工件）的连接方法划分为铆接装配型架、胶接装配型架、焊接装配型架等。由于篇幅所限，本书不便详细介绍。

● 飞机总装的流程

　　飞机的总装是按构造特点分段进行的。首先将零件在型架中装配成翼梁、框、肋和壁板等构件；再将构件组合成部段（如机翼中段、前缘，机身前段、中段和尾段等）；最后完成一架飞机的对接。装配中各部件外形靠型架保证，对接好的全机各部件相对位置，特别是影响飞机气动特性的参数（如机翼安装角、后掠角、上反角等）和飞机的对称性，要通过水平测量来检测。在各部件上都有一些打上标记的特征点，在整架飞机对接好后，用水平仪测出它们的相对位置，经过换算即可得到实际参数值。

总装工作还包括发动机、起落架的安装调整，各系统电缆、导管的敷设，天线和附件的安装，各系统的功能试验等。总装完成后，飞机即可推出场外试飞。

通过试飞调整后，当飞机各项技术性能指标达到设计要求时即可交付使用。

3.12　飞机设计与定型

● 飞机设计

飞机设计是专业技术人员根据飞行器设计理论知识（包括数学、力学、飞行器工程基本理论及飞机总体结构设计与强度分析等）进行设计的过程。最终，设计者要完成并提供用于飞机制造和使用的全部图纸与技术文件。因此，飞机设计是一项复杂且周期漫长的工作。

● 飞机设计的复杂性

除了具有飞行器设计的一般特点，飞机设计还需要考虑许多特定的因素。

（1）安全因素。保证旅客和机组安全是飞机设计首先需要考虑的问题。如结构设计时不仅要考虑足够的强度和刚度，而且要考虑结构和材料的疲劳，以适应长期使用和频繁起落的特点；在系统设计时，还要考虑逃生通道、设置各种航空救生设备和应急出口等。

（2）飞机的总体布局和结构设计复杂。飞机要尽可能扩大货舱或客舱空间，在余下的有限空间内合理布置各种设施及功能部件，如操纵系统、导航系统、燃油系统、润滑系统、电源系统、发动机和起落装置等。军用飞机还要考虑挂火箭、导弹和副油箱等。在设计时，既要使结构紧凑，又需要彼此协调，还要考虑工艺技术要求等。

（3）机翼的布局和气动外形设计的复杂性。飞机要长时间在大气层内飞行，靠机翼产生升力和操纵面产生控制力，无固定航迹和速度程序，机翼的布局和气动外形设计对提高飞机的飞行性能影响极大。

（4）座舱及各种服务设施的人性化设计。座舱设计要保证旅客和机组人员在航行途中有较舒适的环境和完善的生活设施。

（5）飞机的经济性。民用飞机要求有很高的经济性，尽量降低人·千米或吨·千米的运输费用。为此，设计时要尽量增大装载量、降低耗油率。

（6）民用飞机设计还要考虑对各种机场的适应性，满足国际民用航空组织制定的适航条例要求，以便扩大飞机的使用范围。军用和民用飞机都应有良好的维修性，便于在各地机场进行维修，降低维修费用。

（7）资源利用与环境保护。随着资源和环保意识的增强，降低资源消耗、减少环境污染的重要性备受关注。在飞机设计中要尽可能降低碳及其他有害气体、废弃物排放，降低飞机的噪声，以减小对机内人员和机场附近居民的影响，以及减少其他污染因素。

（8）飞机与发动机的协调性。飞机（包括机身、机翼、尾翼和起落装置等）与发动机一般是分开设计和制造的，要通过总体设计使之彼此协调一致。发动机在飞机上的配置既要满足发动机的工作要求，又要有利于整个飞机的性能。

除上述特点，根据飞机的不同用途还有不同的设计特点，如歼击机要尽可能提高飞机的机动性能和作战能力（特别是中低空、跨声速时），也要考虑驾驶员的生理局限等。

● **飞机设计的主要阶段**

飞机的设计周期比较长，通常将飞机设计划分为几个阶段，各阶段的具体情况如下。

（1）第一阶段是拟定设计要求。民用飞机主要强调安全性、经济性和舒适性，其设计要求一般由飞机制造商提出初步设想，经过与可能的用户（航空公司）协商，并经过市场调查和分析讨论后制定的。现代军用飞机从设计要求的制定到开始服役使用，一般都需要 10 年以上的时间。一般而言，要准确预计 10 年后的政治、经济、技术环境，是相当困难的。一架军用机的全寿命费用达数百亿元，因而军用飞机设计要求的研究和制定是一项非常重要和影响巨大的工作。

（2）第二阶段是概念设计。它实际上与第一阶段有重叠，因为有时要通过概念设计来使设计要求制定得更为合理和具体化，这就需要反复调整。概念设计的目的是对飞机的气动布局、性能、重量水平、航空电子、所需新技术、费用和市场前景等方面进行初步和方向性的探讨。概念设计中还需要对设计要求中各项目的指标进行分析，适当降低那些对性能影响不大，却有可能降低技术风险和发展费用的设计指标，进而形成一套合理组合的设计要求。概念设计中设计师的经验、洞察力和判断力起着重要作用，因此，在概念设计中常采用经验或半经验的分析方法。

（3）第三阶段是初步设计。它包括两部分内容：方案设计和打样设计。

①方案设计。首先根据设计要求在概念设计的基础上，进行多种气动布局方案的对比和研究，以及机翼、机身、尾翼的形状、设计参数的确定。飞机的内部布置要同时进行。这时，各个专业部门都要介入，就各个系统或部分提出设计方案，如结构的传力路线设计、新材料新工艺的选用、各系统的原理设计、全机重量重心估计、飞机性能计算和飞行品质分析，检查设计方案能否满足设计要求。飞机方案设计中充满矛盾，必须通过对各种方案的研究来评价、折中、协调和综合，不断地进行改进、完善，直到获得一个满足要求的、在综合性能上最佳的方案。在方案设计阶段主要是确定飞机总体布局，对结构和系统的考虑比较粗略。

②打样设计。在详细设计之前，结构和系统还需要一个初步设计的过程。例如，对飞机的几何外形设计，对各个系统、机载设备和有效载荷初步布置，对飞机结构的承力系统和主承力构件进行较为详细的重量计算和重心定位，就气动力性能和操纵性、稳定性进行计算分析，详细绘出飞机的总体布局图等。

在此设计阶段，通常还要对飞机及各系统进行一系列的试验研究。例如，制造模型进行大量的风洞试验。有时，还需要制造全尺寸的样机，供协调各系统和内部装载布置之用。因此，这个阶段就更具有研究的特点，各项工作都需要耗费较多的时间和资金，并且需要各有关专业部门的协调解决在设计中遇到的各种技术问题。往往需要反复地研究分析、协调综合，最终才能得出完整的总体设计方案。

各种图纸和技术文件已经经过多轮修改与完善，并且经过了专项试验的验证，可作为正式的方案提交审查和论证。

（4）第四阶段是详细设计。详细设计主要是进行结构设计和分系统设计，要求各项任务进一步具体化。设计的主要任务包括：①结构和系统的详细设计与分析；②根据初步设计中总体设计参数的调整，进行新一轮的风洞试验和气动力计算，作为关键依据；③进行飞机维修性、生存力分析和研制费用、经济性评估等。最终设计出可用于生产的全部图纸和技术文件，例如，飞机各个部件及各系统的总图、装配图、零件图和详细的重量计算及强度计算报告等。

详细设计阶段的工作量很大，而且还要进行许多试验，包括静强度、动强度和寿命试验，各系统的地面台架试验等。这些试验也都具有研究和验证的性质，发现问题就必须修改或改变设计方案，要解决设计中的重大问题、攻克技术关键、明确各系统定义、完成总体方案调整和打样、完成数字样机设计与协调等。最终，通过样机评审，冻结飞机技术状态，完成飞机研制报告。

（5）第五阶段为原型机试制。为加快研制进度，现代飞机都制造多架原型机并进行试飞。例如，ARJ21-700 就试制了五架原型机，分别标记为 101、102、103、104、105 架机。

（6）第六阶段为试飞。试制的原型机将分别承担不同的试飞任务或科目，详见 3.17 节。

（7）第七阶段为成批生产。在飞机试飞结束、获得设计定型或型号合格证后才能进入成批生产阶段。

（8）第八阶段为使用和改进改型。对已投入使用的飞机进行改进改型，扩大它的功能和延长使用寿命，世界各国都很重视这一阶段。

3.13　更进一步——飞机设计细节简介

为了使读者深入了解飞机设计，本节对飞机设计的某些细节作简要介绍。

- **飞机设计任务书及其要求**

首先，设计飞机必须有一个大致的宏观目标。这个目标一般由使用方（航空公司或军方）提出。

如果进入实质性工作，就得提出设计任务，制定设计任务书，明确更加具体的设计要求。飞机设计任务书的要求通常包括飞机的装载量，航程，起飞、着陆跑道长度，余油，爬升与机动性要求和必须要满足的设计规范等。

- **飞机的初始设计参数**

飞机的初始设计参数主要有 8 个，它们是起飞总重、空载总重、任务油重、最大起飞需要的推力或起飞功率、机翼面积 S 和机翼展弦比 A、最大许用升力系数、起飞最大升力系数、着陆最大许用升力系数。

飞机的最大起飞总重量是指该型飞机根据结构强度、发动机功率、刹车效能限制等因素而确定的飞机在起飞线加大马力起飞滑跑时全部重量的最大限额，故又称为最大起飞全重。

由于篇幅所限，这些名词概念不能一一详解。有兴趣的读者请参考专业书籍。

- **飞机布局设计的几个方面**

（1）总体布局的选择。这就要考虑飞机是常规布局，还是特殊布局。常规布局就是大展弦比机翼、后平尾、单垂尾布局，这是飞机大承载、远航程的技术要求所决定的。这种布局也具有较好的纵向和横向飞行稳定性。特殊布局包括无尾布局、鸭式布局、变后掠翼布局和飞翼式布局。

（2）机身方案的选择。需要考虑的因素有：①乘员、旅客、行李、燃油、货物和其他有效载重的安排；②座舱或飞行仪表板的设计；③机身内部设计；④窗、门和紧急出口的设计；⑤燃油、行李和货物的容积检查；⑥装货和卸货的通道；⑦维修和保养的通道。

（3）推进器类型的选择。其主要明确选用何种类型的发动机、使用何种能源。

（4）发动机或螺旋桨数目的选择。飞机上发动机的数目是由飞机的重量、种类、用途，以及发动机的类型所决定的。一般来讲，确定发动机个数的首要原则就是重量，轻型飞机或超轻型飞机的起飞重量较小，多采用1~2台发动机；而大型飞机则一般装有2~4台发动机，甚至更多。

随着推进技术的进步，喷气式航空发动机的功率越来越高、推力越来越大，大多数民航客机都配置两台发动机。但是在一些特殊情况下，如越洋飞行的客机、远程运输机，为确保在单发停车时具有足够的续航能力，多采用四台发动机。

（5）推进装置的布局。例如，推进或拖动的选择；发动机埋在机身内部或在机翼里；发动机舱在机身上或机翼上；发动机和发动机舱的布置。

（6）机翼和尾翼（或鸭翼）的设计参数选择。这包括：①机翼的尺寸（即面积）；②展弦比；③后掠角（固定翼或可变后掠翼）；④相对厚度；⑤翼型类型；⑥尖削比；⑦舵面的尺寸和布置；⑧安装角（固定翼或可变后掠翼）；⑨上反角。

（7）增升装置的类型、尺寸和布置的选择。这些装置主要包括机械式襟翼和后缘或前缘增升装置的选择。

（8）起落架类型和布置的选择。这部分内容包括：①固定式或可收放式起落架选择；②后三点式、前三点式或自行车式选择；③支柱和机轮的数目选择；④机轮收放位置；⑤起落架收起的可行性等。

（9）飞机上使用的各个主要系统的选择。这些系统各自相对独立，但又需要相互协同。它们包括：①飞控系统、主系统和备用系统；②辅助动力系统；③燃油系统；④液压系统；⑤空调系统；⑥电气系统；⑦供氧系统；⑧环境控制系统；⑨防冰、除冰系统；⑩导航系统；⑪电传控制系统。

（10）结构布置、结构类型和生产细目的选择。这主要包括：①结构材料的选择，如金属、复合材料等；②主要飞机部件的结构布置；③起落架结构；④生产和制造的流程。

（11）确定研究、发展、制造和使用的成本。这通常包括寿命周期费用估算、潜在利润的估算和任务效能的估算等。

3.14　航空发动机

● 航空发动机的重要性

航空发动机是为航空器提供飞行所需动力的机械装置，它是一种高度复杂和精密的热力机械。作为飞机的心脏，它直接影响着飞机的性能、可靠性及经济性，甚至对飞机研制的成败和进度有着决定性的影响，因而它也是一个国家科技、工业和国防实力的重要体现，对国防和国民经济都具有重要意义。

目前，世界上能够独立研制高性能航空发动机的国家只有美国、俄罗斯、英国、法国、中国等少数几个国家，技术门槛很高。研发航空发动机可谓技术难度大、耗资多、周期长。因此，航空发动机被誉为"工业之花"。世界上几个能独立研制先进航空发动机的国家无不将优先发展航空发动机作为国策，将发动机技术列为国家和国防关键技术，给予大量的投资，保证发动机相对独立地领先发展，并严格禁止关键技术出口。一些后起工业国家也已制定了重大的技术发展计划，试图建立起独立研制或参与国际合作研制先进航空发动机的能力。

我国一直大力研制具有独立知识产权的航空发动机。在"中国制造2025"战略的推动下，"国防科技工业 2025"和国防科技工业军民融合"十三五"规划均提出要实现我国航空发动机升级换代。

● **航空发动机的主要特点**

现代航空发动机主要有两种类型，即活塞发动机和喷气发动机。一般而言，活塞发动机主要适合低速、小型、短程飞机；喷气发动机适合高速、大（中）型、远（中）程飞机。

无论是哪种类型的发动机，当用于飞机上时，都应具有如下航空发动机共同的特点。

（1）功重比大。设计飞机时，任何装置、部件都应在满足使用需求的前提下，尽量减少其自身重量。对发动机来说，就是既要保证足够大的功率，又要尽可能小的自重。衡量发动机功率大、重量轻的标准就是功率重量比，简称功重比。对活塞发动机，功重比的单位是马力/千克；对喷气发动机，功重比的是推力（牛顿）/重量（牛顿），是个纯数。因此，航空发动机的功重比越大，表示输出相同功率的情况下，发动机越轻。

（2）燃油消耗率小。发动机是否省油，是评定发动机经济性的重要指标，常用燃油消耗率作标准。燃油消耗率是指单位功率（1千瓦或1马力）在1小时内所消耗油料的重量。燃油消耗率越小，说明发动机越省油。设计飞机时也把这个指标作为选用发动机的关键依据之一。

（3）体积和迎风面积小。航空发动机应在保证功率不减小的前提下，力求体积较小。发动机体积小就意味着其占据的空间小，有利于飞机装载更多的乘员、货物和其他设备。在体积一定的情况下，应力求减小迎风面积，以减小空气阻力，这对于提升飞机的速度、降低油耗都是有利的。

（4）可靠性高。飞机在空中飞行首先要安全，这是由飞机的各个组成部分的可靠性来保障的。要维持飞行正常，发动机就必须始终处于可靠状态。所以，发动机的可靠性是至关重要的。

为了保证发动机工作的安全可靠，必须精心设计、规范选材、严格按标准生产，并在发动机组装完成后，进行"试车"——在"试车台"上模拟各种环境条件。在装上飞机之后，还要进行"试车"。只有确定各项规定指标都符合要求时，飞机才能飞行。为了保障飞机随时处于可靠状态，在整个使用过程中，还要定期对发动机进行检查和维修。

（5）寿命长。在保障发动机可靠性的前提下，要求发动机的寿命长。这是发动机经济性的另一项指标。发动机使用寿命长，就可以降低成本、节约原材料、提高经济效益。

发动机的寿命分两种，即翻修寿命和使用寿命。翻修寿命是指两次翻修之间或新发动机开始使用至第一次翻修之间的实际工作时间，单位是小时。使用寿命是指全新发动机由开始使用到报废的使用（实际工作）时间，单位也是小时。由于设计、材料、工艺、使用条件的不同，各类发动机的寿命都不尽相同。

（6）维护、修理方便。维护、修理统称维修。维护的目的之一，就是发现故障和排除故障，但基础工作就是对必要的部位进行检测、清洗、更换润滑油等。根据发动机工作时间的长短，维护工作一般都按不同的项目定期进行。而修理则是在零部件损坏的情况才进行的。任何机械都需要维修，以保证较长的使用寿命。由于维修工作量很大，所以维修在飞机使用成本中占有很大比例。这就有必要在设计时充分考虑机械装置具有拆装、检查和维修的便捷性，以减小维修工作量、降低维修难度和成本。

事实上，维修更是保证发动机可靠性的重要一环。发动机能否持续处于可靠状态，很大程度上取决于维修的质量。并且，维修工作的质量也直接影响发动机的寿命。

3.15　航空电子系统

前面提到的机翼、起落架、发动机等，这些都属于飞机上的机械设备，但是大家知道，飞机不像汽车那样只需要司机看着道路情况驾驶，而是需要有复杂的电控系统来进行操控，这其中就包括我们熟悉的雷达等。下面我们就来了解一下航空电子系统。

航空电子是指飞机上所有电子系统的总和。一个最基本的航空电子系统由通信、导航和显示管理等多个系统构成。航空电子设备种类繁多，针对不同用途，这些设备从最简单的警用直升机上的探照灯到复杂如空中预警平台无所不包，航空电子研究正以惊人的速度改变着航空航天技术。起初，航空电子设备只是一架飞机的附属系统；而如今，许多飞机存在的唯一目的即为搭载这些设备，军用飞机正日益发展成为一种集成了各种强大而敏感的传感器的战斗平台。那么飞机上哪些设备属于航空电子系统呢？下面将进行介绍。

● 飞机通信系统

从 MH370 事件的新闻报道，我们听到了飞行员与地面管制人员的那句"晚安，胡世明"。由此可以知道飞行员需要定期地与地面进行沟通联系，这依靠的就是飞机通信系统。飞机通信系统主要用于飞机与地面之间、飞机与飞机之间的相互通信，也用于进行机内通话、旅客广播、记录语音信号，以及向旅客提供视听娱乐信号。飞机上许多种类的系统均属于通信系统，具体包括高频通信系统、甚高频通信系统、选择呼叫系统、应急电台、音频选择与内话系统、旅客广播系统、话音记录系统、卫星通信系统和飞机通信寻址报告系统（aircraft communication addressing and reporting system，ACARS）。

上述系统看起来很陌生，实际上我们每个人都应该知道话音记录系统。"黑匣子"分为两个系统，其中一个就是话音记录系统。网上热传的 97 南航空难"黑匣子"录音就是出自话音记录器。"黑匣子"的另一个系统将在仪表系统中介绍。

飞机通信寻址报告系统是一个可寻址的空/地数字式数据通信网络，它使得飞机作为移动终端与航空公司的指挥系统、控制系统和管理系统相连接。

● 导航系统

无论自驾还是步行，导航几乎已经成为人们生活中不可或缺的一部分，现在的导航也越来越智能，都可以提前告知前方拥堵路段，使人们的生活越来越便利。飞机的导航系统比人们平时生活中用到的导航要复杂得多，因为飞机的导航系统还要测量飞机的位置、速度、航迹、姿态等导航参数，供驾驶员或自动飞行控制系统引导飞行器按预定航线航行。

导航系统分为：①目视导航，在早期的飞机飞行中使用。②仪表导航，借助飞机上的各种空速表、气压高度表等引导飞机航行。③天文导航，利用有一定运动规律的星体进行测算以确定飞机的位置，目前已很少用。④无线电导航，通过对无线电信号某一电参量的测量来确定飞机的距离、方向和位置等，并引导飞机安全航行。⑤卫星导航，将导航卫星严格地控制在预定轨道上运行，利用装在航行体上的无线电装置测出相对速度或位置。⑥惯性导航，利用惯性敏感元件测量飞机相对于惯性空间的线运动和角运动参数，由计算机推算出飞机的姿态、方位和速度等参数。

● 仪表系统

如果你有机会进入飞机驾驶舱参观，就会发现里面有许多大大小小的仪表。这些仪表主要用于监视和控制飞机的飞行、发动机以及其他操控系统。

航空仪表按功能分为飞行仪表（驾驶领航仪表）、导航仪表、发动机仪表和系统仪表。

在仪表系统中非常重要的一个系统当属飞行数据记录系统。在发动机工作后，飞行记录器可以自动实时地记录飞机的飞行状态参数和发动机的工作状态参数，为分析飞行情况及飞机性能提供必要的数据。在飞行培训中，可利用记录的数据来评定驾驶员的驾驶技术，确保训练质量；航空工程部门根据数据的衰变，快速准确地判明飞机的故障、飞机性能及发动机性能的变化趋势，以便确定维修实施程序进行维修。此外，当飞机出现事故后，可以根据记录数据帮助分析事故原因等。飞行数据记录系统就是"黑匣子"的另一部分。"黑匣子"就是记录语音和飞行数据以便确定飞机失事的原因的。

图 3-11　黑匣子

"黑匣子"是一位墨尔本工程师在 1958 年发明的。1908 年，美国发生了第一起军用飞机事故。此后，随着飞行事故不断发生，需要有一种追忆事故发生过程及原因的仪器。第二次世界大战期间，飞行记录器先在军用飞机上应用，后又用到民航飞机上。飞行记录器之所以被称为"黑匣子"可追溯到 1954 年，当时飞机内所有的电子仪器都是放置在大小、形状都统一的黑色方盒里。现在的"黑匣子"的外表不是黑色的，而是醒目的橙色，表面还贴有方便夜间搜寻的反光标识。图 3-11 就是第三代"黑匣子"照片。

因为飞行记录器记录的数据必须通过专用的下载设备和回放软件才能解读和分析，并且飞行记录器存储的数据非常关键和神秘，再加上在一些事故中飞行记录器经过火烧后变成了黑色，所以人们将飞行记录器称为"黑匣子"。科学家通过对多起飞行事故进行分析，发现飞行器的机尾部分不容易损坏，所以"黑匣子"通常安装在飞机尾部。

● **自动飞行控制系统**

一次航班飞行少则几小时多则几十小时，加之飞机上各种复杂的操作系统，这么大的工作量全由飞行员承担，其压力会非常大。因此，几乎所有现代飞机都装有自动飞行控制系统。

简单来说，自动飞行控制系统就是人工设定某一参数，飞机自动按照该参数飞行。自动飞行控制系统主要包括以下几部分。

（1）自动驾驶仪。自动驾驶仪本意是想用自动器取代驾驶员，实际直到现在，作为自动飞行控制系统基本组成部分的自动驾驶仪并无法完全取代驾驶员的职能。自动驾驶仪主要可以实现自动保持飞机的平衡稳定、接收驾驶员设定并自动操控飞机以达到设定的俯仰角等、接收设定并控制飞机按预定高度和航向飞行等。

（2）自动着陆。自动着陆（auto land）是指由机载自动飞行系统完全控制航空器，进行着陆飞行的过程。此时航空器驾驶员只是监视飞行状态，在出现异常时才进行人工干预。自动着陆系统多数设于大型客机上，在跑道视程低于 600 米或者是特殊进场情况下使用。在使用上需要配合仪器降落系统的信号和飞机上的导航计算机同时运作。而使用者（飞行员）必须具备相关的认证才可以执行自动着陆。

（3）自动油门。现代飞机的自动油门系统用于从起飞到着陆的整个飞行阶段，因此也可以称为全程自动油门系统。目前使用的自动油门系统有两种类型：一种是典型的自动油门系统，它使用伺服马达来调整油门的位置，并以机械的方式连接到发动机；另一种用于现代电传操纵的飞机上，是将数字信号直接传送给发动机的全权限数字发动机控制器（full authority digital engine control，FADEC）计算机。

（4）飞行管理系统。飞行管理系统（flight management system，FMS）是一个协助驾驶员完成从起飞到着陆各项任务的系统。可管理、监控和自动操纵飞机，实现全航程的自动飞行。它是当代民航先进飞机上所采用的一种集导航、制导、控制及座舱显示于一体的新型机载设备。

飞行管理系统可执行以下任务：①提供飞行导航和飞机飞行轨迹的横向及纵向控制；②监测飞机飞行包线并计算每一个飞行阶段的最优速度；③自动控制发动机推力以控制飞行速度；④辅助飞行员设定飞行计划，如有必要可修正飞行中所做的飞行计划以应对情况变化。

3.16　航空材料及其特点

促进航空运输和飞机制造业发展的最大动力就是航空材料的发展，正所谓一代材料一代飞行器。

世界万物，材料种类繁多，什么样的材料才可称为航空材料？目前，国内外没有对航空材料统一的界定。一般来说，航空材料是指制造航空器、航空发动机和机载设备等所用各类材料的总称。一架民用客机包括机体、发动机、机载电子设备和机舱四大部分。机体材料和发动机材料是航空材料中最重要的结构材料，而电子信息材料是航空机载装置中最重要的功能材料，但它们一般不直接算作航空材料。

- **航空材料类别**

按化学成分，航空材料可分为金属材料、无机非金属材料、高分子材料和复合材料。其中，金属材料主要有铝合金、镁合金、钛合金、钢、高温合金、粉末冶金合金等；无机非金属材料有玻璃、陶瓷等；高分子材料有透明材料、胶黏剂、橡胶及密封剂、涂料、工程塑料等；复合材料有聚合物基复合材料、金属基复合材料、无机非金属基复合材料、碳/碳复合材料等。

按使用功能可分为功能材料和结构材料。这里结构指的是机身、机翼、垂直尾翼、水平尾翼、各种操纵面板、起落架等，用于加工制造这些结构元件的材料都属于结构材料。

按使用部位可分为飞机机体材料、发动机材料、机载设备材料。

- **航空材料的基本特点**

航空产品具备高科技密集、系统庞大复杂、使用条件恶劣多变、要求寿命长、可靠性高、品种多、批量小等特点，从而使航空材料也相应地具有以下一系列基本特点。

（1）种类、品种、规格多（用途、功能等区别）。

（2）高的比强度和高的比刚度是航空结构材料的重要特点。

（3）高温合金是航空材料极其重要的组成部分。

（4）质量要求高。

（5）抗疲劳性能是航空材料的另一个突出特点。

（6）成本高、价格贵。

- **民机航空材料的发展趋势**

100 多年来，材料与飞机一直在相互推动下不断发展，飞机机体的材料结构已经历了四个阶段，即木、布结构阶段；铝、钢结构阶段；铝、钛、钢结构阶段；铝、钛、钢复合材料结构（以铝为主）阶段。目前其已进入第五阶段，即复合材料、铝、钛、钢结构（以复合材料为主）阶段。

由于复合材料的比强度、比模量和性能的可设计性，未来先进飞机的结构材料必将是以复合材料为主，而金属铝、钢结构将进一步减少。事实上，航空发动机上使用的复合材料也在大幅度增长。民用飞机对航空材料的需求目标和重点见表 3-1。

表 3-1　民用飞机对航空材料的需求目标和重点

航空材料的特点	对材料的要求	发展重点
1. 安全性、可靠性要求高	1. 重要材料必须经过适航认证	1. 适航条件与技术
2. 采用损伤容限设计	2. 要求材料具有轻质、高强、耐高温、	2. 损伤容限型高纯铝合金
3. 耐久性要求高	耐久等特性	3. 损伤容限型钛合金
4. 舒适性	3. 要求材料性能实验数据满足民机设	4. 超高强度钢
5. 经济性和竞争性	计要求	5. 内装饰材料
	4. 耐腐蚀性和环境适应性高	6. 减震阻尼材料
	5. 消声阻尼减震要求高	7. 材料损伤容限数据测试及方法研究
	6. 舱内材料要求阻燃、无毒、低烟雾密	8. 低成本材料与技术
	度、高热释放率	9. 先进复合材料
	7. 材料价格有竞争力	

3.17　飞机的试飞

● 试飞及其特点

飞机的试飞不同于普通的飞行，它是一项极为复杂的系统工程。实际上，民机试飞与适航审定是密切联系在一起的。民机试飞通常包括申请人试飞和局方验证试飞。这都是初始适航审定的必要程序之一。

试飞是对飞机在空中各种飞行包线的临界点进行飞行测试，以考核或验证飞机与系统的性能和功能，如速度、高度、温度、包线。这些试验或验证条件苛刻、技术复杂、专业性极强、安全风险极高、管理的难度非常大。

例如：①在试飞过程中进行的飞行测试参数多、类型多样，单架飞机的测量参数就达上万个。②飞机上测量设施多样，测点的空间分布广、环境复杂等。③每架次飞机飞行时间长，测试数据量大，数据处理工作量大。试飞工程师需要在飞机上进行实时监控、实时飞机参数分析和性能评估，等等。但这些都是飞机型号研制中不可或缺的试验，也是飞机研制最具挑战性的试验。

● 试飞的目的

试飞是飞机研制不可或缺的一环，试飞的目的主要包括以下四方面。

（1）通过研发试飞，发现并解决设计、制造方面的问题和缺陷，确定合适的飞机设计参数，进而确定飞机的最终构型，使产品达到预期的设计要求。

（2）通过符合性试飞，确认和表明飞机及其系统或部件功能正常、工作可靠，且在设计的包线范围内具备预期的安全性和适航性。

（3）通过合格审定试飞，证实飞机设计满足型号合格审定基础所规定的适航标准、专用条件和等效要求。

（4）通过运行及维护的评估试飞，证实飞机设计和制造符合运行适航规章要求及首批客户运行需求。

● 试飞的科目

从专业的角度来看，为保证飞机的试飞满足适航规章要求、为通过适航审定创造条件，就必须建立一套试飞体系，其中包括上百个科目。最具代表性的是失速试飞、大侧风试飞、最小离地速度试飞、自然结冰试飞等四大高风险、高难度科目，还有故障模拟及操纵器件与舵面卡阻试飞、起落架摆振试飞、最小飞行机组试飞、功能与可靠性试飞、燃油结冰试飞、转子不平衡试飞等。这里以 ARJ21-700 为例介绍飞机的试飞情况。

2009 年 7 月 15 日，中国首架拥有自主知识产权的涡扇支线喷气客机 ARJ21-700 飞机 101 架机由上海顺利转场至西安，成功实现首次城际飞行。这也是该型飞机全面进入试飞取证的开始。

2010 年 10 月 27 日，ARJ21-700 大强度试飞的序幕拉开。101、102、103、104 架机首次在阎良上空四机齐飞。

2010 年 8 月，ARJ21-700 飞机 103 架机在海南三亚顺利完成高温高湿环境下的试验和试飞。这标志着 ARJ21-700 飞机按照适航条款进行的又一项验证项目顺利完成。

2011 年 1 月 8 日，ARJ21-700 飞机 103 架机在海拉尔进行高寒飞行试验。

2011 年春，ARJ21-700 飞机 102 架机飞抵甘肃嘉峪关机场，完成大侧风试验试飞。这一大侧风试飞首开中国民机高风险、高难度试飞先河，被适航当局、中国商飞、中航工业誉为项目的"样板工程"。

2011 年 3 月 27 日，ARJ21-700 飞机 104 架机成功转场新疆乌鲁木齐，并在乌鲁木齐地窝堡国际机场进行自然结冰试验试飞。

2014 年 10 月底，ARJ21-700 飞机 105 架机飞抵成都进行关于航线运营的试飞。其与正常的航班一样起飞、降落，只是不载客。与 104 架机的科研功能不同，105 架机是正式交付成都航空的一架飞机，该飞机于 2014 年底交付成都航空。

2014 年 12 月 30 日下午 3 时，时任中国民航局局长李家祥向 ARJ21-700 飞机生产商——中国商飞公司颁发了首张中国自主研制喷气客机的型号合格证。

中国民航 ARJ21-700 飞机型号合格审查组曾这样评价："从专业的角度来看，试飞中心为保证 ARJ21-700 适航审定试飞所建立的体系，不仅是一套符合适航规章要求的民机适航审定试飞体系，更重要的是该体系经受了实践的充分检验；可以说，他们构筑起了中国航空工业民机适航审定试飞事业的基石。" ARJ21-700 的试飞成功不仅填补了中国民机试飞技术的空白，加快了中国民机事业的发展步伐，也有力地支持了国内适航管理体系、适航审定能力建设与国际接轨。

- **试飞科目举例——最小离地速度试飞**

最小离地速度是保证飞机能够安全离地并继续起飞的最小速度。最小离地速度试飞对运输类飞机起飞速度制定和起飞安全性评估具有非常重要的意义。具体而言，最小离地速度是决定飞机起飞抬前轮速度大小的重要因素之一。

最小离地速度试飞也是民机试飞难度最大的风险科目。据说，国际上仅有为数不多的几名试飞员能够完成该类试飞。该科目试飞技术难点主要有：一是飞机很难建立稳定的尾橇擦地姿态；二是试飞中尾橇触地滑跑姿态角较大，试飞员几乎看不到跑道，很难保持飞机姿态和方向；三是科目成功率很低，首次试飞该科目导致机尾损坏的事例较多。

就风险而言，主要有：①飞机尾部擦地可能导致其结构损坏或燃烧；②飞机在低速飞行时的稳定性较差；③飞机可能产生过度的抬头姿态、产生大迎角，易导致低高度失速现象；④飞机在大姿态情况下起飞，可能造成飞机发动机停车；⑤试飞可能引发飞机意外撞地或偏离跑道事故。

2013 年 5 月，试飞总师团队成功组织并完成了 ARJ21-700 最高难度Ⅰ类风险科目——最小离地速度试飞。这是我国首次完成这一高难度科目试飞，被誉为我国民机试飞的里程碑。

该科目试飞属于申请人与局方并行验证项目，科目完成标志着 ARJ21-700 飞机型号合格审定又向前迈进了坚实的一步。中国民航局、美国联邦航空管理局审查代表现场目击试验全过程，一致认为试验通过并给予高度评价。

3.18　飞机的适航管理与适航证

● 适航性与适航管理

早期的航空业事故频繁，极易造成巨大的生命和财产损失。为了保证航空器和旅客的安全，人们逐渐提出了对航空器的性能和品质上的综合性要求。由于民用航空从开始就是在政府部门的直接参与和管辖之下进行的，政府主管部门就更加重视民用航空的安全性，因此逐渐形成了适航性(airworthiness)的概念，并提出了具体的要求和管理措施。

飞机的适航性是指在预期的使用环境中和经申明并被核准的使用限制之内运行时，航空器（包括其部件和子系统、性能和操纵特性）的安全性和物理完整性，简称适航。也可以概括为：适航性是指航空器在全寿命中其整体及各部件和系统在预定的运行环境与使用条件下保证安全运行的品质。

民用航空器的适航管理是以保障航空器的安全性为目标的技术管理，是行政管理当局在制定了各种最低安全标准的基础上，对航空器的设计、制造、使用和维修等环节进行科学统一的审查、鉴定、监督和管理。适航管理是管理当局针对民用航空器的制造、使用和维修的安全问题而提出的，政府设置适航部门赋予其职责。适航管理是政府行为，带有强制性和法规性，因而所有与民用航空器有关的机构、企业、个人都要遵守适航部门的规定，要了解和掌握适航标准以保证航空器的安全运行，违犯者要承担法律责任。

随着航空技术的进步，航空器适航性的重要性更加显现，适航性的要求越来越严格、范围越来越广泛。适航性的内容越来越细化，概括地说，适航性包括以下三方面的内容。

（1）航空器的整体和其中任一部件或系统涉及运行安全的因素都是适航性要包含的内容。

（2）航空器运行的外界环境和内在性质决定了适航性的使用范围，因而适航性要给出航空器在什么样的界限之内是有效可行的，超出这个范围运行是禁止的。这些限制包括在什么样的天气、机场、航管条件下运行，以及在操纵上对高度、速度、重量等各方面的限制。

（3）适航性的管理时间是从航空器设计制造开始一直持续到航空器的整个使用寿命期。在这一段时间内航空器的每次运行都应符合适航性的要求。因此，适航性涉及航空器的设计、制造、使用及维修等方面。

● 飞机的"三证一本"

民用飞机的"三证"是指飞机的国籍登记证、适航证和无线电台许可证，这是所有飞机正常营运必须具备的三个证件。通过正当合法途径购买或租赁的适航飞机获得三证，只需要按民航的有关办理流程正常申请即可获得这"三证"。但前提是：该型国产飞机已取得中国民航的飞机型号合格证（type certificate，TC）；进口飞机是取得中国民航的飞机型号认可证（validation of type certificate，VTC）。后者是指由中国适航当局对该产品的型号合格证持有人颁发的证件。换言之，如果飞机想要出口到中国来，中国民航局同样要对这个型号合格证进行认证，通过中国民航认证后飞机销售到中国来，这就是型号认可证。

民用飞机的"一本"是指飞行记录本。它是指经民航适航管理部门批准或认可的、用于记录航空器在运行过程中的各种参数与机组反映的故障和维修人员排故及维修记录的重要原始记录，它由飞机技术记录本和客舱记录本组成。由此，读者可以初步体会到飞机的适航管理是非常严格的。

● **适航证**

航空器适航证（airworthiness certificate），是由适航当局根据民用航空器产品和零件合格审定的规定对民用航空器颁发的证明该航空器处于安全可用状态的证件。

《中华人民共和国民用航空法》和《中华人民共和国民用航空器适航管理条例》均明确规定：设计、生产和维修民用航空器及其发动机、螺旋桨和民用航空器上设备，应当向国务院民用航空主管部门申请领取型号合格证书、生产许可证书（production certificate，PC）及维修许可证书（将在第8章介绍）。

航空器需有国家民用航空主管部门颁发的适航证，方可飞行。如果没有获得该证明，飞机将无法投入运营。取得中国正式国籍登记的航空器可以申请适航证。欧美的飞机制造商的新机型要在全球市场上投放，除了要得到欧洲航空安全局和美国联邦航空管理局的适航证，还需要获得进口国家相关监管部门的证明。

1）飞机适航证的类别

适航证分为标准适航证和限制适航证。只拥有临时国籍证的航空器不能申请适航证，但可以申请特许飞行证。

2）飞机适航证的组成

飞机的适航"三证"包括：型号合格证、生产许可证和单机合格证（aircraft certificate，AC）。

（1）飞机的型号合格证。型号合格证是适航当局根据适航规章颁发的，用以证明民用航空产品的设计符合相应适航规章的证件。

型号合格证包括型号设计特征、使用限制、合格证数据单、有关适用条例及民航局对产品规定的任何其他条件或限制。

型号合格证是适航当局对飞机设计符合性的批准。设计符合性是指航空产品和零部件的设计符合规定的适航标准和要求。

（2）飞机的生产许可证。生产许可证是适航当局对飞机制造符合性的批准，制造符合性是指航空产品和零部件的制造、试验、安装等符合批准的设计。

（3）飞机的单机合格证。单机合格证是适航当局对每架飞机制造符合性的批准。

● **初始适航管理**

民用航空器的适航管理按制造和使用阶段分为初始适航管理和持续适航管理。

从航空器的设计、生产到投入使用这一阶段的管理是初始适航管理。在投入使用之后，航空器的运行会遇到各类问题，为保障航空器的安全运行就要进行持续适航管理。

初始适航管理和持续适航管理二者是相互关联和相互影响的。航空器初始的设计、制造质量和性能会决定持续适航的基本运行和维修的状态及程序。反过来，在使用中由持续适航所发现的设计和制造问题会要求重新设计与制造，就会在初始适航管理中提出新的标准和要求。初始适航管理分为设计、制造和适航性三方面的审定与发证。

（1）设计方面的适航审定。对设计方案的审定涉及航空器的各个方面，由各方面的专家组成审查组进行全面的审查，设计单位要提供图纸、检验报告和标准，有关的使用数据，使用限制、手册等，并要提供检查用的原型机。审查组按专业分工进行审查，主要分为结构强度、机械及环境系统、电子/电气系统、动力装置系统、试飞性能和制造等专业。在通过了审定和核查后，适航部门发给型号合格证，取得型号合格证的航空产品才能投入批量生产。

（2）生产制造方面的适航审定。这是对生产制造厂或制造人承担这种航空产品能力的审核。这种审核包含制造厂的生产能力、技术管理系统和质量保证系统三方面。适航性管理的最终目的是要得到保证安全的高质量产品，由于生产能力和技术管理系统是一个制造厂所必备的条件，易于考核，这样生产方面适航管理的重点就落在对质量保证系统的审核要求上。对质量保证系统的要求是有符合要求的生产检验系统和质量保证手册，保证产品的每一项目均能达到设计要求。对进入工厂的原材料及外购零件要有适用的规范标准和检验，对各项产品的图纸和工艺都有检查与质量控制及对器材的存储和运输的控制等。制造人通过这些审查后，适航部门发给其生产许可证。制造人就可以从事这种产品的生产了。在生产过程中适航部门仍将进行监督和检查。同样，对于航空材料、零部件和机载设备的生产制造者也要进行类似的适航管理，以确保产品质量。

（3）适航性审定。在使用航空器前，必须对其进行适航性审定。航空器通过适航当局审定后，由适航当局颁发给适航证。只有具有适航证的航空器才能在规定范围内进行合法的航行。无论国内制造的航空器还是从国外进口的航空器都必须经过适航审定。审定的内容主要是航空器的型号合格证、制造厂家执行适航指令的保证、注册状态及直接涉及航空安全的部件的检查记录等。如有必要，适航管理部门还要进行试飞检查，验证飞行性能、操纵性能、电子设备的功能是否达到标准。

从本节您可以了解到民航运输飞机安全管理的严谨程度。

第4章 谁 管 控

——空中交通管理

前面介绍了民航安全管理和航空制造的基本知识，你也许就更加期待了解航运企业是如何运营的？历史上就是先有了飞机，然后才有了航空旅行。但随着商业飞行的发展，飞行活动量大增，特别是重要机场的飞行活动就变得极为繁忙，甚至拥挤，易导致各种危险。这就需要有管理人员，即空中交通管制员，确保空中交通的安全有序运行。

现在人们普遍认识到：没有有效的管理，航空交通运输几乎是不可能的。因此，对于一个高度发达的民航大国，摆在面前的首要问题就是如何管理空中交通运输，因为这是涉及许多方面的、全局性的、高层次问题。本章就是在这个思考前提下完成的。

4.1 初识空中交通管理

● 飞机能自由飞行吗？

一般读者也许会觉得飞机在空中飞行的自由度很大，不会像公路、铁路那样有许多限制，但事实并非如此。"海阔凭鱼跃，天高任鸟翔。"就一般认知而言，这是没有问题的，以鸟类研究专家的视野来看，就显得很不严谨。事实上，各种鸟类都有它自己在空中飞行的活动范围，乌鸦、麻雀的活动范围只不过几十千米；而燕子、天鹅等候鸟则可以按季节做长达几千千米，甚至更远的迁徙，然而它们的飞行高度和飞行路线几乎从来都是不变的。可见，由于主客观条件所限，飞鸟并非能够绝对自由地飞翔。

● 空中交通管理的必要性

飞机的飞行与鸟类的飞行有些相似。尽管天空广阔，但是无论大飞机，还是小飞机，均不能绝对自由地，或者说无序地在空中飞行，否则，就会带来各种风险，甚至是灾难。原因有以下几方面。

（1）虽然天空广袤，但其中不仅有各种各样的飞行物，而且有高耸入云的建筑物。如果飞机、气球、风筝等各行其是、任意飞行，必然会发生拥挤，甚至相撞事故。历史上，这样的事故不胜枚举。

（2）飞机的活动以机场为中心或者说为结点。无论飞机在天空如何飞行，最终它必须回到机场。在繁忙机场的上空，飞机的密度最大，有起飞的、有降落的，还有从上空通过的。在如此拥挤的空间，就必须进行有效的管控，指挥各种飞机有序地飞行、起降。因此，在机场上空划出特定的区域，在这个区域中飞行的飞机必须严格遵守规定，按照空中交通管制员指定的路线飞行。

（3）即使在远离机场的空域，飞机也不能任意飞行。在天空中，飞行员驾驶飞机飞行，离不开气象、地形、导航等信息，否则他就可能迷失方向。为了保障飞机飞行安全，地面指挥监控要随时掌握飞机的情况，及时给飞机驾驶员提供必要的各种信息和支持。这些都要求飞机必须在划定的航路上飞行。例如，航路相当于地面上的公路，有一定的宽度、高度限制。飞机要在这样一条通道中飞行，而且要遵守一定的交通规则。

（4）各种飞机都具有不同的性能，这是与其功能相适应的。适合这些飞机飞行的高度和范围也就不同了。例如，对大型喷气客机，它起飞之后必须迅速升高到 7000 米以上的高空。在这个高度上飞行既省油而且还飞得快，但最高不能超过 13000 米。再往上飞，它的发动机能力就不够了。中小型飞机的活动范围在 7000 米以下。超声速客机的飞行高度为 13000～18000 米。为了保证军用航空对空域的需要，还要划出一定的空域作为禁区或军事管制区。这样一来，虽然天空广阔，但留给民航飞机活动的空间就十分有限了。

（5）各国都有自己的领空，不经他国授权、任何飞机飞入他国领空是不允许的，这就会引起政治、外交等问题。

由此可以看出，空中交通管理是十分必要的。空中交通管理的宗旨就是有效地维护和促进空中交通安全，维护空中交通秩序，保障空中交通畅通。

● **空中交通管理概述**

空中交通管理是通过各种过程、程序和资源确保航空器能够顺利完成从机场起飞、穿越空域到最后在目的地机场安全落地的过程。它既是以通信、导航和监视系统为基础的新航行系统的高级应用，也是新航行系统的实施目标。其主要任务是防止航空器与航空器相撞，防止航空器与障碍物相撞，维护和加速空中交通有秩序的流动。当然也要尽量保证航空公司或经营人的航空器能够按照原来预定的起飞时间和到场时间起降,在实施过程中,能以最少(小)程度的限制,不降低安全系数地有序运行, 以及避免飞机在空中出现无谓的等待、盘旋等。

空中交通管理主要包括三部分：空中交通服务（air traffic service，ATS）、空域管理（air space management，ASM）、空中交通流量管理（air traffic flow management，ATFM），其架构如图 4-1 所示。其中空中交通服务又包括空中交通管制（air traffic control，ATC）服务、飞行情报服务（flight information service，FIS）和告警服务（alerting service，AS）。更进一步，空中交通管制服务又包括进近管制服务、机场管制服务和区域管制服务。后续各节将展开介绍。

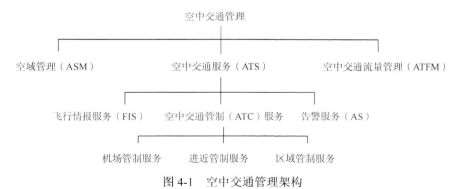

图 4-1　空中交通管理架构

4.2　空域与空域管理

● 空域与空域管理概述

航空器飞行的空间称为空域。在古代，也许没有领空、空域的概念。到了近现代，各国不仅有了强烈的领土、领海意识，而且有了强烈的领空意识。各国的空域与领土、领海是有对应关系的。因此，各国都把空域看作国家的重要资源，由国家实行统一管理。

空域管理是指按照各国国家法律规定以及国际民航组织相关标准的要求，对空域资源进行规划、管理和设计的一项工作。为了能为航空器提供安全、及时、有效、正常的空中交通管制服务、飞行情报服务和告警服务，防止航空器空中相撞或航空器与地面障碍物相撞，保证飞行安全，促使空中交通有秩序地运行，必须对空域资源进行规划、管理和设计。

我国空域管理的宗旨就是要维护国家安全，兼顾民用、军用航空的需要和公众利益，统一规划，合理、充分、有效地利用有限的空域资源。

● 空域管理的内容

空域管理的内容主要有空域规划、空域划分、空域数据管理，具体工作内容如下。

（1）空域规划。这是指对某一给定空域，通过对未来空中交通流量需求的预测或空域使用各方面的要求（军方和民航），根据空中交通流的流向、大小与分布，按高度方向和区域范围实施战略设计和规划，并加以实施和修正的全过程。空域规划的目的是增大空中交通容量、使空中交通有序运行、有效地利用空域资源、减轻空中交通管制员工作负荷和提高飞行安全水平。

（2）空域划分。这是指对空域中涉及的飞行情报区和管制区、航路、航线、进离场航线（飞行程序）、禁区、限制区、危险区等空域资源以及飞行高度、间隔等空域标准进行设计、调整、实施与监控的过程。空域划分是空域管理工作中内容最多的一部分，需要协调的相关环节比较多，在划设过程中，既需要保障运行安全又需要满足空域使用各方的要求，是一项复杂的设计工作。

（3）空域数据管理。空域数据按照使用性质分为空域结构数据和空域运行数据。

空域数据管理包括空域结构数据和空域运行数据的收集、整理和使用。空域结构数据是指导航设施数据、飞行情报区和管制区数据、管制地带数据、航路和航线数据、其他空域数据等静态数据。空域运行数据是指各类空域使用方面的数据，包括该空域范围内活动的种类、飞行架次、使用时间等动态数据。

为了保证空域数据的时效性，空域建设方案生效后，会对相关的空域数据及时进行修订。空域数据管理是空域规划和空域划设工作的基础，除了空域结构数据与空域运行数据，航班飞行历史统计数据、气象数据、地理地形数据等相关辅助数据也是空域管理工作所需要的重要参考数据，因此也可以纳入空域数据管理的工作范畴。

● 空域的划设

1）国家法律法规与管理体制

空域的划设以国家法律法规为基础。我国国务院、中央军委制定的《中华人民共和国飞行基本规则》(简称《飞行基本规则》)规定:"空域的划设应当考虑国家安全、飞行需要、飞行管制能力和通信、导航、雷达设施建设以及机场分布、环境保护等因素。空域通常划分为机场飞行空域、航路、航线、空中禁区、空中限制区和空中危险区等。空域管理和飞行任务需要的,可以划设空中走廊、空中放油区和临时飞行空域。空域的划设、调整,应当按照国家有关规定履行审批、备案手续。"

我国设有国务院、中央军委空中交通管制委员会,简称国家空管委。国家空管委领导全国的飞行管制工作,我国境内的飞行管制由空军统一组织实施,各有关飞行管制部门按照职责提供空中交通管制服务。

2)国际规则

国际上,一般将空域划分为管制空域和非管制空域两种。顾名思义,管制空域就是对在其中飞行的航空器提供空中交通管制服务的区域。非管制空域是指民航或军事当局需要控制的区域以外的空域,在这些空域中并不是不需要控制或没有控制,而是因为在这些区域的空中交通流量不多,不对其进行严格管制而把它留给通用航空使用。

国际民航组织进一步把管制空域划分为 A、B、C、D、E 五类。对其中提供的服务等级、飞机速度的限制、飞机之间的距离以及无线电通信的要求各有不同。把非管制空域划分为 F、G 两大类。

通常,各国政府按空域使用的要求建立起自己的空域结构,其中包括飞行情报区(flight information region,FIR)、管制区、管制地带、管制机场等。

飞行情报区中只提供航行情报服务和告警服务,原则上飞行情报区应包括国家的全部领空。这样,在世界范围内空域分为一系列的飞行情报区,为飞越大洋和沙漠的航空器提供航行情报服务。

管制区内按交通需要又分为不同的航路区,为不同性能和速度的飞行器提供管制服务等。

● 了解我国空域资源现状

我国管理的飞行情报区共 11 个,其中包括台北飞行情报区和香港飞行情报区,总面积约 1081 万平方千米。除台北和香港两个飞行情报区,目前全国共划设 27 个高空管制区、28 个中低空管制区、近 40 个进近管制区、1 个终端管制区;航路航线总距离约 16.4 万千米,其中国际航路航线约占 46.2%,临时航线约占 16.2%。

除航路航线及民航机场附近区域,我国军方划设了 2 个空中禁区、66 个空中危险区、199 个空中限制区,以及若干个军事训练空域。部分训练空域在民航航线的上方或下方,通过建立高度差的方法避免军用与民用飞机的飞行冲突。

我国的空域资源同美国十分接近。由于我国不在国外驻军,军用飞机的飞行训练主要在国内空域进行,需要占用的空域资源比较多,供民用飞机使用的空域就较大程度地受到限制,这是国情所在。美国在世界各地建有许多军事基地,美国空军的飞行训练在国外进行的比例较大,相对而言其国内空域资源占用就少了许多,因而其供民用飞机使用的空域资源就较多。

本章后续各节,主要讨论与民用航空相关的内容。

4.3 我国民航空域的划分与管理

根据《中国民用航空空中交通管理规则》，我国用于民用航空的空中交通管制空域分为飞行情报区、管制区、限制区、危险区、禁区、航路和航线。各类空域的划分应当符合航路的结构、机场的布局、飞行活动的性质和提供空中交通管制的需要。

- **飞行情报区**

飞行情报区是指为提供飞行情报服务和告警服务而划定的空间范围，既包括领空，又包括临近的公海。

我国 11 个飞行情报区分别是：东北地区的沈阳飞行情报区，华北地区的北京飞行情报区，华东地区的上海飞行情报区和台北飞行情报区，中南地区的武汉飞行情报区、广州飞行情报区、香港飞行情报区和三亚飞行情报区，西南地区的昆明飞行情报区，西北地区的兰州飞行情报区和乌鲁木齐飞行情报区。

- **管制空域**

管制空域是根据所划空域内的航路结构和通信、导航、气象、监视能力进行划分的。我国将管制空域分为四类，分别称为 A、B、C、D 类空域。这四类空域的具体含义分述如下。

（1）A 类空域为高空管制空域。在我国境内 6600 米（含）以上的空间，划分为若干个高空管制空域。我国的高空管制区共计 27 个，分别是沈阳、哈尔滨、北京、太原、呼和浩特、上海、合肥、济南、青岛、昆明、成都等。

（2）B 类空域为中低空管制空域。在我国境内 6600 米（不含）以下、最低高度层以上的空间，划分为若干个中低空管制空域。我国中低空管制区共计 28 个。

（3）C 类空域为进近（终端）管制空域。通常是指在一个或几个机场附近的航路汇合处划设的、便于进场和离场航空器飞行的管制空域。它是中低空管制空域与塔台管制空域之间的连接部分。我国进近管制区有近 40 个，分别是长春、北京、上海、南京、杭州、福州、广州等。

（4）D 类空域为塔台管制空域。它通常包括起落航线、第一等待高度层及第一等待高度层以下、地球表面以上的空间和机场机动区。

A、B、C、D 四类空域的上限，应当根据提供空中交通管制服务的情况确定。若无上限，应当与巡航高度层上限一致。A、B、C 类空域的下限应当在所划空域内最低安全高度以上的第一个高度层；D 类空域的下限为地球表面。

- **限制性空域**

每个国家都会根据对空域的限制程度，建立起几种限制性空域，包括危险区、限制区和禁区。这类区域均有明确的作用范围、影响的时间，所不同的是：危险区的限制严重程度是最轻的，能否在此范围内飞行取决于飞行员的判断；限制区则是指在一定时间用于军事用途（演习、打靶、火箭发射）的空域。在一些规定的时间内，经批准民用航空器也可以使用限制区。禁区也就是禁飞区，这是限制等级最高的区域。在其中禁止任何类型的飞行，以保护关系到一个国家安全的重要设施（如军用机场、重要的综合性工业基地、大型工程设施等）的安全。在我国的航线图中，人们可以很容易地发现有上述三种区域的标志。

飞行中的航空器应当使用机载和地面导航设备，准确掌握航空器位置，防止航空器误入危险区、限制区和禁区；与此同时，空中交通管制单位应当严密监视飞行中的航空器动态，发现航空器误入时，及时给予提醒，必要时采取措施予以纠正。

4.4　航线、航路与航权

● **航线与航路**

为了让读者对空中飞行的困难有大概的了解，我们先介绍航线和航路的概念。

（1）航线。它是指在任何两个地点间确定的飞机飞行的路线。依此而论，飞机飞行的自由度还是很大的。但在空中飞行物众多、飞行速度快的情况下，飞机的飞行是很危险的，飞机相撞等飞行事故时有发生。再者，在空中飞行往往没有参照物，离开了导航设施，航空器就可能迷失方向。因此，人们认识到需要对空中交通进行管理，以维护空中交通秩序、确保飞行安全。

（2）航路。它是由民航管理当局批准建立的一条由导航系统划定的空域构成的空中通道。划定航路的目的是维护空中交通秩序，提高空间利用率，保证飞行安全。

在航路上，空中交通管理机构要提供必要的空中交通管制和航行情报服务。我们理解，航路就像高速公路那样，建设者（国家或机构）和管理者为使用者准备了很好的运行环境和条件，并且能提供各种必需的、关键的服务。

（3）航路的范围。通常以连接各个地面导航设施的直线为航路中心线。航路的范围包括上限高度、下限高度和航路宽度。航路的宽度还要取决于飞机能保持按指定航迹飞行的准确度、飞机飞越导航设施的准确度、飞机在不同高度和速度时的转弯半径，并且还要增加必需的缓冲区，因此航路的宽度也不是固定不变的。《国际民用航空公约》附件 11 中规定，当两个全向信标台之间的航段距离在 50 海里（92.6 千米）以内时，航路的基本宽度为中心线两侧各 4 海里（7.4 千米）；航段距离在 50 海里以上时，根据导航设施提供飞机保持航迹飞行的准确度进行计算，扩大航路宽度。

为便于驾驶员和空中交通管制部门工作，各个航路都有明确的名称代号。国际民航组织规定航路的基本代号由一个拉丁字母和 1～999 的数字组成。有兴趣者可以参考专业书籍或网络资源。

（4）航路的作用。可以看出，航路不仅确定了飞机飞行的具体方向、起讫点和经停点，而且还根据空中交通管制的需要，规定了航线的宽度和飞行高度，以维护空中交通秩序，保证飞行安全。如果飞机偏离了航路，或其他飞行物侵入其航路，就意味着飞机面临着风险。

就民航而言，除了在尚未建立航路的区域，飞机的航线都是沿着航路建立的。

● **航线的种类**

按照飞机飞行的起讫点，航线可分为国际航线、国内航线和地区航线三大类。

1）国际航线

这是指飞行路线连接两个或两个以上国家的航线。在国际航线上进行的运输是国际运输。如果一个航班的始发站、经停站、终点站有一点在外国领土上，它都属于国际运输。

2）国内航线

这是指在一个国家内部的航线。它又可分为国内干线、国内支线和地方航线三大类。

（1）国内支线是联结国内航空运输中心城市的航线。这些航线的起讫点都是重要的交通中心城市如京广线、京沪线等。在这些航线上，航班数量大、密度高、客流量大。

（2）国内支线是指各中、小城市与干线上的交通中心城市联结的航线。支线上的起讫点中有一方是较小的空港，客流密度远小于干线。因此，支线上运行的客机大都是150座以下的中、小型飞机。

（3）地方航线就是把中、小城市联结起来的航线。一般而言，地方航线的客流量很小，一般只运行50座左右的飞机。

3）地区航线

这主要指在一国之内、各地区与有特殊地位的区域之间的航线，如我国内地与港、澳、台地区的航线。

另外，航线还可分为固定航线和临时航线。临时航线通常不得与航路、固定航线交叉或是通过飞行频繁的机场上空。

● **航路的开辟和航线的建立**

（1）航路的开辟。这是指在原来没有航路的情况下，建立各种基础设施和服务系统，使航空器得以运行。从航路的内容可以看出，开辟航路绝不是简单地规定一个范围，而是要建设导航台等各种设施，提供必要的空中交通管制和航行情报服务。开辟航路主要由民航管理当局统一规划并协调进行。修建机场，建立导航台、空管服务系统等都需要前期的大量研究，要研究经济发展，政治与军事需要，开辟的可能性（包括政治上的和技术上的），以及运行后的使用量等。建设机场和航路设施都需要大量投资。如果与国外通航，还要和外国政府协商、签署协议等。因此，开辟新航路主要由民航当局确定，航空运输的需求是开辟航路时要考虑的主要因素。

（2）航线的设立。这主要是企业的行为，是指在航路已经开通，航运企业要以此为依托进行运营的事宜。航运企业设立一条航线首先应考虑其潜在的市场情况，包括市场的大小、盈利的预测、市场的竞争情况及可能占据的市场份额等。其次是技术要求，需要什么样的机队、选用什么样的机型以及相应的维修训练等配套设备和各类专业人员的水平。最后在前两项要求都满足后应制订合理的班次计划，测算收入及利润水平。在决定投入航线后，再向主管当局申请，经审查批准后，就可以设立航线。

● **了解航权**

航权是世界航空业通过国际民航组织制定的一种国家性质的航空运输权利。如果飞国际航线，航空器就会超出自己的国界，必然涉及其他国家的主权。因此，国际航空运输就需要在全球行业范围内有统一的规定，航权就属于这个规定中的一部分。概括而言，航权有9种，具体情况如下。

1）第一航权——领空飞越权

A 国航空器飞出国界的第一个问题就是要飞入或飞越 B 国的领空。B 国是否允许，这就形成了一种权利。A 国得到 B 国的允许，即获得领空飞越权。例如，北京—旧金山航线，中途飞越日本领空。这就需要和日本签订协议，获取领空飞越权，否则我国飞机只能绕道飞行，增加燃料消耗和飞行时间。

2）第二航权——技术经停权

A 国航空器可以因技术需要（如添加燃料、飞机故障或气象原因备降）在协议国降落、经停，但不得做任何业务性工作，如上下旅客、货邮。

航运企业飞远程航线，由于距离太远无法从始发地直接地飞到目的地，需要选择一个地方进行中途加油或者清洁客舱等技术工作。例如，北京—纽约航线，如果由于某飞机机型的原因，不能直接飞抵，中间需要在日本降落并加油，但不允许在该机场上下旅客和货物。此时就要和日本签订协议，获得技术经停权。

3）第三、第四航权——目的地下客权和目的地上客权

某国航空器可以在协议国境内卸下旅客、货邮。例如，北京—东京，如果获得目的地下客权，即第三航权，中国民航飞机就可将承运的旅客、货邮运送到东京，但只能空机返回。如果再获得第四航权，即目的地上客权，中国民航飞机就可以在协议国境内载运旅客或货邮返回。第三、第四航权是一对"孪生兄弟"。航空公司要飞国际航线，就要进行国际客货运输，将本国的客货运送到其他国家，再将其他国家的客货运送到本国。这种最基本的商业活动权利就是第三、第四航权。

4）第五航权——中间点权或延远权

显然，第五航权更为复杂，要获得第五航权，就要和两个或两个以上的国家进行谈判，达成协议。

所谓中间点权是指承运人从本国运输客货到另一国家时中途经过第三国（也就是始发地国家和目的地国家以外的其他国家），并被允许将途经第三国的客货卸到目的地国家。延远权则是指承运人将自己国家始发的客货运到目的地国家，并且又获得从目的地国家上客货，并运到另一国家的权利。

例如，北京—首尔—芝加哥，中国航空公司获得第五航权，就可以在北京—芝加哥航线上在首尔经停，上下客货。

第五航权之所以复杂，就是因为它涉及多个双边协定，并且在不同的协定中有不同种类的航权。因此，航运企业在使用这个权利的时候，必须同时考虑中国与这个"第三国"有没有相应的协议，或者说是否获得了航权。可以看出，只有在同时具有这两种第五航权时，承运人才可以完整地使用这些权利；否则，即便是获得了其中之一，也很难运营。

第五航权的对外开放就意味着外航不仅要分享两个对飞国之间的运输市场，并且还要分享中国到第三国的市场资源。

5）第六航权——桥梁权

某国或地区的航运企业在境外两国或地区间载运客货，要中途经过其登记国或地区的权利。例如，伦敦—北京—首尔，中国民航飞机将源自伦敦的客货运经北京后，再运到首尔。

第七、第八、第九航权的情况我国较少涉及，不再一一介绍。

4.5　空中交通服务概述

- **空中交通服务的理念**

空中交通服务强调以"服务"取代过去的"管制"。这表示空中交通服务应该尽可能在分配航线和采取行动时为大多数的空中交通使用者提供更好的服务。当然，这样做会和一部分使用者原来的想法不同，但最终的结果会对使用者有利。就像我们在大街上开汽车一样，交通堵塞了，大家就急切地盼望有人来维持秩序、指挥交通。如果没有堵塞，有的驾驶员就嫌"交管"管得太多。可以说，空中交通服务的任何行动都要考虑到使用者，而不能只从自己的方便出发。而"管制"本身就带有强制、命令的意味，因而这个改动表示空中交通管理机构在管理观念上的深刻变化。当然，这种服务也伴随着国家法律法规的强制性实施，否则服务效果极可能不奏效。

- **空中交通服务的特殊性**

那么，如何才能做好空中交通服务呢？这就要了解空中交通运输本身所固有的一些特点。除了与其他交通运输方式的共同之处，空中交通运输也有其本身的特殊性。一是一旦空中交通开始实施或运行，它就不可能无限期地在航路上消磨或延误，而中止的方式就是使航空器降落，否则航空器将面临无油或缺油的困境，引起效益下降、成本增加，甚至导致发生严重事故。二是空中交通运输具有显著的国际性特点，它往往标志着一个国家或地区的社会经济发展水平和文明程度，而且它不仅代表当地，甚至会波及很远的地区和其他广阔领域，因而需要一个在国家范围的机构、大体按国际共用的准则提供服务。并且这两个特点之间具有强烈的关联性。空中交通运输的这种特殊性，客观上要求管理当局必须提供高质量的服务，为空中交通安全、有序地运行创造良好的环境。正是基于这种客观需求，各国或地区都设立了空中交通服务组织机构。以笔者看来，空中交通服务是交通运输中最高层次的服务（或者说管理），这也是空中交通服务的特殊性。

- **空中交通服务的目标**

为了贯彻落实空中交通管理的宗旨，首先就要确定空中交通服务的目标，具体内容如下。

（1）考虑到空域使用现状，采用一切可用的间隔，发布指令，防止空中的航空器相撞、防止出现各种事件（差错、严重差错、危险接近等）是工作的首要职责。

（2）利用一切手段，包括使用地面活动雷达等，切实采取措施，防止飞机和障碍物（如地面停放的飞机、汽车等）在起飞、降落及其相关区域出现相撞等事故或事件。

（3）对空域内飞行的航空器进行切实有效的管理，准确地掌握飞行动态，确定航空器之间的相互关系，找出事关飞行冲突调配的主要航空器，利用合理的间隔标准，及时发布指令，实现加速空中交通流畅、维持良好运行秩序的目的。

（4）为了航空器安全、有序地运行，为其提供各种建议、情报、信息，使其避开危险天气及各种限制性空域。

（5）在航空器遇险或需要提供搜寻、救援服务时，通知各保障单位及时开展工作。

- **空中交通服务的内容**

空中交通服务有三大部分内容，即空中交通管制服务、飞行情报服务和告警服务，其中空中交通管制服务是主要部分，其内容多、工作量大。这些内容将在后续各节逐步展开。

4.6　再说空中交通服务

正如公路交通有交通规则一样，空中交通也有飞行规则，我国有《中华人民共和国飞行基本规则》。毫无疑问，只有空中交通的使用者和管理者共同遵守和依据这些规则操作，才有可能保证空中交通安全有序地进行。

飞行规则包括三类，即通用飞行规则、目视飞行规则和仪表飞行规则。

- **通用飞行规则**

通用飞行规则是各种类型飞机必须共同遵守的飞行规则。这些通用规则是飞行的基础，有的已经作为常识，但是在实践中仍然有很多时候因忽略这些规则而造成事故和损失，下面对主要通用飞行规则进行简要介绍。

1）保护人身和财物的安全

除经特殊允许或紧急情况，飞机不得在稠密居民区上空飞行，机上不得下抛任何物品，不得拖曳其他物体或做特技飞行。

2）避免碰撞

碰撞就意味着事故，甚至灾难。这显然是对航空器管制或管理的底线，主要规则如下。

（1）航空器不得飞近到与另一个航空器有可能相撞的区域；除特殊允许，不得到禁区飞行。

（2）航路权（优先通行权）。这是避免碰撞的最基本约定，有利于确保飞行安全。航空器在保证安全的情况下实行右侧优先通行，在超越时要按下面的规则运行。

①进近时：两架飞机相向飞行，它们各自要向右转。

②交汇时：左面的航空器给右面的航空器让路。对不同类型的航空器，动力驱动的、重于空气的航空器要为其他航空器让路。

③超越时：前方飞机拥有航路权（优先通行权），超越者要改变高度或者向右改变方向进行超越。

④降落时：空中或地面的飞机为着陆的飞机让出航路，高度高的飞机为高度低的飞机让路。

⑤起飞时：滑行的飞机为起飞的飞机让路。

⑥在已知一架飞机处于紧急状态时：其他航空器都要让出航路权。

（3）机上灯光标志。飞机必须按规定装有防撞灯和导航灯。

（4）在机场附近要按机场上空规则飞行。

3）飞行计划

飞机的每次飞行都要向空管部门递交飞行计划。

4）时间

民用航空统一使用协调世界时，使用 24 小时制计时。

5）空中交通管制的要求

空中交通管制的要求是为有效管理和高效服务而制定的。

（1）空管许可。飞机的管制飞行必须在获得空管许可后才能进行。如果飞行人员因某些情况不能利用或使用这个许可，他可以向空中交通管制人员请求再许可。

（2）位置报告。在空中管制飞行中，在规定的报告点，飞行人员（航空器）必须尽快报告飞越的时间、高度；在没有设定报告点的区域，飞行人员定时向空管单位报告位置。

- **目视飞行规则**

目视飞行规则（visual flight rules，VFR）的基础是飞机对其他飞机和地面相互能看见和被看见。因此，目视飞行规则就与天气情况，特别是能见度紧密联系在一起。对于最低的、能进行目视飞行的天气，管理当局制定了目视飞行气象条件（visual meteorological conditions，VMC），用以保证驾驶员有适当的条件看到其他飞机或障碍物、避免相撞。如果气象条件低于 VMC 的要求，就禁止目视飞行规则的飞行。目前，规定的 VMC 为最低云层外 1500 米。

每次飞行都要执行目视飞行规则，或者仪表飞行规则。目视飞行规则对驾驶员的限制较少，只要求有基本的飞行和通信技能，对飞机的仪表要求也仅限于保证安全飞行的基本仪表。

- **仪表飞行规则**

在气象条件低于目视飞行气象条件时，装有无线电通信和定位仪表的飞机可以依靠仪表，而不依靠驾驶员的视觉来飞行，这种飞行称为仪表飞行。适用于仪表飞行的气象条件比目视飞行条件要低。

在这种条件下，驾驶员通常看不到其他飞机，是管制员负责把这架飞机与其他飞机或障碍物间隔开来。国际民航组织制定了相应的仪表飞行气象条件（instrument meteorological condition，IMC）和仪表飞行规则（instrument flight rules，IFR）。仪表飞行规则要求如下。

（1）进行仪表飞行的飞机必须装备规定的飞行仪表和无线电设备，起码要有姿态指示仪、高度指示仪、位置指示仪表和高频（high frequency，HF）与甚高频（very high frequency，VHF）通信设备。

（2）驾驶员必须经过在这类飞机上培训，并取得仪表飞行的驾驶执照后才能进行仪表飞行。

飞机仪表飞行的整个过程都处于管制员的管控之下。飞机每次飞行都要向空中交通管制机构提交一个包括航路、速度、高度、预计飞行时间的飞行计划。管制员根据这个计划来分配航路、高度，并监控和引导飞机在空中飞行。

在空中，仪表飞行和目视飞行可以相互变换，但是都要首先向管制员提出请求，在得到准许后进行变换。

- **间隔标准的概念**

空中交通服务的主要目的之一是防止航空器在空中相撞。当空中同一区域航空器较多时，要防止航空器相互接近和相撞，就必须保证任何两个航空器之间有足够的距离。这是空中交通管制的基础和基本任务。由于航空器的航向、速度、高度都不相同，必须制定一整套国际通用的航空器在空中相互隔开的间隔标准。它们是在空中交通管制过程中将航空器在纵向、侧向和垂直方向隔开的最小距离（时间），全称是最低间隔标准。空管人员习惯上称为间隔标准。

在繁忙的空港上空和航路上，航空器的密度很高，合理地制定和运用间隔标准十分重要。恰当制定间隔标准，既要保证安全和有序地飞行，也要考虑使空中交通迅速和便利，从而保障空域使用者的经济效益。

由于空中交通管制手段不同，有程序管制和雷达管制，这两种管制使用的间隔标准也就不同。

● **细说间隔标准**

在三维空间，间隔标准分为两类，即垂直间隔和水平间隔，而水平间隔又包括横向间隔和纵向间隔。

1）垂直间隔

要确定垂直间隔必须准确地确定航空器的飞行高度。为了保证航路上高度量度的统一，规定使用国际标准大气压，以 1013.2 毫巴（1 毫巴=100 帕）作基准，按每 100 英尺（1 英尺=0.3048 米）作为一个高度分层，称为飞行高度层，用来表示在垂直间隔上的飞行高度。例如，18000～18100 英尺的高度称为 180 高度层，写作 FL180。用一层高度来表示飞行高度，保证了飞行高度上有一定的误差范围。垂直间隔用高度层区分，这称为高度层间隔。

我国在 20 世纪 80 年代以前使用的双向高度层间隔为 1000 米，目前使用的为国际通行的 600 米。这样的变化使航路的利用率成倍地提高，极大地促进了空中交通的发展。

2）横向间隔

横向间隔是指航空器侧方的最低间隔距离，它的大小与所使用的导航系统的精确度有关。

对在同一高度、不同的航路上的航空器，用目视观察确定位置时，可用仪表指示出的、不同航空器的地理坐标来确定间隔。

在使用甚高频全向信标导航时，两个航空器航迹的夹角应大于 15°，距离大于 15 海里。使用无方向性信标时，航迹间夹角不小于 30°，距离大于 15 海里。如果用推测导航，航迹夹角不小于 45°，距离大于 15 海里。在航空器使用不同导航系统的情况下，它们的间距由空管当局根据不同导航系统的精度，避免航线重叠来作出相应的规定。

3）纵向间隔

纵向间隔是指使用同一航道，或在机场起飞，或进近时的间隔规定。由于航空器的飞行速度不同，纵向间隔要与航空器的飞行速度、航空器通过某一地点的先后顺序联系起来。纵向间隔可以用时间来表示（间隔），也可以用距离来表示（间隔）。

（1）时间间隔。用时间来间隔涉及航空器越过报告点的位置的准确性、报告位置的次数和间隔、时钟的准确性等。常用的纵向间隔的时间标准有多种类型，典型的间隔规定介绍如下。

①航空站飞机放行间隔规定。如同型同速飞机，在同航线、同高度层放行时，前后两机的时间间隔为 10 分钟。不同型、不同速飞机航迹相同，速度较快的飞机起飞 2 分钟后，再放行速度较慢的飞机。

②航空站进场飞行间隔规定。如同高度按照仪表规则进场的飞机，无论航向如何，到达同一导航台上空的时间间隔为 10 分钟。

③此外还有进近、离场飞行的间隔规定。

④区域管制的间隔规定。如果两架飞机逆向或同向超越前一架飞机飞行时，改变高度的飞机必须在与被穿越飞机预计相遇时间点前或后 10 分钟上升或下降到被穿越飞机的上一个或下一个高度层。

⑤尾流间隔规定。主要是考虑到翼尖旋涡尾流的作用，大型飞机的尾流会使紧随其后的小型飞机受到气流颠簸，因而规定：在大型飞机之后起飞和降落的小型飞机，要保持较同级别飞机之间较大的间隔。

（2）距离间隔。如果飞机使用测距器（distance measuring equipment，DME）定位，就可以使用距离间隔，同一航迹上飞机间隔为 20 海里。如果前面的飞机速度比后面飞机的速度大 40 千米/小时以上，间隔下降为 10 海里。

以上仅列出了国际民航组织对间隔标准的部分推荐规定。在我国，根据空域、机场设备条件、航路情况的不同，对不同情况的间隔标准有着详尽而严格的规定。限于篇幅，本书不再一一列举。

- **通信标准**

目前，空中交通服务主要是通过地面的管制员和空中驾驶员之间的无线电通话（称为陆空通话）来完成的。这就要求无线电频率和通话的语言必须统一、规范，否则就会引起误会，甚至使整个管制过程出现混乱，造成不可弥补的损失。

（1）频率分配。空中交通管制的无线电频率分配在全世界是一致的。陆空通信主要使用高频和甚高频。高频通常作为远距离通信的传输手段，甚高频是用作管制员进行陆空通话的主要手段。例如，118.000～121.400MHz、123.675～128.800MHz 和 132.025～135.795MHz 三个频段主要用于空中交通管制员与驾驶员通话。

（2）语言的规范。国际民航组织规定空中交通管制通话统一使用英语。在通话中任何一个数字和字母以及词义的混淆都可能造成不堪设想的后果。为此，国际民航组织对通话用的数字、字母以及空管用的专门词语的发音和解释都做了规定。由此可以知道规范的英语发音是多么重要。这里不再赘述。

对其他如高度、速度、时间、风向、风速、航向、跑道名称，以及一些重要的词句用语，都有明确的规定，以避免产生理解歧义或误会。

4.7　空中交通管制服务概述

在浩瀚无垠的天空，飞机是不是可以不受约束地随意飞行，想往哪飞就往哪飞呢？显然不是。就像在地面行驶的车辆必须遵守交通规则、接受警察和红绿灯的指挥一样，飞机在空中飞行也必须要遵守空中交通规则，也需要接受专门机构的指挥与调度等，这就是空中交通管制服务。

- **空中交通管制服务的任务**

空中交通管制服务的任务包括以下几方面。

（1）为每个航空器提供其他航空器的即时信息和动态，即它们将要运动的方向和变化。

（2）由这些信息确定各个航空器之间的相对位置。

（3）发出管制许可，使用许可和信息防止航空器相撞，保障空中交通通畅。

（4）用管制许可来保证在控制空域内各航班的间隔，从而保证飞行安全。

（5）从航空器的运动和发出许可的记录来分析空中交通状况，从而对管制的方法和间隔的使用进行改进，使空中交通的流量提高。

● **空中交通管制的组织**

空中交通管制的组织是非常严密的，其系统性、协调性都是其他交通运输方式难以相比的。按照管制范围的不同，可将空中交通管制系统分为三部分，即机场管制、进近管制和区域管制；按照管制手段的不同，又可将空中交通管制系统分为程序管制和雷达管制。

机场控制塔台（tower，TWR）提供机场管制服务。随着机场规模的发展，塔台越来越高、设施越来越先进。典型的塔台如图 4-2 所示。机场塔台主要负责在机场范围、起落航线上（半径不超过 25 海里）的飞行管制。在这个区域中，飞机驾驶员主要使用目视飞行规则，管制的对象多半是目视可见的飞机。

进近管制室（approach，APP）或终端控制中心（terminal control center，TCC）提供进近管制服务，主要负责对按仪表飞行规则、在仪表飞行气象条件下起飞或降落的飞机进行管制。

区域管制中心（area control center，ACC）提供航路（线）的空中交通管制服务。

一个航空器的整个飞行过程由这样三种管制单位分别管制。但这些管制单位之间的控制范围划分不是硬性不动的，在有利于空中交通的情况下，可以做一些灵活的调整。此外，在

图 4-2　某机场塔台

航班稠密的地方和稀疏的地方，这些机构的组成也不同。在繁忙的空域，由于任务繁重，一个管制中心内分为许多扇面，每个扇面都有专人控制；而在交通稀少的机场，一般不设进近管制室，进近管制服务可以由机场控制塔台或区域管制中心来提供。

● **空中交通管制的责任和移交**

1）责任

通常，航空器整个飞行阶段分为起飞机场地面运行、起飞、爬升、巡航、下降、进近、着陆、目的地机场地面运行等 8 个阶段，如图 4-3 所示。在各个阶段，相应的管制单位都有明确的责任。

对一次有效管控的飞行，在一个空域中只能由一个管制单位提供管制服务。换句话说，一个空中交通管制单位必须对在它管制空域之内的所有航空器的安全负责。因此，随着航空器飞行阶段的改变，对航空器的管制责任必须由一个空中交通管制单位移交给另一个空中交通管制单位。

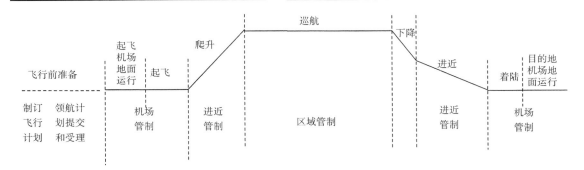

图 4-3　飞行阶段与管制责任划分的关系

2）移交

空中交通管制单位的责任十分明确，责任也十分重大。因此，管制单位对一架飞机从一个管制区进入另一个管制区的移交必须十分严格和明确，以防止因程序混乱和责任不清而出现重大事故。为此，管理上有明确的移交规则，具体有以下四点。

（1）两个管制区域之间的移交。管制航空器的单位要把航空器越过其管制区边界的时间通知到下一个管制区，进行管制移交。

（2）区域管制和进近管制之间的移交。需要双方管制员同意，然后通知驾驶员进行移交。

（3）进近管制和机场管制之间的移交。在地面由机场管制员负责；在空中主要依据按什么规则飞行划分，按目视飞行规则的飞行由机场管制负责，按仪表飞行规则的飞行则由进近管制负责。

（4）在有很多管制扇面的情况下，航空器每次穿越扇面的界限，都必须由飞出方的管制员请求，在进入方的管制员同意接收的情况下，在指定的时间内移交。

由这种移交的严密规则就可以了解空中交通管制的严谨性。

● **管制许可**

发出许可是管制员向航空器提供服务的基本手段之一。没有管制员的许可，航空器就不能进入相应的飞行程序。

（1）许可的内容。许可是由驾驶员提出请求后，管制员发出的下一步行动的指示和指令，内容包括：①飞机的编号（明确许可的对象）；②许可范围；③航路；④飞行高度层（包括进入航路的指定高度层，或申请后改变高度层）；⑤在进近或离场时必要的机动飞行。

（2）控制空中交通流量。当一个管制空域中飞行任务过于密集时，在一个特定时间内，管制能力处理不了这样多的飞行任务，这时必然要发生较长时间的延误。这个管制单位要通知其他单位，要控制许可，减少空中拥挤，或通知驾驶员将会有较长的延误，从而控制空中交通流量，避免延误。

4.8　细说空中交通管制服务

本节将对空中交通管制范围和手段进行较详细的介绍。

● **机场管制服务**

在机场范围内起落航线上为飞行提供的管制服务称为机场管制服务。机场管制服务由机场管制塔台提供，这个区域主要使用目视飞行规则，即靠目视来管理飞机在机场上空和地面的运动。近年来，机场地面监视雷达的使用使管制员的工作质量和效率有了很大提高。

机场管制服务的范围包括：①航空器在机场管制区的空中飞行；②航空器的起飞和降落；③航空器在机坪上的运动；④防止航空器与地面车辆、地面障碍物或其他航空器发生碰撞。较大的机场塔台通常把管制任务分为两部分，分别由机场地面交通管制员和空中交通管制员负责。

机场地面交通管制员负责管制跑道之外的机场地面（包括滑行道和停机坪）上所有航空器的运动。在繁忙机场的停机坪上可能同时有多架飞机在运动，此外还有各种车辆、行人的移动。机场地面交通管制员负责给出飞机发动机启动许可、进入滑行道许可。对于到达的飞机，当飞机滑出跑道进入滑行道后，由地面管制员安排飞机运行至停机坪。

机场空中交通管制员的责任包括对飞机进入跑道后的运动以及按照目视飞行规则在机场控制的起落航线上的飞行实施交通管制。其任务是给出起飞或着陆的许可，引导在起落航线上准备起飞或者着陆的飞机，并且安排飞机的起降顺序，安排合理的飞机放行间隔，以保证飞行安全。

● **进近管制服务**

进近管制服务是指为按照仪表飞行规则在仪表飞行气象条件下起飞或降落的飞行提供的服务，主要负责飞机的离场进入航线和进近着陆阶段。这项服务是由进近管制室或终端控制中心提供的。

由于进近管制服务的对象是按仪表飞行规则飞行的飞机，所以进近管制服务是依靠无线电通信和雷达设备来监控飞机、提供服务的，包括进近管制服务、飞行情报服务和防撞告警。

进近管制的范围称为进近控制区。它下接机场管制区、上接航路管制区，是塔台管制和航路管制的中间环节。由于交接的需要，这几个区域之间有重叠的部分，进近管制的范围大约在机场周围 90 千米半径之内，高度为 5000 米以下。进近阶段也是飞行事故的多发区。因此，进近管制服务必须做好与塔台管制服务和航路管制服务的衔接，必要时还要分担他们的部分工作。

● **区域管制服务**

航空器进入航路后，其空中交通管制服务由区域管制中心提供。每一个区域管制中心负责一定区域上空航路、航线网的空中交通管理。在相邻区域之间要进行移交。区域管制所提供的服务主要是针对飞行高度 6000 米以上的、在大范围内运行的航空器。

区域管制员的任务是根据飞机的飞行计划，批准飞机在其管制区内的飞行，保证飞行的间隔，然后把飞机移交到相邻空域，或把到达目的地的飞机移交给进近管制员。在繁忙的空域，区域管制中心把空域分成几个扇面，每个扇面只负责特定部分空域或特定的几条航路上的管制。区域管制员依靠空地通信、地面通信和远程雷达设备来确定飞机的位置，按照规定的程序调度飞机，保持飞行的间隔和顺序。

● **程序管制服务**

程序管制是基本的管制方式。管制员通过飞行员的位置报告，分析、了解飞机间的位置关系，推断空中交通状况及变化趋势，向飞机发布放行许可，指挥飞机飞行。

航空器起飞前，机长必须将飞行计划呈交起飞机场的空中交通管制部门，经管制员批准后方可实施。飞行计划内容包括飞行航路（航线）、使用的导航台、预计飞越各点的时间、携带油量和备降机场等。

当空中交通管制员收到航空器机长报告的位置和有关资料后，立即同飞行进程单的内容进行比较，当发现航空器之间的某种间隔（包括垂直、横向和纵向）小于规定的间隔标准时，立即采取措施调配间隔。空中交通管制员将批准的飞行计划的内容填写在飞行进程单内。为了保证安全，需要对空中飞行设置很多限制条件，例如，当机型相同的两架飞机处于同航路、同高度时，它们之间需要 10 分钟的飞行时间间隔。

程序管制对设备的要求较低，主要设备是地空通话设备，不需要监视设备。当雷达失效时，该方法也在雷达管制区内使用。这种方法速度慢、精确度差。这就造成在划定的空域内所能容纳的航空器较少。这种方法曾经是很长一段时间内我国民航管制工作使用的主要方法。但随着民用航空事业的迅速发展，飞行量的不断增长，中国民航加强了雷达、通信、导航设施的建设，并协同有关部门逐步改革管制体制，在主要航路、区域已实行了先进的雷达管制。

● **雷达管制服务**

雷达管制是较为先进的管制方式。根据雷达显示，雷达管制员可以了解本管制空域雷达波覆盖范围内所有航空器的精确位置。因此能够大大减小航空器之间的间隔，使管制工作变得主动。管制员由被动指挥转变为主动指挥，提高了空中交通管制的安全性、有序性、高效性。

目前，在我国民航管制中使用的雷达种类为一次监视雷达和二次监视雷达。一次监视雷达发射的一小部分无线电脉冲信号被目标反射回来，并由该雷达接收加以处理和显示，在显示器上只显示一个亮点而无其他数据。它初始应用于雷达监控下的程序管制。二次监视雷达由地面询问机和机载应答机配合而成，采用的是问答方式。地面二次雷达接收机接收到应答机信号，经过计算机系统处理后获得所需的各种信息，并在显示器上显示出飞机的标牌、航班号、高度和运行轨迹以及一些其他的特殊编号。

4.9　航行情报服务与告警服务

● **航行情报服务系统**

航行情报服务属于空中交通服务的一部分。航行情报部门是一个完整的系统，它和空中交通管制系统（部门）协同工作。

民航管理当局要向航空器驾驶员和有关航行系统提供准确的飞行前和飞行中所需要的情报，其宗旨就是保证飞行的安全。

我国民航飞行情报服务系统包括:民航局空管局设有航行情报服务中心(简称情报中心),

负责全国航行情报业务的服务运行工作。各个大航行情报区都设有飞行情报服务中心，定期或连续地向外发布飞行情报；在各机场有飞行情报服务人员或飞行情报室。

● **航行情报服务的职责与内容**

航行情报服务的内容繁杂，但也有明显的职业特点，具体情况如下。

（1）职能与内容。航行情报工作的职能就是收集编辑、设计制作和发布提供为保证飞行安全、正常、高效所需的航行情报资料。它要保证航空器驾驶员在飞行情报区覆盖范围内任何一点都可以通过电信得到需要的航行情报。这种情报资料通常包括：机场状态、导航设备的服务能力、机场或航路上的气象、高度表压力的调定和有关危险区域、航空表演或特殊飞行限制的任何特殊情报资料。航行情报服务系统与空中交通管制不同，它只是一个提供信息的网络化系统，把各航行情报站和航行情报中心联结在一起，可以把整个航路上的各种信息提供给管制员和驾驶员。

（2）航行情报中心的工作内容。从官方公布的情报中心主要职责就可以更多地了解航行情报工作，其内容包括：编辑出版《中华人民共和国航空资料汇编》等对外提供的航空情报资料和航图；编辑出版《中国民航航行手册》《民航机场使用细则》；编辑出版各种航空资料手册；参与新改、扩建机场各阶段飞行程序的论证工作；负责审查和论证飞行程序设计方案；负责航空资料的销售、发行并提供有关航空资料的订购代理业务；提供各有关航空资料和信息的咨询服务；负责国内外航行通告的发布和处理；负责航空情报自动化系统的运行工作；负责全国范围内的航空情报数据库维护工作。对外国民用航空器和国外用户提供一体化航行情报系列资料。

● **航行情报服务的方式**

航行情报服务主要是通过高频通信、甚高频通信和航站自动情报服务这三种手段发送情报资料的。空中交通服务单位应尽快地把飞行情报发往有关航空器、其他空中交通服务单位和协作的气象单位。

航站自动情报服务是一种自动连续播放的情报服务，是在繁忙的机场，为减少甚高频通信频道负荷而设置的。它通常在一个单独的无线电频率上进行广播，为进、离场的航空器提供所需的情报。情报内容包括主要的飞行相关的信息，如天气、可用跑道、气压及能见度等信息。飞行员通常在和管制员等单位建立联系前收听通播，了解相关情况以减少管制员的工作量及避免频道拥挤。在中国的国际机场，语音式情报通播一般使用中文和英文交替循环播放，正常情况下通播每小时更新一次，天气变化迅速时也可随时更新，依次以字母代码 A，B，C，…，Z 表示。

例如，北京首都机场情报通播 K：世界协调时 0700；着陆使用跑道 36 右，仪表着陆系统进近，使用起飞跑道 36 左；跑道湿，刹车效果差；风向 280，风速 6 米/秒；能见度 4000 米，小雨、密云，云底高 900 米；温度 23℃，露点 22℃，修正海压 1006 百帕；滑行道 L 关闭。首次与管制员联络时报告您已收到通播。

● **航行情报内容种类**

通常发送的航行情报内容包括：①重要气象情报和航空气象情报。②关于火山爆发前活动、火山爆发的情报和关于火山灰云的情报。③关于向大气层释放放射性物质和有毒化学品的情报。④使用的导航设备可用性变动的情报。⑤关于机场和有关设施变动的情报，包括机场活动区受雪、冰或重要积水深度等情况的情报。⑥关于无人驾驶自由气球的情报。⑦可能影响飞行安全的任何其他情报。

此外，对于为飞行提供的飞行情报服务，除了以上涉及的七项情报，还须提供以下有关情报：①起飞、到达和备降机场的天气预报和天气实况。②与在 C、D、E、F 和 G 类空域中运行的航空器的相撞危险。③对于水域上空的飞行，如可行并经驾驶员要求提供任何有用的情报，例如，该区域内水面船只的无线电呼号、位置、真航迹、速度情况等。

- **告警服务**

告警服务的任务是向有关组织发出需要搜寻、救援航空器的通知，并根据需要协助该组织或协调该项工作的进行。

对空中发生特殊情况的航空器提供告警服务是管制员的职责之一。当收到航空器紧急、遇险的情况报告或者信号时，管制员应当迅速判明航空器紧急程度、遇险性质，立即按照情况不明、告警、遇险三个阶段的程序提供服务。

4.10　更进一步——航行情报服务的细节

从专业角度看，情报服务的范围可分为航行资料服务、航图服务和气象报告服务三大类。

- **航行资料**

根据 2010 年颁布的《民用航空情报工作规则》（CCAR-175TM-R1），管理当局依法发布的一体化民用航空情报系列资料是实施空中航行的基本依据。一体化民用航空情报系列资料中明确航空资料主要包括 4 类。

（1）航空资料汇编及其修订、补充资料。航空资料汇编（aeronautical information publication，AIP）是由管理当局发行的、载有航行所需的持久性航行资料，也是为了国际间交换的关于一个地区或国家航行方面的基本资料和数据，供国际航线使用。按国际民航组织的要求，AIP 提供民航当局认可的机场、气象、空中规则、导航设施、服务程序，在飞行中可以得到的服务和设施的基本情况，发布国的民航程序和国际民航组织的各种建议及规定的判别。航空资料汇编修订、航空资料汇编补充资料则是对航空资料汇编的修订和补充。

（2）航行通告及飞行前资料公告。航行通告（notice to airmen，NOTAM）是由主管机关发布的关于任何航行设施、服务、程序或危险的建立情况和变动的资料的通知。它及时向飞行有关人员通知航行设施的建立、撤销或重大变化、服务和程序的建立及状况变化，以及航路上出现的危险情况。航行通告是航行情报服务的最重要航行资料之一，是飞行人员及有关人员必须及时了解的资料。航行通告通常通过电信网发布，在航行设施等变动生效前 7 天发出；紧急情况随时发布。

飞行前资料公告（preflight information bulletin，PIB）由机场民用航空情报部门提供，是飞行员和机组执行飞行任务前必须充分了解和掌握的第一手资料，对飞行安全影响重大。飞行前资料公告是由有效航行通告组成的。它包含了起飞机场、备降机场、目的地机场及所飞航路或情报区上所有变化的数据和最新资料或信息。这些资料和信息必须是对飞行安全有影响的，如机场或跑道开放、关闭，通信导航设施的建立、中断、定检关闭，空域变化、航路调整等。尤其对于重要的临时性或突发性的变化，机组可以根据信息及时采取应对措施，调整飞行任务。

（3）航行资料通报。航行资料通报（aeronautical information circular，AIC）是由管理机构发布的重要航行资料。这类航行资料不适合签发航行通告或编入 AIP，但此类资料涉及飞行安全、航行、技术、行政或法律上的问题。例如：①法律、法规、程序或设施的任何重大改变的长期预报；②可能影响飞行安全的纯粹解释性或咨询性资料；③关于技术、法律或纯粹行政事务的解释性或咨询性资料或通知。航行资料通报必须以印刷形式发布。

（4）有效的航行通告校核单和明语摘要。《民用航空情报工作规则》明确，民用航空情报工作涉及国家秘密的，应当按照国家法律、行政法规和有关规定执行。依法发布的民用航空资料，未经民航局批准，任何单位和个人不得翻印、交换、转售和转让。

- **航图**

航图是把各种与航行有关的地形、导航设施、机场的标准和限制以及有关数据全部标示出来的地图。航图分为两大类：一类是标出重要地形和航行情况的航空地图，另一类是以无线电导航标志和局部的细致的地形图为目的使用的特种航图。

1）航空地图

航空地图主要用于目视空中领航及制订飞行计划，按照其所表示的范围分为以下三种。

（1）世界航空地图。它采用 1∶1000000 的比例，主要供高速飞机远距离飞行时使用，每年修订出版一次。

（2）区域航空地图。一般是一个特定范围的区域航空地图，它的比例为 1∶500000，它要比世界航空地图详尽，标出了地形、目视标志点、无线电导航点、机场、空域、障碍物、航路、距离等，图上的各种标志都用颜色来区分，如水面用蓝色、导航台用粉色等。区域航空地图要每半年修订一次。

（3）航空计划地图。这是为了在采用目视飞行准则和仪表飞行准则飞行前作为飞行计划而使用的。它的比例为 1∶2000000 到 1∶5000000。目前这类地图多采用 1∶2333232 的比例，使图上 1 英寸等于 32 海里。它一般印成两部分：一部分供目视飞行准则飞行时使用，是航空地图，上面标明各种地面情况；另一部分供仪表飞行准则飞行时使用，上面只标出无线电导航台的位置和标志。

2）特种航图

特种航图主要供采用仪表飞行准则飞行时使用，分为 13 种，主要是航路图、仪表进近图、机场图和机场障碍图 4 种，还有区域图、目视进近图、航空器停放/停靠图、机场地面活动图、标准仪表进场图、标准仪表离场图、精密进近地形图等。

（1）航路图。它向机组提供有空中交通服务的航路的航行资料。图上包括航路上的所有无线电导航信息，除了标有水面，省略了其他所有地面和地形的情况。航路图中的方位、航迹、径向方位以磁北为基准，并标出了航路上的所有报告点的位置，驾驶员在报告点上要向管制员报告飞机的参数和位置。

（2）仪表进近图。它主要供采用仪表飞行准则进近和仪表着陆使用。它的比例尺较大，详细地标出了进近时的路线和导航设施的位置和频率，供飞机在机场区域按规定航线和高度安全有秩序地飞行，避免与其他航空器或障碍物相撞。

（3）机场图和机场障碍图。其中标明了机场附近的航行情况和限制，以及障碍物的情况，它可使驾驶员对待降落的机场有详细的了解。根据障碍物的不同，机场障碍物图还分成 A 型图、B 型图、C 型图。一般情况下多使用 A 型图。

● 气象报告

气象报告主要有下列几种。

（1）机场气象观测报告。这是由观测站发布的当地有关的地面风、能见度、云底高、降水、气温、露点、气压的报告。这种报告要每小时发布一次，通过电信网来发布。如果遇到特殊的天气变化，还可以不定期地发布这种报告。目前在一些大机场都有自动气象发布设施，可以自动地每一小时发出观测报告。

（2）机场预报。它是对机场区域的天气预报，一般每 6 小时发布一次，有效时段为 18 小时或者 24 小时。机场预报的主要内容是机场的云底高度、能见度和风速、风向、降水等在 24 小时内的变化。

（3）起飞预报。对跑道上地面风、气温、气压提前 3 小时作出预报，以帮助飞行人员做飞行准备。

（4）高空风预报。它预报在一段时间内（一般为 9 小时、6 小时、3 小时）不同高度上的风速、风向、温度。预报中要注明发布时间和有效时间，报告的高度从 3000 英尺、6000 英尺一直到 34000 英尺和 39000 英尺。

（5）航路预报。其分为航路天气信息和重要气象情报两种，都是由航路气象观测站发出，然后由航行服务中心的高频广播中播出。航路气象信息是对航路飞行高度上天气情况的预报，内容包括高空风、气温和重要天气情况，每小时广播 2 次；重要天气情报是在航路上出现或预期出现影响飞机安全飞行因素时的气象情报，内容包括巡航高度上的雷暴、热带气旋、严重结冰、沙暴、火山喷发等，在发布后的最初 1 小时播出 4 次，每 15 分钟 1 次，之后每小时 2 次，有效时间一般为 4～6 小时。

（6）天气图。天气图是由国家气象系统制作的，分为很多种，通过电信网发给各气象单位，由于航空和气象的密切关联，根据航空需要制作的称为航空天气图，有地面天气图、天气形势图、天气预报图等三种。

（7）雪情通告。机场航行情报室根据雪情由电信网络自动以电信方式发出，它一般附加在每小时 1 次的天气报告之后，通常每小时 1 次。如果跑道雪情有重大变化，要增加发布次数，有效期不超过 24 小时，使驾驶员和其他人员能在飞行前或飞行中及时得到信息，有助于制订或修订飞行计划。

● 民航气象服务机构

鉴于气象对航空活动的重要影响，我国建设了由航空气象观测站、机场气象台和区域气象预报中心组成的民航气象服务机构，提供航空气象服务，为航行部门、空中交通管理部门及驾驶员提供准确的气象信息以保证飞行安全、正常和效率。

（1）气象观测站。气象观测站设在机场和主要航路点上，它的任务是观察和记录天气实况，向机组与机场气象台提供天气实况。由于民航部门需要航路点上及时的气象预报，民航的气象观察点和飞行员在飞行中观测到有关天气的报告仍然是重要的第一手气象资料，再者民航的航行情报单位要同气象单位紧密合作，为航行部门和飞行人员提供更准确和详尽的气象服务，以保证民航运输的安全和效率。

（2）机场气象台。它的任务是编制机场和航路天气预报，收集有关航行的气象报告，并与有关的方面和地方气象台交换气象情报，向飞行机组和其他航务人员讲解天气形势，并提供各种气象文件。

（3）区域气象预报中心。该中心的任务是提供区域内重要的天气预报图和特定高度层上的高空风的情况。此外，驾驶员要按规定向航空气象部门报告天气情况，这也是航空气象情报网的重要组成部分。

国外则把较多的气象预报任务交由国家气象系统的气象台站发布，航空气象服务部门和航行情报部门合在一起，由航行情报服务中心发布主要的气象报告。

4.11　空中交通流量管理

像公路交通一样，在某一划定的空域，飞行流量超过或即将超过空管系统的可用容量（含机场），这势必会导致一些非常严重的后果。因此，对空中交通的流量进行管理势在必行。

● **空中交通流量管理及其目标**

空中交通流量管理是指有助于空中交通安全、有序和快捷地流通，以确保最大限度地利用空中交通管制服务的容量，并符合服务当局公布的标准和容量而设置的服务。

空中交通流量管理的目的是在需要和预期需要超过空中交通管制系统的可用容量时间内，为空中交通安全、有序和流量的加速提供服务，确保最大限度地利用空中交通管制容量。空中交通流量管理的目标就是保证航空器最佳地流向或通过这些区域，为航运企业提供及时、精确的信息，以规划和实施一种经济的空中运输方式，以尽可能准确地预报飞行情报而减少延误。

● **空中交通拥挤的起因**

（1）由于人们的旅行和生活习惯造成了特定时间段的异常拥挤。春节、五一、十一的长假期间或某地举办全国性商品交易会或举办洲际运动会等，要求各航空公司均投入较大的运力。

（2）不同的空管系统在容量上的差异造成流通不畅。例如，管制人员在数量上严重短缺；不同单位设计的飞行程序存在弊端，人为冲突点太多；与邻近国家或地区在管制移交、管制协调等方面缺少内容充实的协议或备忘录；面对快速增长的航空运输需求，基础性设施的建设滞后等。

（3）对未来出现超容量的点、区域和时间段缺乏足够的预测，而且储备用量不充分。

（4）在关键时刻，缺乏有效的设备、技术和程序支持。

● **提高空管系统容量的措施**

需求与供给始终是一对矛盾，就像目前大城市的街道一样，路越修越宽，但交通拥堵依然严重。主要原因之一，就是车辆的总数不断地增加，空中交通也与此类似。空中交通流量管理必须着眼于整个航路网的最佳利用、妥善处理航路饱和情况下的各种问题。这牵涉整个国家及国际间的系统运作，是一个系统工程。解决容量不足问题，需要从战略和战术两个方面采取措施，代表性举措有以下几种。

（1）当空管系统的容量出现饱和时，要利用一切合理的方法，挖掘现有航行系统的容量。例如，改善空管人员的生活条件，提高待遇，极大地焕发出他们的潜力，加强对设施的维护。

（2）前瞻性地作出终端区增加系统容量的规划，为多个用户预计的活动需求做好储备。在做这样的规划时，应同时考虑建立有效的标准仪表进离场航线，分离的目视和仪表进离场航线，符合噪声抑制要求的航线等。

（3）在有关国家之间加快空中交通管制协调、管制移交和管制边界等内容的谈判，力促协议尽快达成和完善。

（4）做好有关单位之间的协调，制定优良的程序，改善流量管理并力求实现可用容量的最大化利用。

（5）为了最大限度地挖掘、利用机场跑道的容量，在兼顾航空公司最佳下降航迹的情况下，设计出便于飞行的程序，减少由于人为原因而引起的程序方面的阻塞。

（6）通过对滑行道和跑道的重新设计，例如，在流量大的机场建立平行的、不相关的跑道，建立快捷的滑行和联络道，实现最快的进离场飞行。

第5章 谁 营 运

——航空公司

前面介绍了民航安全管理、航空制造、空中交通管理的基本知识，你也就更加期待了解航运企业是如何营运的？谁来营运？本章将对这类问题进行介绍。

5.1 交通运输业概述

● 交通运输的作用

交通运输业是把社会需求和供给直接连通的渠道，因而它是国民经济和社会生活不可缺少的重要行业，被誉为国民经济的动脉。没有交通运输，任何的生产和生活活动都难以成为一个有机的整体。我国幅员辽阔、地区差异大，交通运输业在今后的很长时间都会是国民经济发展的优先目标。

工业社会的出现和市场经济的发展，使得生产分工，大量产品需要到市场上交换，因而生产和消费在空间和时间上分离开来。交通运输就成了市场经济发展的先决条件。随着经济信息化和全球化的到来，不仅生产原料、产品和消费在空间上分离，而且生产现场与管理人员、市场与消费者在空间上也大比例分离。这就导致了更大规模和更大范围的人员与物资的流动；随着生活水平的日益提高，人们的休闲消费和服务消费在生活中的比重大大增加，运输和旅游、体育、文化等活动结合在一起成为人们直接消费的一部分，在后工业化的现代社会中，交通运输业的重要作用将更加显现。

● 交通运输业的性质及特点

1）运输业属于第三产业

运输的功能是改变人员或货物的空间位置，不会产生实物产品。运输的结果是人或物的位移，而这些人或物始终不属于运输者所有，因而运输业是一种服务性行业，即第三产业。

运输生产的质量就是服务的质量，评价的标准就是运输的时效性、安全性、舒适性，以及服务的态度和项目。质量是运输企业竞争的生命线，各个企业要想占领市场就必须千方百计地提高服务的质量。运输的数量是由运送物体所移动的距离来衡量的，货运以吨千米为单位，客运则以客（人）千米为单位。运输业的效益是通过服务的质量和运输的数量来体现的。

2）运输业的特点

运输的过程就是产品生产和消费的过程，因而运输的产品——位移，既不能保存，也不能积累。由此带来以下三个主要特点。

一是运输过程的时效性强。消费者的需求依时间（季节、日期、早晚）在变化，并且在生产过程开始前就要把产品销售出去。一旦生产开始，它的生产收入也就已经被确定了，无法再进行调整或弥补。

二是运输的产品不能积累。运输的产品是即时消费的，不能像其他行业那样把产品储存起来，到旺季再销售或使用。如果需求波动，运输业只能是在原有生产力的规模上加大或减少工作量来调剂。这就要求运输业的基本建设（生产力）的规模和发展的速度要适量地超前于需求的发展。

三是运输业的服务对象，即旅客或客户的货物本身参与到运输的生产过程中，旅客或客户可能对产品（服务）的生产全过程进行考察、监督及评价。因而旅客或客户对于运输业的产品（服务）要求就要比其他行业更为细致和严格。

- **交通运输的形式**

大家比较熟悉的交通运输形式首先是公路、水路运输，再就是铁路、航空运输，实际上还有一种公众不熟悉的交通运输形式，这就是管道运输。对五种运输方式分别作如下简要介绍。

（1）公路运输是运输业中最早产生的形式之一。我国历史上典型的事例就有秦始皇统一六国时推行的车同轨、三国时诸葛亮的木马流车。随着汽车的普及和公路网的形成，公路运输在货运和客运上都占有很大比重。公路运输服务的灵活性和网络的覆盖面积都是铁路无法相比的。近年来，我国高速公路网的迅速建成，使公路运输得到了极大发展。到20世纪90年代初，公路在客运方面的周转量已经超过了铁路，但在货运方面只及铁路运输的一半。

（2）水路运输也是古老的运输方式。我国历史上典型的事例就有草船借箭、京杭大运河等。水运的优势在于运价低廉，特别是在国际间的货物运输中，水路运输占据了绝大部分。在货运方面，我国水路运输所占有的份额接近于铁路运输；在客运方面，水路运输则只占有2%～3%的份额。

（3）铁路运输是在19世纪初出现的。随着工业革命的进程，铁路运输成为陆上运输的主要力量。就全世界而言，在货运方面，铁路依然占据主导地位；在客运方面，铁路已经逐步让位于公路运输和航空运输。我国在货运和客运周转量方面，铁路一直占有40%以上的份额，稳居交通运输业的第一位。

（4）航空运输出现最晚、发展最快。近20年来，世界航空运输的增长率为10%左右，而我国则以每年20%左右的速度快速增长。在客运方面，航空运输所占份额一直在上升。20世纪90年代中期，我国航空运输的客运量已经占到5%以上；在国际客运上航空运输所占份额为全部运输总量的97%。在一些发达国家，航空运输的客运量已经占到总运输量的50%以上。由于航空运输的成本较高，航空货运主要用于高品质、特殊需要的货物运输，在我国，货运的周转量只占到1%的份额。

（5）管道运输只适用于一些特殊物质，如原油、天然气、煤炭等，它出现于19世纪中叶。在我国的货运方面，管道运输只占到5%以下的份额。

5.2　民航运输经营的特点

在我国航空运输系统中，航空运输企业、维修企业等均是商业化经营，而航管体系和机场体系往往具有公共服务的性质。对于航空运输而言，机场只是一个航空站，就像地面公路运输的车站一样。因此，谈到航空运输经营，主要就是航空公司经营等，这也是本章的主题。关于机场和航管等，将在后续各章介绍。

● **航空公司**

航空运输企业是指以各种航空器为运输工具，以空中运输的方式运载人员或货物的企业，通常以某某航空公司命名。航空公司是航空运输的承载营运商，就像地面依托公路的运输公司一样。

航空公司拥有飞机、机组人员（飞行员、乘务员、安保人员）、维修和管理人员等。实际上，航空公司使用的飞行器既可以是他们自己拥有的，也可以是租来的。他们既可以独立提供运输服务，也可与其他航空公司合伙或者组成联盟，如星空联盟、天合联盟等。

航空公司的规模可以从只有一架运输邮政或货物的飞机，到拥有数百架飞机、提供各类全球性服务的国际航空公司，如中国国际航空公司、中国南方航空公司等。

航空公司的服务范围可以分洲际的、洲内的、国际的、国内的，也可以分航班服务和包机服务。各大航空公司通常已经在国际民航组织登记自己的呼号。呼号通常都是航空公司的名称，但也有例外的，再在呼号后加上航班编号。一些满载的大型航机（或航班）会在呼号后再加上 HEAVY，让航空管制员知道"该航班特重"，不能执行一些指令（如保持低速、飞到更高高度等）。

● **航空运输经营的特点**

除了具有交通运输业的共同特点，航空运输业还具有以下特点。

（1）航空运输业受政府的政策影响较大，并且依靠政府的航管体系和机场体系来运作。其他的运输方式，政府只在宏观上作政策管理和进行大规模的基础建设投资；而对于航空运输，由于它的国际影响和安全的重要性，政府多实行直接的细节管理，如公司的成立、飞行和维修人员执照的发放、安全管理、航线的分配、票价的制定等，均受到法律法规的制约。航行管制和机场均是由政府实行管理，而非由市场运作。政府对航空运输的支持和限制都要高于其他运输方式，特别是国际空运，更要由政府直接出面进行决策和统筹。

（2）航空运输业高成本、高投入。航空公司使用的设施，从飞机到其他维修设施和服务设施等，需要巨大的资金投入。例如，购买一架 B747 飞机就需要 1.5 亿美元。航空公司的经营成本也很高，燃油的大量消耗、对高素质劳动者（如飞行员、机组）的依赖，都是其他运输方式难以相比的。

（3）航空运输业对经营的方式、时间的要求及财务变化的敏感性强，使它经营的风险性和竞争性加大，因而可以说航空运输业是一个风险性较大的行业。例如，在对时间的敏感性上，不仅在季节上有旺季、淡季，就是一天之内，航班的时间安排在高密度的环境中往往十几分钟都会对经营带来影响。再如载运率，即使有很小的变化，在收益上也将产生很大影响。这就促使航空公司经营要有一定的预见性，并能不断地强化竞争手段，以实现良好的收益。

（4）航空运输业的技术含量高、更新速度快，具有带动作用。航空器制造业本身就是技术密集型的，而且不断采用新技术成果，例如，客机一般 6~10 年就会更新一代，相应的航管系统和机场系统也在不断升级换代。这就会带动对设备、技术和管理人员的业务要求不断更新和提高。

● 航空运输业与社会其他行业的关联性

（1）航空运输与航空制造密切关联。尽管航空器等由航空工业制造、航空运输业使用，但航空运输与航空制造的关系非同一般。这种关联的密切程度主要体现在三方面：①因为航空运输的主要活动都是在航空工业的产品上完成和实现的，航空运输的安全性、经济性等均依赖于航空工业的产品。②在航空器的使用、维护中，制造业要提供各种必要的手册、资料、信息和技术支持，来保证产品的无故障运行，并且还要及时提供备件，以保障航空器的连续运行。例如，飞机在空中发生故障，有时也需要制造企业的专家指导机组排除故障。③由于航空器的安全要得到绝对可靠的保障，在使用的全寿命期间，制造企业仍然要把其同类产品维修的情况、更改的通知、使用中遇到的问题等持续地甚至快速地通知使用者，并且给予技术支援。据笔者所知，波音公司、空客公司等均周期性地更新其产品的维修手册，对同类型号产品发生的故障及时通知用户，并指导检修等。

（2）航空运输业与餐饮、旅游等服务行业在市场服务上是衔接的。旅游业和餐饮业既为运输业提供服务，又为它提供客源。如果这些行业组成一个共同的服务网络系统，那么它就能为消费者（旅客）提供完整的服务，这会使航空公司在竞争中取得更大的市场份额。

（3）航空运输业是临空经济区的先导。临空经济区包含三层含义：首先，它是一种新的经济模式。由于航空港（机场）对周边地区产生直接或间接的经济影响，出现资金、技术和劳动力的聚集，从而产生了集聚效应和扩散效应的新经济现象。其次，它暗含了一系列相关产业。临空经济区以发展临空产业为核心，其先导产业包括运输业（客运、货运）、民航综合服务业；相关产业包括配套服务业、传统的制造业、物流配送、商务餐饮、住宅开发和高新技术产业等。最后，它具体指某一地理位置。临空经济区以航空港为地理中心，沿交通沿线向外发散式扩张，具体存在于一定的地理范围内。宏观上，航空港及所在临空经济区（国家或城市）的经济在较长一段时间内持续快速发展。例如，新加坡的樟宜机场，其周围的经济区主要以第三产业为主，如酒店服务业、高端运动休闲业（高尔夫、公园）、会展业等。我国的天津滨海机场，周围既有第三产业，也有空客总装厂等加工制造业。临空经济区的真正发展是在后工业化时代。临空经济区的出现，往往标志着一个国家的经济发展已达到较高水平。

● 从大交通视角看航空运输

在我国，航空运输以快速、不受地形限制和舒适安全的优势得到消费者青睐，占有一定的市场份额，得到了迅速的发展。不可否认的是，航空运输也有一定的劣势：成本高，与其衔接的地面交通不便捷，需要一定的时间，受气象影响大，货物的体积和重量不能太大，等等。这使航空运输的市场范围受到一定限制。在经营航空运输业时一定要对它的优势和劣势有清楚的认识，才能扬长避短，使企业得到更好的发展。综合来看，航空运输的优势主要体现在以下几点。

（1）对长距离的客运，航空运输优势最为明显。在跨洋或远距离的国际客运方面，航空运输几乎是现代化交通运输的唯一选择。但在国际客运市场中，航空运输企业也面临着激烈的国际竞争。这就要求企业不断地提高服务质量，作出正确决策，以提高竞争实力。

（2）对国内短距离的航空客运，航空运输在地形复杂区域有一定优势。一般来说，在 500km 以下的航段，航空运输只能在客运中满足一些特定的市场要求，例如，在我国西部一些地形复杂区域，航空运输占有一定优势。国外的一些分析和统计表明，在 800km 以上的距离，航空运输有明显的优势。随着航路网覆盖面的增大和航空运输成本的降低，航空运输在运输领域所占的份额将超过铁路和公路运输。但随着我国高速铁路的建设及运营，航空运输面临着强有力的挑战。

（3）在运输鲜活产品、时效性要求高的物品或危险品方面，其他运输方式无法比拟。在需要保鲜的产品、特殊需求物品、危险品的运输中，航空运输由于快捷，不受陆路、水路局限，显现出特有的优势。

现代化交通系统是一个综合而复杂的大系统。其中各种运输方式既有各自的优势，也存在不足；它们既相互补充、协同，又在某些领域中相互竞争。例如，高速公路的修建、铁路的提速和高铁的建成，都会影响中短距离的航空运输市场，而航空运输成本降低、安全性的提升、服务的改善又会扩大航空运输的市场份额。总之，合作与竞争是现实，协同发展是方向。

5.3　航空公司的基本组织结构

与其他形式的运输公司相比，航空公司的组成相对复杂。尽管各个航空公司的组织形式不尽相同，但主要的业务部门大体一致，除行政部门，业务部门分为航务、工程维修、运输营销三个部门。通常涉及的工作包括财务管理、信息服务、人事管理、运行管理、飞行签派、工程技术、机组运行、飞行总队、客舱运行、运行监控、地面服务、机务专家、气象服务、情报服务、飞机性能、通信守听、运行分析、应急处置、信息与通信系统维护等。下面对这四个部门分别介绍。

● **行政部门**

行政部门负责整个机构的管理和运行，它是航空公司的管理架构的核心部分，一般应包括以下内容。

（1）财务管理。财务管理包括管理公司的财务收入和支出，公司的资产、采购和备件仓库等。作为一个企业，财务管理是经营中的重要一环，管理的好坏决定公司能否生存。

（2）信息服务。这个部门包括数据库的管理和系统分析，前者的任务包括搜集信息，存储对各部门有用的信息；后者负责对信息进行分析处理，并针对一些专门问题提出解决方案，同时还需要一定量的计算机编程人员。现代航空企业的生存和发展对信息有大量的需求甚至是依赖。

（3）人事管理。它的任务首先是制订政策，为各个岗位选择和安排合适的人力资源；其次是负责培养和培训各类员工。

（4）计划部门。它主要负责对公司发展有较长期影响的规划，如财务收支、成本控制、资本运作等问题进行研究，提出方案，制订计划等。

（5）公共关系。这是公司对外宣传和联系的部门，对公司的企业形象有直接影响。

（6）法律事务。该部门负责处理有关的法律事务，其中处理货物损失、人身伤亡以及有关航空法规的事务是其工作的主要内容。

（7）卫生部门。按对飞行人员和空勤人员的特殊身体要求，对他们的健康状况进行核查。例如，招聘时的检查、在职人员的定期检查等。此外，卫生部门还负责全体职工的健康和航线上的紧急救护。

- **航务部门**

航务部门负责处理整个公司有关航空运行的事务。一般包括以下内容。

（1）空中交通和安全。负责飞行安全的检查，保障导航设备的完好和无线电通信的畅通，以保证飞行的安全。

（2）飞行签派。该机构负责组织安排航空公司内航空器的放行和整体运行。它必须与空中交通服务部门密切协作才能使整个空中交通有序进行。在此基础上，航空公司的航班才能正常，业务运行才能顺利，从而提高经济效益。随着民航运输管理的发展，各大航空公司都建立了以飞行签派为核心的航空承运人运行中心，也称为运行控制中心（airplane operating control，AOC）。管理当局发布咨询通告，明确运行控制中心政策与标准，旨在指导航空公司实现安全、高效目标，向客户提供优质服务。后面还要详细介绍。

（3）飞行程序和训练。该类部门负责制订、执行飞行程序和标准，安排模拟机训练和飞行训练，以及管理人员培训等。

（4）飞行总队。飞行总队主要负责飞行员的飞行安排、管理及培训等。

- **工程维修部门**

工程维修部门负责保持航空器处于"适航"和"完好"状态，并保证航空器能够安全运行。这里的"适航"意味着航空器符合民航当局的有关适航的标准和规定；"完好"表示航空器保持美观和舒适的内外形象和装修。

维修部门通常分为两个级别：一级是维修基地，它具备大型维修工具和机器，以及维修厂房等条件，能够承担飞机的大修、拆换大型部件、改装任务。这种维修通常称为内厂维修。二级是航线维修，也称为外场维修。此时飞机不进入维修车间，仅在航线上对运行的飞机进行维护保养和修理。航线维修又细分为航线维护和初级定期检修。航线维护包括航行前、航行后和过站维护。航行前和过站维护主要是检查飞机外观和飞机的技术状态、调节有关参数、排除故障、添加各类工作介质（如润滑油、轮胎充气等）。航行后维护也称为过夜检查，主要是排除空、地勤人员反映的运行故障，做好飞机内外的清洁工作等。初级定期检修主要是指A检、B检、C检这样的低级检修，这类工作通常也在外场进行。例如，B737规定A检的间隔时间为200小时，没有B检，C检的间隔时间为3200小时。定检时飞机停场，按规定检查或更换一些部件。

维修工作是保证飞行安全的重要一环，维修部门的工作要严格按照有关规定和程序认真细致地进行。要求对每架飞机上的每个重要部件都有详细的状态记录，有故障要及时排除，以保障航班顺利运行。对维修使用的工具、零部件更换等均要详细记录和清点，以免将其遗忘在飞机上，造成安全隐患。对于要停场进行定检的飞机，要做好定检计划并有序执行，以便和整个公司的营运协调。

小型航空公司可以没有自己的维修基地，把高级的定检和修理工作委托给专门的维修公司或大型航空公司维修基地完成。

- **运输营销部门**

运输营销部门负责整个公司运输的销售、集散和服务环节。航空公司的收入主要依靠这些环节来完成，具体包括以下几方面。

（1）广告和市场。该部门负责媒体和实体的广告策划与显示、研究及预测市场情况，制订航班计划和确定实际运价等。

（2）运输服务。该部门负责飞机客舱的乘务服务和机场及地面的各项服务。

（3）乘务大队。该部门负责对乘务员进行管理和排班，也负责乘务员的招募、培训等。由于乘务员也是空勤人员，有些航空公司把乘务大队划归到航务部门管理。

（4）饮食服务。由于食品服务对航空公司的声誉和服务质量影响很大，多数航空公司都设有专门的饮食服务部门。有的公司有自己的专门配餐系统，有的则需要与一些当地的食品公司签订供应合同，解决配餐需求。

（5）销售部门。该部门负责客运和货运服务的销售，以及协调代理客货运公司、其他航空运输公司之间的业务等。

5.4　细说运行控制中心

在航空公司内部，运行控制中心根据运输部门的生产计划安排并制订飞行计划，并根据机务、飞行、油料等部门的具体情况进行协调和组织。对外，运行控制中心把飞行计划提前送交空中交通管制部门，在得到空中交通管制部门的同意后执行具体的飞行任务。在飞行中，运行控制中心还要与各机场当局、航行服务部门密切联系，直到完成飞行任务。因此，运行控制中心在民航运输飞行中是一个重要的联结和执行环节，它被誉为航空公司的"最强大脑"，是航班运行的组织指挥和协调中枢，指挥着航空公司遍布全球的航班。

● **运行控制中心的组织和任务**

在航空公司内部，运行控制中心是组织和指挥飞行的中心。大的航空公司一般在公司的总部所在机场设立运行控制中心；在地区和主要业务机场设立地区运控分中心或机场签派室。运行控制中心负责整个航空公司的签派工作，地区和机场签派室负责管理各自区域的签派工作。

运行控制中心的任务是根据航空公司的运行计划，合理地组织航空器的飞行并进行运行管理。它需要与空中交通管制部门和机场密切联系，组织本公司的各保障部门（机务、油料、通信）使本公司飞机在正常或不正常情况下都能良好运行，或得到妥善处理。

运行控制中心的具体任务有：制订和提交飞行计划、签发航空器放行许可单、运行监控、确定备降机场、应急处置等。

● **制订和提交飞行计划**

在飞行前，运行控制中心的主要任务是制订飞行计划并将计划提交空管部门，直到计划获得批准。这既包括根据航班计划，制订、申请与发布短期航班运行计划，也包括根据需要，制订紧急加班，包机的组织、申请、保障工作计划等，制订飞行计划是专业性极强的工作，其中燃油量和气象条件是最容易影响飞行计划的两个项目。气象情况是不断变化的，因而在飞行前必须有充分的预计。由于飞行的情况复杂多变，备用燃油是关系飞行安全的重要因素。备用燃油要足够以保证安全，但又不能太多，否则会降低经济效益。

● 签发航空器放行许可单

运行控制中心的另一个主要任务是签发航空器放行许可单。这通常在飞行前 1 个多小时签发。签派人员和飞行人员研究了各种与这次飞行计划有关的航行资料，特别是载荷、燃油量以及航路上的气象情况后，决定航路、高度等细节，签派员签发航空器放行许可单。有了放行许可单，驾驶员才能执行飞行任务。

具体的签派工作由主任飞行签派员、签派员和助理签派员执行。承担飞行签派工作必须取得国家规定的签派执照才能上岗，并且签派人员必须对空中交通管制和飞机的性能有全面的了解。

● 运行监控

在航班（航空器）飞行过程中，运行控制中心仍然担负各种监控与控制任务，主要有：根据运行计划，监控所有航班的运行状态、及时获取航班飞行中的各种信息、了解飞行情况；根据运行状况，实施在航班不正常运行情况下全公司的运力调整，保证航班正常运行。如果飞行正常，运行控制中心的主要任务是获取各种相关信息，协调航管部门与各地机场的保障工作安排。

● 确定备降机场

在飞机起飞前，运行控制中心根据气象条件确定一个备降机场，但为了确保安全可靠，还要指定第二备降机场。由此可以看出：航空公司已为飞机降落作出了几种预案，即使气象条件较好，也要如此。如果飞行中遇到天气变化，气象条件不适合航班在目的地机场降落时，运行控制中心就应指挥飞机降落在备降机场，并通知公司有关部门协调各种保障工作。

● 应急处置

在飞行中，航空器可能突然出现各种特殊情况。运行控制中心在遇到这种情况时应该立即上报值班经理，并要同有关部门协调，为航空器提供各种有关信息、资料和建议，协助机长合理地处置所遇到的特殊情况。根据公司应急指令，处置突发事件，参与应急处置和大面积延误处置等。

5.5　更进一步——了解航空公司的生产运行

为了安全高效地生产运营，航空公司相关部门要各司其职，尽职尽责地完成各项任务。这里仅就典型工作做进一步介绍。

● 值班主任或经理的职责

值班主任或经理是公司的核心岗位之一，其岗位的职责包括以下几个方面。

（1）生产组织与决策。根据航班运行计划，组织实施运行生产，监控航班运行，监督运行控制中心各岗位的决策过程，对航班运行调整做出最终决策。

（2）生产讲评。根据运行制度，主持召开生产讲评会议，对运行做出评估，布置生产任务、解决生产运行中的问题。

（3）运行控制中心管理。根据运行政策，实施对当日运行控制中心各岗位的工作管理，并做出综合考评，实现运行控制中心整体高效运行。

（4）分析调查。根据运行政策，调查、分析、落实公司运行不正常事件的责任原因和责任部门，做出奖惩决定。

（5）应急处置。根据应急处置程序，组织、指挥运行中突发事件的处置，负责应急处置程序的启动。

（6）当值班主任不能履行该岗位职责时，应由主任签派员代替其值班、履行岗位职责。

- **机组运行**

该部门的任务包括以下几个方面。

（1）制订机组计划。根据运行计划，收集公司机组（包括飞行员、乘务员和安全员）的中短期航班计划及机组信息。

（2）生产运行。根据运行计划，制订、实施机组的任务书、机组派遣单、机组申报单和出入境单、机组座位预留、机组餐食、延伸服务、住宿、接送机组派车计划。

（3）运行监控。根据天气状况，监控机组值勤、飞行时间和过夜休息时间等，以及根据特殊、不正常情况进行相应调整。

（4）机组调配。根据运行状况，统一调配不正常航班机组的航班计划。

- **飞行总队**

飞行总队的任务包括以下几个方面。

（1）掌握计划。根据运行计划，汇总、优化飞行机组的短期计划，并向运行控制中心提供机组运行信息。

（2）机组监控。根据运行情况，实时监控机组值勤和飞行时间限制，并做出相应的调整计划，监控备降航班的机组运行保障情况，保证航班的正常运行。

（3）机组调配。落实 72 小时以内飞行机组的配置及备份计划，落实运行控制中心对飞行总队布置的任务，保证航班的正常运行。

（4）应急处置。根据应急处置手册，实施飞行总队的应急处置程序，保证应急救援行动的进行。

- **客舱运行**

客舱运行部门的任务包括以下几方面。

（1）掌握计划。根据运行计划，维护乘务员、安全员的短期计划，并向即时信息交换与传送系统提供乘务组运行信息。

（2）乘务组监控。实时监控乘务员值勤和飞行时间限制，并做出相应的调整计划，监控备降航班的机组运行保障情况。

（3）供应品管理。根据运行状况，管理航班运行的配餐/供应品计划。

（4）乘务组调配。落实短期乘务组的配置及备份计划，落实运行控制中心对客舱服务布置的任务。

（5）应急处置。根据应急处置手册，实施客舱服务部门的应急处置程序。

通过对航空公司生产运行的一些了解，你可以知道，航空公司的各岗位员工的工作是紧张、有序的。这对于航空运输安全是至关重要的。

5.6　航空公司的经营

航空公司商业化营运必然涉及盈利问题。特别是许多航空公司都是上市企业,其经济效益备受社会投资者关注,也严重影响其生存与发展。公众了解这些特殊性也许更有现实意义。本节对此做简要介绍。

● **成本及收入**

1)航空公司的成本

公司成本可以分为与飞机相关成本、与运输业务相关成本和与管理系统相关成本三大类,具体如下。

(1)与飞机相关成本可以分为固定成本和可变成本。固定成本与飞机的利用率无关,包括初始成本和预备性成本。可变成本则与飞机的利用率成正比,随利用率的增大而增大。可变成本包括燃油费用、机组人员费用、维修费用、起降费用、导航费用、地面服务费用、保险费用等。下面仅对其中的几项主要费用加以说明。

初始成本是指飞机的购置费用或租赁费用。购机的一次成本很高,每年以折旧的形式支出。租赁则初始支出较小,每年支付一定的利息。对于资本较少的公司,租赁飞机是比较方便的办法,而对于财力雄厚,机队又在不断更新的公司,通常购机可能更划算,总的成本会低于租赁成本。

预备性成本是指公司购进飞机后,为使飞机运行要投入的基础设施和培训投资,由飞机和发动机备件、地面支援设备、人员培训和训练设施等费用组成。备件是保障飞机连续运行必不可少的部分,通常所占比例较大,约占整个预备性成本的50%以上。人员培训是指空勤人员和维修人员的培训。这也是飞机运行必不可少的环节。

维修费用包括直接维修成本和维修管理费用。直接维修成本指维修所用的工时成本和材料成本。维修管理费用是指非直接生产人员的各项费用以及整个维修部门的福利、假期等费用。新飞机因故障少、有保修期等原因,维修费用很低。过了保修期以后,维修费用呈线性增加,到一定时间后保持稳定。在飞机使用一定年限后,维修费开始进一步增加。

(2)与运输业务相关成本包括旅客服务的费用、食品的费用、需支付的销售代理费用、机场使用费、行李装卸费用等。

(3)与管理系统相关成本包括管理人员的费用、广告费用、公关费用及销售费用等。

2)航空公司的收入

公司收入分为营运收入和非营运收入。营运收入包括客票收入、货运收入、邮件收入、旅客超载行李收入和其他收入。这里其他收入包括包机飞行、行李装卸、机上售货等。营运收入直接与载运率及市场份额相关。只有航班的载运率高,其才能获得高收入。非营运收入是指航空公司经营飞机运输业务之外的其他业务的收入。

毋庸置疑,只有收入高于成本,航空公司才能盈利。因此,航空公司的营运人员始终都要关注如何增加市场份额、增加载运率,同时要尽量降低运营成本。

● **资金的需求与筹集**

作为企业，航空公司的资金筹集与使用在原则上与其他企业并没有什么不同。然而，由于飞机的技术含量高、资本容量大，并且经营风险也高、资金量需求大、使用年限长，航空公司在筹集和使用资金时有它的特殊性和复杂性，这与其他类企业明显不同。

（1）资金的需求。由于航空运输业的初始成本高，回收成本周期长，航空公司，特别是在初创期，对资金的需求量极大。一般来说，资金的主要用途就是购买或者租赁飞机。

（2）资金的筹集。航空公司筹集资金的方式主要有自有资金的筹集、中长期借款、发行债券和租赁经营。

● **自有资金的筹集**

自有资金的筹集是指企业本身能获得的资金。资金来源有：①国家投资。我国的大多数航空企业都是以国家的投资作为资金的主要来源；不少发展中国家的航空公司也是以国家投资为主的国有企业；在发达国家，这种形式的投资已越来越少。②发行股票。在发达国家，航空公司以发行股票集资成立有限公司作为主要的筹资渠道。③联合经营。由于航空公司的资金需求数量巨大，由几家股东联合组建一家公司，或与其他企业合资，都属于联合经营。这有利于将分散的资金集中使用、发挥效益。

● **中长期借款与发行债券**

由于航空运输业的初始成本高，回收周期长，一般在 4 年以上，通过借款筹集资金只能是中长期借款。这些借款既可以是国内的，也可以是国际的，但都需要有一定的担保条件。债券是公司向公众发行的、在一定时间后还本付息的借债方式。为了保证债券的可偿付性和流通性，发行债券必须经由发行地所在国政府批准并符合相应的规定。

● **飞机租赁**

由于航空运输企业的设备（飞机）投资巨大，租赁就形成了航空运输业通过融物进行融资的重要手段。航空公司从飞机的拥有者——租赁公司租赁飞机，"租"到使用权，按期支付租金。也就是租赁公司是以"融物"代替"融资"，实际上是为航空公司提供了经营业务所需要的资金。由于它较好地解决了航空公司大量筹集资金的困难，飞机租赁成为航空公司的一种新的经营方式，我们也把它列入资金筹集的方式。早在 1990 年，美国的航空公司从市场上租赁的飞机已经占到飞机总数的 52%。随着国家对航空公司投资的减少，租赁飞机已经成为我国航空公司融资的一种主要形式。这也正是航空公司筹集资金不同于其他类企业的地方。

● **细说飞机租赁**

飞机租赁分为两种：一种是经营性租赁，另一种是融资性租赁。

1）经营性租赁

这与人们通常遇到的租赁形式相同，出租人拥有飞机，租用人出具一定的财产或保证金，按期交付租金以换取对飞机的使用权。这种租赁的租金比较高、租期比较短（通常不超过几年），租金一般按月或按季支付。此外，租用人还要支付飞机的维修费和保险费，到期退还飞机。这种租赁主要用于解决临时性的运输需求，或是航空公司在经验不足时来获得对某型飞机或设备的使用经验。例如，我国的新疆航空公司在旺季（夏秋季）租用国外飞机来满足运输量的季节性增长。

在这种租赁方式中，又有湿租和干租之分。湿租是指出租人不仅出租飞机，还为飞机配备机组人员，提供维修和油料服务。这使租用人可以节省大量生产准备投资。干租则是指仅租赁飞机。

目前，经营性租赁并非飞机租赁的主要方式。

2）融资性租赁

它的特点是承租人和供货方（一般是飞机制造厂）共同向出租人融通资金，以"融物"方式代替"融资"，签订长期租赁合同。这是民航运输界独特的融资模式，也是目前航空公司使用的基本租赁方式。

航空公司作为承租人选定机型和供应厂商，谈判确定使用的飞机，再由出租人出资购买飞机，出租人具有所有权。飞机则由承租人使用，出租人收取租金。承租人对飞机的检验、交付和以后的维护、使用及经营中的风险均不承担责任。

融资租赁的交易至少涉及三方，需签订两个以上的合同，包括出租方与供货方签订的购机合同、出租方和承租方签订的租赁合同。此外，承租人要和供货商签订相应的供货和交货协议等。

这种租赁的期限一般为10～15年，这实际已经接近飞机的使用寿命。在合同到期后，承租人可以以飞机的残值购买飞机或把飞机退给出租人。

3）租赁经营的优势与不足

对于承租人（航空公司），租赁经营的优势在于：一是不必筹集大笔资金就可以取得设备的长期使用权。因此，公司可以选用先进的机型，以提高安全性和市场竞争力。二是在整个租赁期内，租金按签约的规定交付，避免了金融波动的风险。三是租赁期限比贷款购机的融资期限长。此外，租赁经营也避免了保留过时的设备。

对于航空公司，租赁经营也承担着一定的风险。第一，存在当事人违约的风险。由于融资租赁的参与者多、环节多，只要某一方违约和有漏洞就会造成一定的纠纷与问题。第二，出租人的资金有部分来源于贷款或国家的免减税政策。如果这些方面有所变动，航空公司就会因此而受到牵连。第三，出租人和航空公司可能在不同的国家或地区，政治上和外交上的风险及事件都会使航空公司承担风险。第四，就财务而言，航空公司租赁的飞机多，就会使其资产负债率增多，使企业信誉下降。

一个航空公司应该根据自身的资本状况和经营条件，决定采用多大的租赁飞机比率，以实现较好的经济效益，并且减少风险。

- **理解机票超售**

（1）什么是机票超售？航班的机票超售是指航空公司售出的机票多于飞机客舱座位数。这也是国际民航运输界特有的规则。通常，总存在旅客订票后并未购买，或购票后在不通知航空公司的情况下放弃旅行，从而造成航班座位虚耗。为了满足更多旅客的出行需要和避免航班座位的浪费，航空公司会在部分容易出现座位虚耗的航班上，进行适当的超售。这种做法对旅客和航空公司都有益，也是国际航空界的通行做法。一个航班大概有3%的机票超售。

（2）理解合理超售。机票超售首先是为了满足更多旅客的出行需求。旅客购票后改变或者放弃旅行，却没有通知航空公司，这会导致航班的座位空置，同时，却还有许多没有提前买票的旅客希望乘坐当次航班旅行。因此，航空公司设计了机票超售策略。机票超售当然也是为了避免航班座位的浪费，提升航空公司的经济效益。笔者多次看到，航班上有许多座位空置。这对航运企业来说显然是不划算的。也许公众对于机票超售另有看法，有人比喻为"一女二嫁"，实际上，并非如此。我国民航法规明确规定，航空公司的机票超售是允许的。

（3）让超售更规范、旅行更顺畅。我国民航法规规定，航空公司的机票超售应告知旅客。但从社会认知度来看，超售进入我国的时间较短，还没有得到广泛认知、成为共识。航运企业告知不充分，旅客对各个公司的告知也难以深入了解。因此，旅客遇到机票超售、乘坐不了飞机，就感到受到欺诈、愤愤不平。解决这类问题的办法，首先就是超售行为的实施者——承运人（航空公司）应当向旅客（社会公众）进行全面而充分的告知。其次，旅客应在了解机票超售后，理解超售并非欺诈，而是行业特殊规则。最后，航运企业应解决好因超售而不能乘机的旅客的需求，包括为旅客迅速改签下一个有空位的航班；如果本航空公司无航班，航空公司会帮旅客购买相邻时间点的其他航空公司航班，并给予适当的补偿等。

5.7　了解民航飞行员

航空公司营运必须有飞行员执飞。由于飞行员专业技术的特殊性，他们属于航空公司的核心人力资源类别之一。他们的收入令人羡慕，也就成为人们重点关注的一个群体。通过本节的阅读，你将了解民航飞行员的诸多方面，这也许会使你对飞行员有更多的理解与包容。

● **民航飞行员的职务及其职责**

机长是一种职务，而且是只对具体的一个航班而言的，带有临时性。每次飞行前，空勤人员应当编成机组，机组由机长领导。机长由正驾驶及以上级别人员担任。如果机组中有两名以上正驾驶，必须指定一名为机长。从职务名称也能看出机长与副驾驶的差别，具体情况如下。

1）机长的职责

在执行飞行任务期间，机长负责领导机组的一切活动，对航空器和航空器所载人员及财产的安全、航班正常、服务质量和完成任务负责。机组全体成员必须服从机长命令，听从机长指挥。

出于安全考虑，法律法规赋予机长的权力包括：在飞行中，对于任何破坏民用航空器、扰乱民用航空器内秩序、危害民用航空器所载人员或者财产安全以及其他危及飞行安全的行为，在保证安全的前提下，机长有权采取必要的措施；在飞行中，遇到特殊情况时，为保证民用航空器及其所载人员的安全，机长有权对民用航空器作出处置。机长发现机组人员有不适宜执行飞行任务的，为保证飞行安全，有权提出调整。

民用航空器遇险时，机长有权采取一切必要措施，并指挥机组人员和航空器上其他人员采取抢救措施。在必须撤离遇险民用航空器的紧急情况下，机长必须采取措施，首先组织旅客安全离开民用航空器；未经机长允许，机组人员不得擅自离开民用航空器；机长应当最后离开民用航空器。也许读者不知道，民航飞机是没有降落伞的。

由上述内容可以看出，机长的最高职责就是确保安全。实际上，他的责任十分重大——驾驶的飞机价值昂贵、负责数百人的生命确保安全。为了很好地履行这个职责，民航机长必须有强烈的责任心、事业心，综合素质高，驾驶技术高超，经验丰富，处置突发事件、紧急情况的能力强。

例如，被誉为缔造了"哈得孙河奇迹"的传奇机长——萨伦伯格。2009 年 1 月 15 日，他将两个引擎熄火的飞机成功迫降于哈得孙河上，机上 155 名旅客和机组人员全部幸免于难。再如，2016 年 10 月 11 日，东航 A320/B-2337 号机执行 MU5643 航班，机组在执行完起飞前检查后进入跑道，并按照指令稍后准备起飞。在执行起飞动作时，机长何超突然发现一架 A330 飞机准备横穿该跑道，他经短暂判断后决定起飞，随即飞机拉升，从 A330 上空飞越，避免了恶性事故。调查确认这是一起因塔台管制员指挥失误造成跑道侵入的不安全事件。

2）副驾驶的职责

成熟副驾驶必须具备对飞机完全独立的操纵能力，能够依靠自身能力安全地操纵飞机落地和起飞以及完成各个阶段的飞行；同时了解民航相关法规，在机长进行判断时提出自己的看法和建议；在机长不能履行其职责时能够代替机长完成任务，操纵飞机安全着陆。

● 飞行员执飞的资格与证照

所有飞行员在执行航班任务前，应获得以下证照：①中国民航空勤登机证；②民用航空器驾驶员执照（商照或航线运输执照）；③空勤人员体格检查合格证；④教员执照（飞行教员适用）。

一定要注意，这个要求是非常严格的。若没有相应的证照，任何人登上飞机将是很严重的问题。

● 飞行员的工作时间限制

大家都知道飞行员紧缺，人们也许会想：让飞行员多飞几次不行吗？实际上，出于对飞行安全和飞行员健康的考虑，飞行员的工作受到法律法规的约束。民航法规明确规定了对机长飞行时间的限制。

（1）每年的飞行时间最高不得超过 1000 小时；每月不得超过 270 小时。

（2）在任何连续的 24 小时内，对单套机组：最多飞行时间不得超过 8 小时，所飞航段不得多于 4 段；对于航段不多于 2 段的飞行，最多飞行时间不得超过 9 小时；即使是增加一名正驾驶的单套机组，最多飞行时间也不得超过 10 小时。

（3）在任何连续 48 小时内，最多允许飞行时间不得超过 16 小时。

（4）在任何连续 7 天内，国内航线不得超过 35 小时，国际和地区航线不得超过 40 小时。

这里需要说明的是，飞行员拿到放行许可单就算工作开始了，连续工作超过 8 小时是不允许的。

● 飞行员的成长过程

我们仅对"养成生"的培养过程作简要介绍。"养成生"是指高中毕业参加国家高考达到民航局和教育部划定的分数线，体检、政审过关，录取的本科学生。为了留住人才、快速培养人才，许多航空公司与高校和学生签署协议，进行"订单式"培养，即学生毕业就进入该公司工作，并且民航管理当局也直接介入对飞行员培养过程的监管。

学生首先在大学学习各种理论课程，如飞机飞行原理、飞机机体与系统、飞机动力装置、航空仪表与电子电气系统、飞行员陆空通话、仪表飞行与航图、飞行性能计划与载重平衡、飞行领航学、飞行气象学等。要通过各种规定的飞行驾驶训练科目和毕业设计，这样才可以拿到毕业证。

学生通过航空公司和地方管理局监督下的技术等级考试，也只是拿到了飞行执照。这个执照只是针对飞行训练用的小飞机的。就像我们开汽车，即使有了小汽车的 C 驾照，并不等于具有驾驶大货车、大客车的资格。

想真正登上航空运输飞机，当上副驾驶，还需要在航空公司使用模拟机进行转机型训练。各个航空公司实际营运的飞机有多种机型，不仅制造企业间生产的飞机不同，就连同一企业生产的不同型号的飞机，如波音公司的 B737 与 B747 也有很大不同。这就又要花费几个月，甚至半年多时间去学习。经过模拟机训练合格后，才转到本场训练（touch and go），要用真正的飞机完成 30 个起降。为了错开白天正常航班多的时段，这种训练主要在午夜 12 点到早上 6 点进行。

训练合格后，才有资格登上航运飞机。由登上航运飞机发展到飞行教员，飞行员的成长经历大致可分为 9 个台阶：观察员（SS）、全程右座（FR）、第一阶段副驾驶（F1）、第二阶段副驾驶（F2）、第三阶段副驾驶（F3）、第四阶段副驾驶（F4）、左座副驾驶（FL）、机长（C）和飞行教员（I）。

这个"变身"的过程，一般来讲，还需要 5～7 年的时间。可见，机长、飞行教员的培养周期漫长。以笔者之见，民航飞行员首先是"飞"出来的。除了理论、法律法规学习，经过模拟机的改装训练，完成各项考核、检查、带飞、放单；逐渐提升到副驾驶级别，都必须保证足够的飞行时间；每年还要参加必不可少的当局复训等。

● **飞行员的培养成本**

由于飞行员职业的特殊性，培养一个飞行员的成本极为昂贵，仅在本科阶段就需要花费人民币 100 万元左右。培养一个机长一般需要 10 年时间，费用大约 600 万～700 万元不等。像 B737 的机长，一般需要 5～6 年，飞行时间满 2700 小时。对于大型的 B777 飞机，10 年都不一定能培养出一个合格的机长。请注意，飞行员有驾照，能够驾驶 B737，并不意味着他有资格驾驶 B777，其他机型也一样。

对于机长的选拔，航空公司有一套非常复杂的遴选程序。机长是从各机型的副驾驶中根据飞行技术和飞行时间选拔和训练出来的。飞行员并没有特别的年龄限制，可以飞到 60 岁退休时为止，所以说飞行员也算是个"十年媳妇熬成婆"的职业。

● **飞行学员的选拔与淘汰**

了解了飞行员的方方面面，也许读者会期望自己或自己的亲朋成为飞行员。要成为飞行员，首先就要成为飞行学员。要通过"养成生"途径成为飞行学员，就需要报考本科飞行技术专业。报考该专业的基本条件包括以下四方面。

（1）政治思想素质。符合全国高校统一招生报考条件，热爱祖国，热爱人民，拥护党的路线、方针、政策，遵守国家宪法和法律，热爱民航事业，热爱飞行工作；具有良好的道德修养、品行端正、遵纪守法，无不良行为记录，符合民用航空背景调查要求；具有高度的责任心、良好的工作态度、服务社会的意识以及团结协作的精神。

（2）身体标准。五官端正，身心健康，生理功能正常，身高为 165～185 厘米，体重指数

（body mass index，BMI）为 18.5～24；双眼没有经过任何手术，任何一只眼睛裸眼远视力不低于 0.3（C 字表），无色盲、色弱、斜视，无较重的沙眼或倒睫；会普通话，口齿清楚，听力正常；具有敏捷的反应能力和身体协调能力，符合招飞体检鉴定医学标准；无传染病史和精神病家族史，无久治不愈的皮肤病等。

（3）心理素质。对飞行有较强的兴趣和愿望；心胸宽广，性格开朗；大胆果断，意志坚强；情绪稳定，控制力强；理解、记忆等智力水平较高；思维敏捷，反应灵活，四肢协调，方位判断准，模仿能力强。

（4）在符合报考条件的基础上，文化课还必须达到学校的高考录取分数线。

成为飞行学员还有其他途径。例如，从大二转专业或大学毕业后进入飞行技术专业学习，最终考试合格获得飞行执照。还有"执照生"，只要身体好、政审合格、英语过关，与航空公司签署协议后自费进入飞行学院学习，毕业考试合格后就能进入航空公司工作。

鉴于飞行技术专业的特殊要求，在培养过程中也会出现一定的淘汰率，学生可能因政治条件、身体条件、学习成绩、英语水平及飞行技术等原因被终止飞行技术专业的学习。

5.8　了解空中乘务员

大家乘坐民航飞机，接触较多的是乘务员，因此也对乘务员做简要介绍。通过阅读本节，读者将了解民航空中乘务员的诸多方面，这也许会使你对他们有更多的理解与包容。

● **空中乘务员及其岗位职责**

空中乘务员是指根据空中服务程序、规范，以及客舱安全管理规则，在飞机客舱内为旅客服务的人员。航班上空中乘务员组成乘务组，一人为乘务长。乘务组的任务就是保证客舱安全和提供优质服务。

乘务长是旅客飞行服务活动的管理者，在整个航班中发挥着组织领导、衔接、均衡和协调等不可替代的作用。因此，乘务长的工作决策关系着乘务组服务质量的优劣，也对航空公司的品牌形象及声誉有较大影响。乘务长更是客舱安全的监督管理者；对各种安全规定、文件规章有清楚的了解和掌握；对客舱的掌控能力要强，包括灵活的处置能力、敏锐的观察力和对事物的预见能力。

空中乘务员的岗位职责包括：①检查紧急器材、设备的数量和质量；②检查客舱卫生，检查厨房、厕所卫生及供水情况；③检查并摆放文化用品和书报杂志；④落实本次航班所规定携带的服务供应品、食品、饮料、餐食的质量和数量；⑤引导旅客就座并核对人数，进行安全检查；⑥介绍航线地标、机上设备及乘机常识，向旅客供应物品，回答旅客问询，听取和征求旅客的意见；⑦观察和解决旅客的需求，对婴儿、孕妇、伤残旅客、老年旅客、限制性旅客等提供特殊服务；⑧提供机上简单的医疗救护，在出现紧急情况时，采取应急措施，帮助旅客安全撤离。

由空中乘务员的岗位职责，读者可以看出空中乘务员在民航飞机上确保旅客旅途中的安全和舒适。但是因为公众较常看见的是他们服务旅客的一面，就自然会将他们视为服务生，而这样的形象也一直在航空公司的广告中出现。实际上，维护客舱安全才是最重要的，安全是基础，没有客舱安全就没有客舱服务。以笔者之见，仅以平时的服务情况来分析判断乘务员的素质和能力是不全面的，必须考虑到他们处理偶发的机上紧急事件，如紧急疏散措施、逃生梯和救生筏的使用、机内灭火器械、各种环境的生存适应（丛林、海、沙漠、冰原）以及各种急救措施等的责任心、应变反应能力等。

● 空中乘务员的培养与成长

我们仅对"养成生"的培养过程作简要介绍。空乘专业"养成生"是指高中毕业参加国家高考达到民航局和教育部划定的分数线，体检、政审过关，录取的专科（高职）学生。许多航空公司与高校和学生签署协议，进行"订单式"培养，学生毕业前就进入该公司实习，合格的就留在公司参加工作。

（1）高校空乘专业对"养成生"的培养目标是：将其培养成为具有高尚的职业道德、良好的人文素养、扎实的专业知识和技能、较强的安全和服务意识、熟练的语言交际能力且身心健康的空中乘务人才。

（2）学生首先要学习各种理论课，如乘务英语、第二外语、空运地理、飞行与航行基础、航空服务心理、客舱安全、飞机客舱系统及设备等，也有形体、乘务礼仪、急救等实践课。完成在校学习阶段的学习与实践，经考核合格后，学生就到签约单位实习，这实际上就是跟班工作了。

（3）学生毕业后，进入航空公司工作。当然，入职前需先接受航空公司提供的训练，合格后才可正式上任成为空中乘务员。航空公司的训练包括服务、仪态、化妆、飞机安全及急救等，以确保在突发紧急情况时懂得应变。我们也时常看到旅客在飞机上突发疾病、孕妇生产等报道，这都需要乘务员及时报告或处理。

（4）另外，所有准空中乘务员须先得到国际民航组织的许可才可以成为空中乘务员。空中乘务员通常需要懂英语及另外一种或以上的语言，以便与各国旅客沟通。在经济全球化的今天，无论是国际航班，还是国内航班，都可能有不懂汉语的旅客，需要乘务员与之交流沟通。

（5）乘务员的级别大致是见习乘务员、普通乘务员（分头等舱、经济舱）、国际航班乘务员、乘务长、主任乘务长。一般需要工作 5 年左右才能升到乘务长。

● 空中乘务学员的选拔

了解了乘务员的方方面面，也许读者会期望自己或自己的亲朋成为乘务员。要成为乘务员，首先就要成为乘务学员。要通过"养成生"途径成为乘务学员，就需要报考空中乘务专业。报考该专业的基本条件包括以下四方面。

（1）政治思想素质。符合全国高校统一招生报考条件，热爱祖国，热爱人民，拥护党的路线、方针、政策，遵守国家宪法和法律，热爱民航事业，具有良好的道德修养、品行端正、遵纪守法，无不良行为记录，具有高度的责任心、良好的工作态度、服务社会的意识以及团结协作的精神。

（2）专业体检。按照中国民用航空局颁布的 CCAR67FS 中规定的乘务员体格检查标准进行专业体检。一般条件包括：①具有良好的心理品质和社会适应能力，身体状况可以满足空中服务工作的需要。②五官端正，肤色好，身材匀称，性格开朗，举止端庄。③身高：女性为 160～172 厘米；男性为 170～182 厘米。

（3）专业测试。专业测试主要通过面试进行，综合考察考生的形象、仪态、普通话、语言表达、英语听说能力、服务意识和心理素质等。

（4）在符合报考条件的基础上，文化课成绩还必须达到学校的高考录取分数线。

5.9 地 面 服 务

与空中服务相对应，地面服务就是在地面上进行服务的工作。广义而言，它包括机场、航空公司及其代理企业为旅客、货主提供的各种服务和空管、航油公司、飞机维修企业等向航空公司提供的服务。狭义的地面服务主要是指航空公司、机场等相关机构为旅客提供的各种服务，如问询、广播、航班信息发布、接听旅客投诉电话、值机服务、安检服务、联检服务、引导服务、行李服务、候机楼商业服务等。本节主要介绍航空公司的地面服务工作，包括办理乘机手续、贵宾室服务、自助行李查询、航班不正常服务等都属于地面服务。其他内容放在相关章节介绍。

（1）办理乘机手续。这也称为值机，各个航空公司在其所经营航线的各机场均有指定值机柜台为旅客办理乘机手续，这包括检查旅客购票情况、安排座位、托运行李、打印登机牌等。

（2）贵宾室服务。对贵宾头等舱旅客，各航空公司都设有贵宾休息室，这是航空公司的职责所在。服务人员致力为旅客提供优质的环境和出行体验，包括配备无线上网、躺椅、电视、商务电脑和各类书籍报刊，全天供应新鲜水果、糕点、饮品和小吃，更有现磨咖啡、各式茶叶、红酒等以自助形式供旅客挑选，以及按摩放松、休闲娱乐、淋浴和行李寄存等服务。

（3）自助行李查询。该系统为旅客提供自助行李查询服务，只要旅客输入档案编号以及乘机证件号，就可在自助查询系统核对行李的各项信息。若系统信息有误或旅客信息有任何变动，旅客可在反馈文本框中提交正确内容或及时致电建立档案的行李查询部门进行修改。如果旅客没有拿到自己的行李，旅客提供的信息将有助于行李部门找回行李并交付旅客。

（4）航班不正常服务。遇到航班不正常时，按管理当局要求，要及时公布航班延误或取消信息，并且对旅客进行适当安排。如果由于航空公司的原因导致航班不正常，公司要提供更多的服务，包括：①免费提供餐饮；②提供现有娱乐休闲物品与读物；③为有需要的旅客提供通信服务；④对老弱病残、孕妇、抱小孩旅客、无人陪伴儿童等需要特殊照顾的旅客优先保障；⑤视情况为旅客提供地面交通便利；⑥对旅客（含婴儿和儿童）进行经济补偿；⑦提供膳宿服务等。

在实际营运中，航班不正常（特别是航班延误）多有发生，还会导致旅客的不满情绪。航空公司做好这项工作对于解决旅客与公司的纠纷、搞好公司与旅客的关系十分重要，且意义深远，应尽力做好。

5.10 航空公司的安全管理

在我国，民航管理当局对航空公司进行持续监管。因此，航空公司的安全管理活动主要集中在组织实施、检查和执行操作等微观管理层面，例如，负责公司航空安全检查与日常监督；航空安全内部审计；公司内部航空不安全事件的调查与处理；公司飞行品质监控管理；公司航空安全奖惩；航空安全教育、训练和劳动竞赛等活动；协调并参与政府部门、公司所属各单位间的航空安全相关工作等。航空公司的安全管理并非有统一模式，典型的有两种体系：一种是航空安全委员会组织架构，另一种是航空安全部组织架构。在航空公司的运营中，航空运输主要靠飞机飞行完成。因此，飞行安全监控是安全管理工作的重中之重。飞行安全监控是指在飞机运行过程中，及时跟踪和发现飞机存在的问题、薄弱环节和隐患等。下面仅就重点内容进行介绍。

- **航空安全委员会组织架构**

这种体系是航空安全委员会对整个企业的安全营运从总体、全局进行把握和管理，具体的航空安全管理方针、政策的执行和日常管理监督工作则由安全委员会办公室来具体实施。

（1）组织架构。航空安全委员会及安全监察部的组织架构包括领导决策层，即安委会主任（总经理）、安委会副主任（运行副总经理、维修副总经理、总飞行师、总工程师）、安委会秘书长（安全检查部经理）；执行机构为安委会办公室，包括飞行安全、空防安全、地面安全部门。

（2）航空安全委员会的主要职责包括如下各项：①贯彻执行民用航空法律、法规、方针、政策，在集团的领导下，坚持"安全第一，预防为主，综合治理"的工作方针；②开展安全生产宣传教育活动，提高公司全体员工的安全意识；③组织安全监察，定期召开安全形势分析会，识别公司安全管理系统的风险，制订安全措施和实施方案，监督落实整改；④研究制订公司的航空安全战略规划；⑤依据行业标准和公司相关标准，审定不安全事件的性质和责任单位、责任人，审核、批准不安全事件调查报告；⑥研究处理安全工作中的重大问题和奖惩问题。

- **航空安全部组织架构**

航空安全部组织架构更健全、系统化程度更高，具体情况如下。

1）组织架构

某航空公司航空安全部的组织架构如图 5-1 所示。可以看出，这种架构的分支系统组织完备、分工明确、便于管理。

2）安管人员工作内容

各分支机构的工作内容分别介绍如下。

（1）安全监察的工作内容包括：日常的安全检查，不安全事件调查，与第三方安全方面工作的对接，代理人检查，信息上报，修订手册、程序，部门台账、设备、行政管理等。

（2）风险管理的工作内容包括：风险管理新技术的推广、风险管理成果实施、修订风险管理方案、重大风险项目评估、飞行风险评估、风险管理系统、参与检查。

（3）信息管理的工作内容包括：收集、整理、发布外部信息，收集、整理、跟踪内部信息，编写信息通告，编写教育案例，编写风险预警，修订手册、程序，参与检查，内部部门沟通工作等。

（4）综合安全管理的工作内容包括：研究安全管理新技术、新方法，修订手册，组织安全活动，组织协调外部检查，年度综合安全评估计划制定，安全目标考核等。

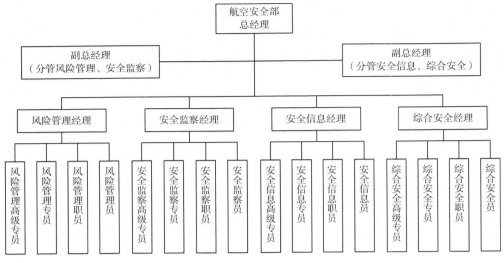

图 5-1 航空安全部的组织架构

- **飞行安全监控的内容与作用**

（1）飞行安全监控的内容。这主要包括飞机运行状态监控、飞行品质监控、飞机故障诊断、飞机可靠性监控和可靠性评估等。

（2）飞行安全监控的作用。飞行安全监控是安全管理工作的重中之重。飞行安全监控的作用主要有：①根据飞机安全监控的输出结果，可以及时采取措施，避免故障和严重事故的发生；②飞机作为复杂可修系统，飞机安全监控的结果可以作为制定维修决策和维修方案的基础；③将飞机安全监控的结果反馈到设计领域，进行设计改进和优化。

总而言之，飞机安全监控既是保证飞机安全运行的重要手段，又是飞机全寿命周期安全管理的重要环节，在现代飞机安全领域中占有非常重要的地位。

- **飞机运行状态监控**

飞机运行状态监控包括两项工作，首先是发动机状态监控，其次就是部附件状态监控。

1）发动机状态监控的重要性

发动机是飞机的心脏，它的好坏不仅直接影响飞行安全，而且关系到飞机的直接营运成本。因此，做好发动机性能监控工作，既有利于保证飞行安全，也有利于通过有效的维修策略控制其维护成本，获得较好的经济效益。通过有效的发动机状态监控，可以实现的效能包括：及时发现发动机异常现象，采取积极措施防止、排除发动机的故障和潜在故障；根据发动机的性能状况对发动机排序，加强航空公司对发动机的机队管理，尽量减少非计划更换发动机。

2）对发动机的监控项目

监控项目来自于发动机状态监控的需求分析，建立高效的发动机监控系统必须充分考虑客户的实际需求。

（1）常规监控项目。它是指在某一段时间内需要经常做的监控项目的集合，相当于航空公司在某段时间的常规工作。这个监控项目主要需要完成三部分的工作：①常规监控项目信息的确定。如监控项目的名称、监控项目的依据、执行要求、间隔类型的确定和截止的日期等。②监控项目适用性的选择。监控项目并不是对整个机队的所有发动机都适用，因为存在个体差异，所以要将发动机与适用的监控项目建立联系。③执行监控项目。

（2）特殊监控项目。这是根据航空公司的实际情况制定的监控项目，主要针对那些在某个时期内有突发故障的监控。它以工作单的形式进行监控，主要包括两部分工作：一是特殊监控项目的信息，包括监控项目的名称、执行要求和完成期限确定等；二是特殊监控项目完成信息，包括相应的工作单编号、监控项目的完成情况、完成人和日期的确定。

特殊监控项目每次都是以工作单的形式下发到工段，直到监控项目完成。主要针对那些突发的故障信息，对发现问题的发动机也要及时进行排障，保证航空公司的正常运行和飞机的飞行安全。

3）对发动机的监控技术

在当代，科技水平日臻完善，应用新技术进行监控是必然选择。当前主要采用的监控技术包括飞行数据监控、滑油监控、无损探伤和寿命件（life limited part，LLP）跟踪。具体内容分述如下。

（1）飞行数据监控。发动机飞行数据监控主要是气路参数监控。这些参数可由机载设备直接采集，气路参数监控是在起飞阶段和巡航阶段分别监控参数的变化情况，再将这些参数转换成标准状态下的数值与发动机厂家所给定的该型发动机的标准性能参数进行比较，获得偏差的变化情况。通过对偏差及偏差变化趋势的分析，来判断发动机的健康状况，确定产生异常的原因，为预防和排除故障提供依据，从而实现对发动机状态的监控，及时发现参数与标准值的偏差异常或参数的变化趋势异常，并分析产生异常的原因，为预防和排除故障提供依据。

（2）滑油监控。发动机的滑油监控一般包括滑油系统工作状态即滑油消耗率监控、滑油中的金属屑监控和滑油的品质状况监控。这些监控有的通过机身上所固有的设备来完成，有的利用地面实验室中的设备来完成。对滑油系统的监控是发动机状态监控的一个重要方面。

（3）无损探伤。由于发动机结构的复杂性与特殊性，为了检查并找到一些损伤所在的零件或部位，要经常对发动机进行一些无损探伤，如孔探检查和超声波检查等。

（4）寿命件跟踪。发动机中存在一些有严格寿命要求的时控件，可以对这些寿命件的使用循环数进行监控，尽量避免因时控件而导致非计划更换发动机。监控的方法主要是设定飞机的期望在翼时间，对于剩余循环小于期望在翼时间的寿命件，在进厂送修时必须全部换掉。

4）部附件状态监控

部附件监控的主要目的在于确保飞机安全飞行，其核心是基于相应的状态信息对部附件（包括时控件）进行维修决策。其大概流程是：①机务维护。更换失效的部件，将拆换部件记录在飞行记录本和拆换件单上，将拆下的部件暂时隔离。②维修控制。审核部附件拆换记录，将记录输入计算机信息系统。③修理部门。对部附件进行修理，将发现问题报告可靠性办公室。④可靠性办公室。采集部附件拆换/失效数据，检验修理部附件的故障确认情况。发布警告，统计部附件非计划拆换率及趋势，监控纠正措施的有效性。

● **飞行安全监控的其他内容**

1）飞行品质监控

飞行品质监控用于日常的事故预防工作，再就是应用于事故调查。对于航空公司的安全和质控部门，可以利用飞行数据进行安全调查和事故分析。对飞行部门，可以根据飞行数据检查、考核、评估飞行操纵的正确性、规范性，掌握危及安全的不良技术动作，及时纠正，使安全关口前移，同时配合训练，提高驾驶水平。对机务维修部门，通过飞行数据可以了解飞机在空中工作的情况，核实机组人员反映的问题，及时发现故障苗头，预防危及安全的事故发生。

2）飞机故障诊断

飞机飞行难免出现故障，对其故障诊断有以下两个主要方法。

（1）机组故障诊断。故障诊断监测的任务实际由机组完成，这体现在飞行员的故障报告中。航空公司会要求每个航班的机组报告故障发生情况。即使已将故障排除，机务部门还会统计飞行员故障报告月报表。飞行员报告率是重要的技术指标，反映了飞机每100次起降飞行员报告的故障比率，比率越高越危险。航空公司机务部门不仅计算当月的飞行员报告率，而且与前两个月的飞行员报告率比较，统计出3个月的平均值。通过所统计的飞行员故障报告情况，进行相关分析，制定相关决策。

（2）远程故障诊断。这种诊断方法有两种结构模式，即远程实时故障诊断模式和远程分布式故障诊断模式。在某种程度上还存在两种结构模式的混合。不同结构模式的信息采集方法也不同。

远程实时故障诊断模式的实时信息采集主要来自于飞机通信寻址与报告系统（aircraft communications addressing and reporting system，ACARS）记录和传递的数据，包括：①结构记录信息，例如，结构动作时的时间和速度；转向时的位置和速度；最大加速度时的襟翼、缝翼的位置；最大加速度时的襟翼、缝翼的展开程度。②飞行路径信息，具体包括停机的位置、时间和速度；起落架打开和收起的时间；起飞和降落的时间、位置、高度、速度、俯仰；全负荷时的飞机重量；对落地质量的评估，例如，飞机倾斜和移动的参数；是否处在正常的加速度范围内等。③各系统的操纵信息，具体包括机载设备的工作时间和工作位置、工作时的温度和高度；飞行速度、飞行高度、最大进场速度、最小进场速度、爬升时的高度及高度变化范围、爬升时的速度、离地俯仰、起飞速度、飞行时的俯仰、飞行时的倾斜、下降时的速度、飞行全程的加速度；若复飞，复飞情况、低进场、结构构型（主要有减速板、襟翼等的位置变化的时间、速度、程度等）、机载系统的动作时间和高度、操作时有无抖杆或其他操作异常等。

远程分布式故障诊断模式的信息采集可以分为三类，包括：①飞机个体的信息，主要利用从ACARS或快速存取记录器（quick access recorder，QAR）记录的信息。②地面维修信息和供应商信息，主要包括维修记录等，从供应商处获得相应的技术支持，以及系统或部附件的可靠性信息等。③由相应故障诊断信息形成的故障知识挖掘，形成的故障诊断知识可以在分布式网络中进行传递。

3）飞行可靠性监控

飞行可靠性监控子系统通过采集各类维修可靠性信息和与之相关的信息，经过适当的数据处理与分析，对需要进行工程调查的项目展开调查，进一步提出相应的纠正措施，最后将分析结果以数据显示和报告的形式发布。

飞行可靠性监控的主要内容有：①交付前的可靠性监控，包括设计、实验、试飞。②运行可靠性监控，包括重要事件分析、故障统计分析、使用统计分析。③可靠性报告，包括全球机队可靠性报告、企业机队可靠性报告。④改进建议，包括设计改进建议、维修大纲修改建议、用户更改建议。

通过本节，读者可了解到航运行业所说的"安全第一"并非仅仅是"口号"，而是"一以贯之"的理念和实际行动。读者是否对航空运输的安全更有信心了呢？

5.11　我国航空公司介绍

● 我国航空公司概述

随着我国经济社会的发展，公众对航空运输的需求日益旺盛。为适应这种发展，我国先后成立了多家航空公司。截至 2015 年底，我国航空公司已达 55 家。本节主要介绍航空公司的总体情况。

每个航空公司都有自己的标识——航徽。通常，各公司的航徽都喷涂在其航运飞机的垂直尾翼上，这便于工作人员和公众识别该架飞机属于哪个航空公司。

据统计年报，我国注册的航空公司有中国国际航空股份有限公司、中国东方航空集团有限公司、中国南方航空股份有限公司、海南航空股份有限公司、山东航空股份有限公司、上海航空股份有限公司、深圳航空有限责任公司、四川航空股份有限公司、厦门航空有限公司、奥凯航空有限公司、春秋航空公司、鹰联航空有限公司、中国联合航空有限公司、华夏航空有限公司、云南祥鹏航空有限责任公司、上海吉祥航空有限公司、金鹿航空有限公司等。

● 中国国际航空股份有限公司

中国国际航空股份有限公司（Air China Limited），简称国航（Air China）。其前身中国国际航空公司成立于 1988 年。

图 5-2　中国国际航空股份
有限公司航徽

国航的企业标识——航徽，如图 5-2 所示。"凤凰"是中华民族远古传说中的祥瑞之鸟，这集中体现在"中国红凤凰体VIP"上。国航的愿景是"全球领先的航空公司"，使命是"安全第一，四心服务，稳健发展，成就员工，履行责任"，价值观是"人本，担当，进取，乐享飞行"，品牌定位是"专业信赖，国际品质，中国风范"。

国航是中国唯一载国旗飞行的民用航空公司以及世界最大的航空联盟——星空联盟的成员、2008 年北京奥运会航空客运合作伙伴，具有国内航空公司第一的品牌价值，在航空客运、货运及相关服务诸方面，均处于国内领先地位。

截至 2016 年 6 月 30 日，国航（含控股公司）共拥有以波音、空客为主的各型飞机 603 架，平均机龄 6.26 年；经营客运航线已达 377 条，其中国际航线 98 条；通航 39 个国家和地区；通航城市 173 个；通过与星空联盟成员等航空公司的合作，将服务进一步拓展到 193 个国家的 1330 个目的地。

国航承担着中国国家领导人出国访问的专机任务，也承担许多外国元首和政府首脑在国内的专包机任务。国航总部设在北京，辖有西南、浙江、重庆、天津、上海等分公司，国航还有控股子公司中国国际货运航空有限公司、深圳航空有限责任公司、北京航空有限责任公司、澳门航空有限公司等；合营公司主要有北京飞机维修工程有限公司（Ameco）、四川国际航空发动机维修有限公司等。

国航拥有一支业务技术精湛、作风严谨、服务良好的飞行员和乘务员队伍。飞行队伍曾获得"国际民航组织荣誉奖章""安全飞行标兵单位"等诸多荣誉,创造了堪称世界一流的安全飞行纪录,成功地进行了"极地"飞行,在被国际民航界视为"空中禁区"的成都—拉萨航线上创造了安全飞行51年的奇迹。空中乘务队伍显示了国际化水准,具有良好的敬业精神和职业素质,是旅客在蓝天上最好的朋友。他们持续推进让旅客"放心、顺心、舒心、动心"的"四心服务"工程,服务品质一直受到广大旅客的赞誉。

国航的飞机拥有专业化、规范化的技术保障。2015年5月,全新的北京飞机维修工程有限公司(简称"新Ameco")成立,总部设在北京,下辖成都、重庆等9个分公司;具备强大的维修能力,拥有10座大型机库和先进的设施设备,160多个国际、国内维修站点,形成了辐射国内外的维修网络,赢得了全球80多家航空公司的选择和信赖。国航机务系统持有中国民航局、美国联邦航空管理局及欧洲航空安全局等在内的近30个国家和地区颁发的维修执照,是中国民航局授权的民用航空器改装设计委任单位代表(Designated Modification Design Organization Representative,DMDOR)。

国航管理水平在中国民航居于领先地位,品牌价值不断扩大。2007~2015年国航连续9年入选"世界品牌500强",是中国民航唯一一家进入500强的企业。在各类社会评选中多次获得"最佳中国航空公司""中国经济十大领军企业"等称号。

国航始终视以承担社会公共责任为己任,通过自身的持续发展,稳定为国家创造税收,提供就业机会;积极参与社会公益实践,为国家和社会做出了贡献。

● **中国南方航空股份有限公司**

图 5-3　中国南方航空股份
有限公司航徽

中国南方航空股份有限公司简称南航,航徽如图5-3所示。航徽木棉花象征的坦诚、热情,以此塑造公司的企业形象,表示将以坦诚、热情的态度为广大旅客、货主提供尽善尽美的航空运输服务;同时,木棉花既可以显示公司的地域特征也顺应南方人民对木棉花的喜爱和赞美。

南航总部设在广州,是中国运输飞机最多、航线网络最发达、年客运量最大的航空公司。目前,南航经营客货运输机超过700架,机队规模居亚洲第一、世界第四,是全球第一家同时营运A380和B787的航空公司。

南航致力于打造"广州之路"国际航空枢纽,以广州、北京、乌鲁木齐、重庆为核心枢纽,建成密集覆盖国内,全面辐射亚洲,有效链接欧洲、美洲、大洋洲、非洲的发达航线网络。南航每天有2000多个航班飞至全球40多个国家和地区的208个目的地,投入市场的座位数可达30万个。通过与天合联盟成员密切合作,南航航线网络通达全球1062个目的地,连接177个国家和地区。

2016年,南航旅客运输量达1.15亿人次,位列亚洲第一、全球第四,已连续38年居国内各航空公司之首。截至2016年12月31日,南航已累计安全飞行达1714万小时,连续保证了206个月的飞行安全和271个月的空防安全(不含厦航),安全运输旅客累计超过10亿人次，安全管理水平在国内、国际均处于领先地位。

南航秉承"顾客至上"的承诺，先后被多家机构授予"中国最佳航空公司"荣誉。2015年，南航获评空客公司"全球空客 A330 杰出运行航空公司"、中国物流业最高奖项"金飞马奖"和"中国品牌价值百强物流企业奖"。2016 年，南航获评《财富》（中文版）中国企业 500强，并居交通运输业首位；获评 Skytrax"全球最受喜爱航空公司"第 13 名，居中国内地航空公司之首。

● **中国东方航空集团有限公司**

中国东方航空集团有限公司简称东航，总部位于上海，是我国三大国有骨干航空运输集团之一，其前身可追溯到 1957 年 1 月原民航上海管理处成立的第一支飞行中队。经过持续的产业结构调整和资源优化整合，东航已成为以航空运输及物流产业为核心，航空地产、航空金融、传媒免税、配餐饮食、贸易流通、实业发展、通用航空和产业投资等九大板块协同发展的大型航空产业集团。

东航作为集团核心主业企业，1997 年成为首家在美国纽约、中国香港和上海三地上市的中国航企。新航徽如图 5-4 所示。图案中燕首及双翅辉映朝霞赤红——"日出东方"，升腾着希望、卓越、激情；弧形的尾翼折射大海的邃蓝——"海纳百川"，寓意着广博、包容、理性，巧妙地呼应东航"激情超越、严谨高效"的企业精神。

图 5-4　中国东方航空集团
有限公司航徽

目前，东航营运的逾 600 架客货运飞机组成的现代化机队，主力机型平均机龄不到 5.5 年，是全球规模航企中最年轻的机队之一。作为天合联盟的成员，东航年旅客运输量超过 1 亿人次，位列全球第七；航线网络通达全球 177 个国家、1062 个目的地，"东方万里行"常旅客可享受天合联盟 20家航空公司的会员权益及全球 672 间机场贵宾室。

东航集团始终坚持服务国计民生、服务经济社会发展、服务改革开放，追求"国家利益、经济效益、社会公益"的协调发展。2009 年以来，东航品牌得到了社会各界的广泛认可，荣膺"中国民航飞行安全五星奖""最具创新力中国公司 25 强"等荣誉称号。2012 年，在中国梦的感召下，东航提出了"东航梦"，即实现"打造世界一流、建设幸福东航"的两大战略目标。面对未来，东航致力于打造"员工热爱、顾客首选、股东满意、社会信任"的世界一流航企，以精准、精致、精细的服务为全球旅客不断创造精彩体验。

● **海南航空股份有限公司**

图 5-5　海南航空股份有限公司航徽

海南航空股份有限公司，简称海航，成立于 1993年 1 月，起步于中国最大的经济特区海南省，致力于为旅客提供全方位无缝隙的航空服务，航徽如图 5-5 所示。图案顶端是日月宝珠，环形构图从东方文化传说中的大鹏金翅鸟幻化而成，图形底部是浪花的写意表达。图案色调为庄严的红色和暖人的黄色，红色是生命之色，是朝阳之色，是蓬勃生机之色，是永恒之色。黄色是中华大地本色，是中华远祖黄帝本色，是生生不息的本源之色。

海航成立以来，以海口为主基地，又先后建立了北京、西安、乌鲁木齐、广州等 7 个航空营运基地/分公司；航线网络遍布中国，覆盖亚洲，辐射欧洲、北美洲、大洋洲，开通了国内外航线 700 余条，通航城市近 100 个。自开航以来，海航连续安全营运 23 年，累计安全运行超过 500 万小时，保持了良好的安全记录。在德国航空事故数据评估中心公布的 2016 年全球最安全航空公司榜单中，海航名列第三，位列于中国内地航空公司之首。

海航拥有以 B737、B787 系列和 A330 系列为主的年轻豪华机队，截至 2015 年 12 月 31 日，共营运飞机超过 202 架，适用于客运和货运飞行，为旅客打造拥有独立空间的宽敞舒适的全新商务舱。自 2011 年起，海航凭借高品质的服务及持续多年的服务创新，连续 6 次荣膺 Skytrax 全球五星级航空公司。海航传承"东方待客之道"，倡导"以客为尊"的服务精神，遵循"SMILE"服务准则，传递"不期而遇，相伴相惜"的品牌理念，彰显"东方之美"的国际化新品牌形象，立志成为中华民族的世界级卓越航空企业和航空品牌。

5.12　国际航空运输行业联盟与典型企业

目前全世界有很多航空公司，到 2016 年底，总计达 1200 多家。为了提升经济效益、节约资源、提高旅客旅行体验，许多航空公司分别组成了行业联盟。目前，全球有三大航空联盟，即星空联盟、天合联盟和寰宇一家。下面分别就三大航空联盟和代表性企业作简要介绍。

- **星空联盟**

1）概述

图 5-6　星空联盟标识

1997 年，5 家世界级的航空公司齐聚一堂，创立了星空联盟（Star Alliance）。它将各个成员公司的航线网络、贵宾候机室、值机服务、票务及其他服务融为一体。星空联盟的标识如图 5-6 所示，它代表着星空联盟网络将恪守承诺，无论旅客位于世界何处，都会尽力为他们提供顺畅的旅行体验。

可以说，星空联盟是第一家真正的全球性航空公司联盟，无论旅客位于世界何处，它都能够为旅客提供遍及全球的便捷服务，使其获得舒适的旅行体验。

目前，星空联盟是世界上最大的航空联盟，成员有 28 家，航班网络覆盖 193 个国家的 1269 座机场，超过 1000 个贵宾候机室，每天可提供超过 18000 架次航班。

2）宗旨与目标

星空联盟的宗旨是通过既定流程，在管理联盟产品和服务方面发挥领导作用。星空联盟成员航空公司的航线网络更发达，能够提供更便捷的旅行和更迅速的中转。联盟的首要目标就是为旅客提供更顺畅的旅行体验。为此，他们还经常引进各种新技术、更新机场设施、进行时刻协调。

3）联盟成员

联盟主要成员有加拿大航空公司、中国国际航空公司、新西兰航空公司、日本全日空航空公司、韩国韩亚航空公司、奥地利航空公司、美洲航空公司、印度航空、克罗地亚航空、巴拿马航空、埃及航空公司、波兰航空公司、德国汉莎航空、北欧航空、新加坡航空公司、瑞士国际航空公司、葡萄牙航空公司、泰国国际航空公司、土耳其航空公司、美国联合航空等。

4）合作

通过共同协调与安排，星空联盟将为旅客提供更多的班机选择、更理想的接转机时间、更简单化的订票手续及更妥善的地勤服务；符合资格的旅客可享用全球超过 990 个机场贵宾室及相互通用的特权和礼遇。会员搭乘任一星空联盟成员的航班，皆可将累计里程数转换至任一成员航空的里程酬宾计划的账户内，进而成为该计划的尊贵级会员，金钻级会员可享受订座及机场后补座位优先确认权，优先办理机场报到、登机、通关及行李托运等手续。另外，星空联盟设计了以飞行里程数为计算基础的"星空联盟环球票"，票价经济实惠；再加上联盟的密集航线网络，能为旅客提供更轻松的环球旅行。

联盟的主要合作方式包括扩大代码共享（code-sharing）规模、常旅客计划的点数分享、航线分布网的串联与飞行时间表的协调、在各地机场的服务柜台与贵宾室共享和共同执行形象提升活动。对于一般的旅客而言，选用星空联盟的服务比较简单，只需要申办成员航空公司提供的独立常旅客计划中的任何一个，就可以将搭乘不同航空公司班机的里程累积在一起。除此之外，原本是跨公司的转机延远航段也被视为同一家公司内部航线的衔接。因此，在票价上较有机会享有更多的优惠。

- **天合联盟**

1）概述

天合联盟（SkyTeam）是由多家航空公司联合形成的国际航空服务网络。2000 年 6 月 22 日，由法国航空公司、达美航空公司、墨西哥国际航空公司和大韩航空公司联合成立天合联盟。2004 年 9 月，天合联盟与飞翼联盟合并后，荷兰皇家航空公司以及美国西北航空公司也成为其会员。天合联盟的标识如图 5-7 所示。天合联盟致力于通过更多的航班选择及更顺畅的旅行无缝衔接让旅客体验前所未有的便捷。

图 5-7　天合联盟标识

天合联盟的成员有 20 家航空公司，航线目的地达 1062 个，通达 177 个国家和地区，每日航班达 17343 架次。天合联盟成为全球第二大航空公司联盟。

2）联盟成员

现有成员包括俄罗斯航空、墨西哥国际航空、法国航空、意大利航空、中国东方航空、中国南方航空、美国达美航空、荷兰皇家航空、捷克航空、肯尼亚航空、荷兰皇家航空、韩国大韩航空、罗马尼亚航空、沙特阿拉伯航空、越南航空、阿根廷航空、中国厦门航空、印度尼西亚鹰航空、黎巴嫩中东航空等。

3）合作

通过联盟内所有航空公司的航班信息、座位信息和价格信息，帮旅客预订机票和座位，把中转旅客通过联盟成员公司的国内航线送到旅客预定的各个目的地城市。

联盟通过其伙伴关系向旅客提供了更多的实惠，包括各成员间常旅客计划合作，共享机场贵宾室，提供更多的目的点、更便捷的航班安排、联程订座和登记手续，更顺利的中转连接，实现全球旅客服务支援和"无缝隙"服务。对于其成员来讲，全球联盟则以低成本扩展航线网络、扩大市场份额、增加客源和收入而带来了更多的商机，并且可以在法律允许的条件下实行联合销售、联合采购、降低成本，充分利用信息技术协调发展。天合联盟的"环游世界"套票、"畅游欧洲"套票、"畅游美洲"套票等优惠机票可为旅客节省更多旅行支出。

4）天合优享

天合联盟于2011年启动天合优享（SkyPriority）服务，优惠内容包括：①优先报到柜台（SkyPriority专属柜台或是商务/头等舱报到柜台）；②免费行李托运公斤限制变少；③特殊通关礼遇；④免费进入贵宾室；⑤优先登机；⑥优先获得座舱升等；⑦优先提取行李。天合优享已用于800多座机场中，是三大联盟中最先创立优待基于旅客的联盟。只要拥有联盟成员、联盟附属成员等的最高等级、次高等级会员，均可享有天合优享服务。

● 寰宇一家

1）概述

寰宇一家（Oneworld Alliance）成立于1999年2月1日。它是由5家分属不同国家的大型国际航空公司结盟而成的国际性航空企业联盟。建立联盟前，这5家创始成员公司就已经有密切的联系。后来，中国香港港龙航空正式加入寰宇一家，进一步发展了相互间的联系。目前，联盟有约30家同盟公司，航线覆盖150多个国家超过1000个机场，每日起飞航班14000架次。

寰宇一家汇集了众多全球领先的航空公司、大型航空公司，致力于通过联盟成员航空公司的资源共享，通力合作，为旅客提供更多的、最高水准的服务和便利，使旅客获得超卓、完美的旅行体验。寰宇一家的标识如图5-8所示。

图5-8　寰宇一家标识

2）联盟成员

该联盟成员包括美国航空、英国航空、国泰航空、芬兰航空、西班牙国家航空、日本航空、芬兰航空、西班牙航空、智利国家航空、匈牙利航空、澳大利亚航空、约旦皇家航空、西伯利亚航空、墨西哥航空、卡塔尔航空、柏林航空、马来西亚航空等。

3）合作

寰宇一家各成员航空公司电子机票互通，是全球首个在成员航空公司之间实现电子机票互通安排的航空联盟。在三大航空联盟中，寰宇一家提供了覆盖最全面、选择最广泛的环球机票。联盟成员航空公司及其附属航空公司在航班时间、票务、代码共享、旅客转机、飞行常客计划、机场贵宾室以及降低支出等多方面进行合作。联盟为成员航空公司的旅客提供票位安排服务、成员航空公司的"经常性旅客"的"里程优惠"可在成员之间互换通用、选择机场候机室等服务。

该联盟的合作伙伴为旅客提供超过任何独立航空公司网络的优惠。凡属于寰宇一家联盟航空公司的会员，其奖励及特权均可在寰宇一家联盟各航空公司中享用。当旅客以有效票价乘坐联盟任何一家航空公司的有效航班时，将为自己的积分计划赢取里程奖励计划，旅客可以在全球联盟成员目的地实施兑换里程。寰宇一家为各航空公司的航班在提供贵宾候机厅、转机的服务、国际联运电子客票服务方面提供诸多便利。

● **代表性企业**

（1）美国航空公司。美国航空公司（American Airlines）简称美航，是寰宇一家的创始成员。美国航空公司是美国最著名的航空公司之一。通过美航、美鹰航空（American Eagle Airlines）等提供执行的航班遍及整个美国，也有许多航线通达加拿大、拉丁美洲、西欧、日本、中国、印度等。

（2）英国航空公司。英国航空公司（British Airways）或称不列颠航空，简称英航，是寰宇一家的创始成员。它是英国历史最悠久的航空公司，全球最大的国际航空客运公司之一。该公司通过英航、英国地中海航空（British Mediterranean Airways）、南非商务航空（Comair）、丹麦太阳航空（Sun Air）等提供全球航线网络。

（3）日本航空。日本航空（Japan Airlines）简称日航，是日本规模最大的航空公司之一。日本航空公司连同其附属的日线航空（JALways）、日本航空快捷（JAL Express）、日本越洋航空（Japan Transocean Air）的航线网络延伸至亚洲、欧洲、北美洲以及巴西、澳大利亚等国家和地区。

（4）西班牙国家航空公司。西班牙国家航空公司（Iberia Airlines of Spain）通常称为西班牙伊比利亚航空公司或西航。它是西班牙最大的航空公司，连同其附属的 Air Nostrum，拥有以马德里国际机场和巴塞罗那国际机场为基地的国际航空服务网络。

（5）沙特阿拉伯航空。沙特阿拉伯航空（Saudi Arabian Airlines）是沙特阿拉伯国家航空公司。它不断更新机队，已购买了 88 架新飞机，其中包括 35 架 A320、15 架 A321、8 架 A330、12 架波音 B777，以及 8 架波音梦想飞机（Dreamliner），为旅客提供 26 个国内目的地与 55 个国际目的地之间的航班服务。

（6）法国航空公司。法国航空公司（Air France）简称法航。它是法国的主要航空公司，隶属法国航空-荷兰皇家航空集团（Air France-KLM Group）。法国航空在 2004 年收购荷兰皇家航空，组成法国航空-荷兰皇家航空集团，以对两家航空公司完全控股的方式，维持双品牌的独立经营。法国航空-荷兰皇家航空集团是欧洲最大的航空公司，及世界上最大的航空公司之一。

（7）俄罗斯航空公司。俄罗斯航空公司（Aeroflot-Russian Airlines）是俄罗斯的国家航空公司，也是俄罗斯最大的航空公司。该公司前身为 1932 年成立的苏联民航总局。1992 年苏联解体时，公司只保留了国际航线业务，后来重新建立了国内航线。

（8）达美航空。达美航空（Delta Airlines），常被译为"三角洲航空"。达美航空的中心枢纽亚特兰大的哈兹菲尔德-杰克逊（Hartsfield-Jackson）国际机场是世界上最繁忙的机场之一。达美航空在美国国内航线侧重于美国的东北、南部和西部，通航五大洲，在跨大西洋航空市场居领先地位。根据 2007 年旅客周转量计算，它已超越美国航空公司成为全球最大的航空公司。

（9）澳大利亚航空公司。澳大利亚航空公司简称澳航，是澳大利亚最大且历史最悠久的航空公司，也是寰宇一家的创始成员。澳航连同其附属的 QantasLink、JetConnect 的航线网络覆盖大洋洲，延伸至东南亚、东亚及印度、英国、德国、美国、加拿大、南非等地。

（10）卡塔尔航空公司。卡塔尔航空公司（Qatar Airways）成立于 1993 年，属于卡塔尔国有。该公司总部位于卡塔尔首都多哈，以多哈国际机场为主要基地，已开通了全球 70 个国际城市的航线。卡塔尔航空公司是阿拉伯航空协会成员之一。

（11）马来西亚航空。马来西亚航空公司（Malaysian Airline System，MAS）简称马航，是马来西亚的国家航空公司，是全东南亚机队最多的一家航空公司。该公司拥有国际定期航班服务、国内航空网络和包机服务，包括欧洲、大洋洲、亚洲、南北美洲、印度次大陆和非洲等 100 多个目的地。马航多次被 Skytrax 评为"五星级航空公司"。

第6章 哪 起 降

——民用机场

说到飞机，自然就要谈到"哪起降"。有了飞机，无法起降就无异于没有。简单地说，专门用于飞机起降的地方就是机场。

实际上，这里也有一个狭义的机场与广义的机场之分。当你听到"机场"这个词时需加以区分。狭义的机场特指专业意义上的机场，而广义的机场多是指机场地区，它包括狭义（专业）机场及其周围毗邻区域，这其中可能包括航空公司、维修公司、海关、检验检疫、边防、公共汽车站、火车站，甚至包括更大范围的临空经济区，等等。因此，当听到"机场"时，请务必注意这是广义的机场，还是狭义的机场。以笔者之见，往往是广义的机场，也就是机场地区。本章主要介绍的是专业意义上的民用机场。

6.1 民用机场概述

● **民用机场的概念**

民用航空运输是依赖飞机在空中飞行完成的运输，但是飞机载运的旅客、货物、邮件等都来自地面，因此就需要一个场所提供民航运输的空中与地面的衔接服务，这个场所就是民用机场。它的主要用途是为飞机提供起降、停靠、航线维护和组织旅客、货物有序登机等保障服务。

机场是航空运输的基础部分，是一个实体的场所。在这个场所，运输模式实现了空中方式与陆地方式或其他方式的转换。因此，机场实际是航空运输系统中三种主要成分——机场、航空公司和用户的集合点。

事实上，即使在专业意义上的机场这个特指范围内，也还驻有不少的政府职能部门（如边防、检验检疫、海关等）派出机构或其他企业的分支机构。

● **机场概念的发展演变**

毋庸置疑，保障民航飞机的安全高效运行是民用机场的最终目的。因此，随着民航飞机性能的不断提升和完善，民用机场概念也在不断地发展、演变。从整个民航领域来看，机场概念的演变大致可以划分为三个重要的阶段：第一阶段是飞行员的机场；第二阶段是飞机的机场；第三阶段是社会的机场。尤其是在经济社会高度发达的国家或地区，机场的社会性就更加显著，许多城市通过机场建设发展带动周边区域经济社会发展，效果显著。如新加坡樟宜机场及其周边临空经济区，天津滨海国际机场、郑州新郑国际机场及周边临空经济区等。

● **我国民用机场发展概述**

改革开放以来，我国民航事业高速发展，已经进入民航大国行列。民用机场数量与层次也实现了跨越式发展。截至 2016 年底，我国境内（不含香港、澳门和台湾地区）民用航空（颁证）机场共有 218 个，其中定期航班通航机场 216 个，定期航班通航城市 214 个。

截至 2016 年底，我国境内机场主要生产指标保持平稳较快增长，全年旅客吞吐量首次突破 10 亿人次，实际达到 101635.7 万人次，比 2015 年增长 11.1%。分航线看，国内航线完成 91401.7 万人次，比 2015 年增长 10.3%（其中内地至香港、澳门和台湾地区航线完成 2764.5 万人次，比 2015 年下降 1.4%）；国际航线旅客吞吐量首次突破 1 亿人次，达到 10234.0 万人次，比 2015 年增长 19.3%。完成货邮吞吐量 1510.4 万吨，比 2015 年增长 7.2%。分航线看，国内航线完成货邮吞吐量 974.0 万吨，比 2015 年增长 6.1%（其中内地至香港、澳门和台湾地区航线完成 93.6 万吨，比 2015 年增长 4.2%）；国际航线完成货邮吞吐量 536.4 万吨，比 2015 年增长 9.1%。飞机起降 923.8 万架次，比 2015 年增长 7.9%（其中运输架次为 793.5 万架次，比 2015 年增长 8.8%）。分航线看，国内航线起降 842.8 万架次，比 2015 年增长 7.1%（其中内地至香港、澳门和台湾地区航线起降 20.3 万架次，比 2015 年下降 2.8%）；国际航线起降 81.0 万架次，比 2015 年增长 16.9%。

● **民用机场的分类**

机场是从事民航运输的场所。在我国，通常把大型的民用机场统称为机场，小型的民用机场称为航站。目前，业界根据机场的重要性把机场分为六类，即枢纽机场、重要机场、一般机场、通用航空机场、备用机场和单位或私人机场，其主要含义如下。

（1）枢纽机场。一个国家或地区的航空运输中心城市必然是国家的政治中心或经济中心，它带动着大片区域的经济发展，也必然是国内、国际航线最密集的地区，承担着全国很大比例的航运量。这种城市可能有不止一个主要机场，而是两个或几个机场相互分工、配合，在统计上业界把它们按一个城市来计算。在我国，有上海、北京、广州这样的复合枢纽机场。这三个枢纽机场的总吞吐量占全国的 40% 以上。我国把重庆、成都、武汉、郑州、沈阳、西安、昆明、乌鲁木齐规划为中国八大区域枢纽机场。再如，英国的伦敦、土耳其的伊斯坦布尔等均属于枢纽机场。

（2）重要机场。此类机场是指在一个国家的航空运输中占据主要地位的机场，例如，美国把运输量占全国 1% 以上的机场划为重要机场。我国通常把每年客流量达到 50 万人次作为重要机场的标准。有时也把可对外开放的国际机场作为重要机场的标准。这类机场在整个国家的运输中起着区域中心的作用，我国把深圳、南京、杭州、青岛、大连、长沙、厦门、哈尔滨、南昌、南宁、兰州、呼和浩特明确为中国十二大干线机场。

（3）一般机场。除了重要机场，还有其他的一些小型机场。在我国，这类机场大多数属于航站，虽然它们的运输量不大，但其作为沟通全国的航路或对某个地区的经济发展起着重要作用，是不可或缺的。

（4）其他机场。通用航空机场主要用于通用航空，是为专业航空的小型飞机或直升机服务的。在我国备用机场多数是以前使用过的机场，现在由于各种原因没有航班，而处于停用和保管状态。在国外这类机场不安排航班，它只为通用航空或航空爱好者服务，一旦一些重要机场拥挤，它可以短时地用来为商业航空服务，以减轻运输压力，也可以作为应急机场使用。

除了民航机场和军用机场，我国有些机场属于单位和部门所有，如飞机制造厂的试飞机场，体育运动的专用机场和飞行学校的训练机场。在国外还有大量的私人机场，它们服务于私人飞机或企业的公务机。这种机场一般只有简易的跑道和起降设备，规模很小，但数量很大。

（5）国际机场与非国际机场。读者或许已经有印象，许多机场称为某某国际机场，而有些则没有"国际"二字。实际上这也是一种重要的本质差异。国际机场是指能够接收其他国家的航班着陆和起飞的机场。这类机场通常较大，且属于国家一类口岸（它是指允许中国籍和外国籍人员、货物、物品和交通工具直接出入国（关、边）境的海（河）、陆、空客货口岸）。通常设有较长的跑道和完备的设施以供国际或洲际航行的大型飞机使用。除国际航班，国际机场一般也接待国内航班（仅在一个国家境内航行的班机）。

在我国，枢纽机场、重要机场基本都满足国际机场的条件，张家界荷花机场也是国际机场。既然是一类口岸，机场就设有检验检疫、海关、边检等机构。因此，无论是规模还是功能，国际机场均代表着较高水准。

● **民用机场的名称与标识**

前面我们已经知道一些我国机场的名称，但当到达机场时，在机场航站楼顶部看到的标识往往不是那个名称。笔者特别注意了各个机场航站楼的标识，例如，在天津滨海国际机场航站楼看到的醒目标识，基本就是"天津"，到达是天津，出发也是天津。在我国的大多数城市只有一个这样的机场，标识"天津"与"天津滨海国际机场"并不会引起误会或差异。然而，在上海、北京、广州这样的枢纽机场，旅客就要小心。因为那里有不止一个机场，例如，有上海虹桥国际机场、上海浦东国际机场，但两个机场航站楼醒目的标识就是"上海"。因此，旅客一定要搞清楚究竟是哪个机场，否则就会产生误会。实际上，到了航站楼，你细心观察，就会看到一些小的门或告示上的标识，它们标明了具体是哪个机场。

● **机场的组成**

机场作为航空运输的基地，通常划分为空侧和陆侧两大部分。

空侧部分包括跑道及其附属区域、滑行道和停机坪；陆侧部分包括航站楼、各种附属设施及出入机场的地面交通设施等。在以下各节将分别具体介绍。

6.2 机场的跑道

机场的跑道是固定翼飞机起降必需的基本条件。因此，跑道是机场的主要组成部分。谈到机场的空侧部分，首先就是跑道，机场的跑道数量与层次甚至决定机场的层次水平。

● **跑道及其标识**

机场上长条形的区域用来提供航空器起飞或者着陆的部分称为跑道，如图 6-1 所示。

跑道的基本参数包括方向和跑道号、基本尺寸、跑道的道面和强度。跑道的材质可以是沥青或混凝土，或者是弄平的草、土或碎石地面，也可以是水面。跑道还有其他附属部分，如跑道道肩、跑道安全带、净空道，其中跑道安全带包括道侧安全带和道端安全带。

1）跑道的标识

跑道的类别不同，它的道面标识也不同，目视跑道有下列基本标识：中心线、跑道号、等待位置标志。

2）方向和跑道号

一个机场至少有一条跑道，有的机场有多条跑道。为了使驾驶员能准确地辨认跑道，每一条跑道都要有一个编号，它就相当于跑道的名字一样重要，是具有唯一性的。

跑道号是按跑道的方向确定的。所谓方向，是驾驶员看过去的方向，也就是驾驶员驾机起飞或降落时前进的方向。为精确起见，采用 360°的方位予以表示。以正北为 0°，顺时针旋转到正东为 90°、正南为 180°、正西为 270°，再回到正北为 360°或 0°。每条跑道就以它所朝向的度数作为其编号。

为了简明易记，跑道编号只用方向度数的百位数和十位数，而个位数则按四舍五入进入到十位数。例如，一条指向为西北 284°的跑道，它的编号就是 28；如果是 285°，编号就是 29。同一条跑道，因为有两个朝向，所以就有两个编号。例如，一条正北正南的跑道，从它的北端向南看，它的编号是 18；从南端向北看，它的编号就是 36。跑道号都是两位数，如果第一位没有数就用 0 来表示。例如，咸阳机场跑道的方向是东北—西南方向，指向东北的方向为 50°，跑道号就是 05；相反方向是 230°，跑道号是 23。

如果某机场有同方向的几条平行跑道，就再分别冠以 L（左）、C（中）、R（右）等英文字母，以示区别，如北京首都国际机场有两条平行的南北向跑道，西边的一条跑道的跑道号是 18R/36L，东边一条跑道号是 18L/36R。只要机场塔台上的管制员告诉驾驶员跑道号，驾驶员就应该能准确地确认他所使用的跑道和起降方向。

3）跑道的字体

机场跑道的编号使用特殊的字体，该字体高度几何化、简单明晰，没有使人迷惑、混淆的弧线，即使没有经过排版训练的人也可以准确地刷字。这种字体没有名字，但是飞行员都叫它们"跑道号"，如图 6-1 中的"03"。

图 6-1　跑道及其标识

● **跑道的基本尺寸**

跑道的基本尺寸包括跑道的长度、宽度和坡度。它们的具体含义简述如下。

（1）跑道的长度。这个长度取决于所能允许使用的最大飞机的起降距离、海拔及温度。海拔高、空气稀薄、地面温度高，发动机的功率就下降，因而就需要修正跑道的长度。

（2）跑道的宽度。跑道的宽度取决于飞机的翼展和主起落架的轮距，一般不超过 60 米。表 6-1 给出了一些典型的跑道宽度。

表 6-1　跑道的宽度 （单位：米）

基准代码	基准代字					
	A	B	C	D	E	F
1	18	18	23	—	—	—
2	23	23	30	—	—	—
3	30	30	30	45	—	—
4	—	—	45	45	45	60

（3）跑道的坡度。跑道的宽度较小，因此，常涉及的坡度就是其纵向坡度。理想而言，跑道纵坡最好为零。但实际中为节省飞行区土方工程造价，机场跑道都会有一定的纵坡，但对纵坡值和变坡率有严格的规定。

● **跑道的性能**

对于跑道，除要承受飞机的重量，还要承受飞机降落时的冲击力。因此，跑道在性能方面必须满足一定的强度要求。定性而言，跑道道面有刚性和非刚性道面。定量而言，决定一架飞机能不能使用某条跑道的因素较多。

（1）刚性道面。这种道面由混凝土筑成，承载能力强。现在大中型机场的跑道基本上都采用刚性道面。一般而言，所起降的飞机重量越大，冲击力就越大，那么刚性道面的钢筋混凝土的厚度就越大。

（2）柔性道面。这种道面由草坪、碎石、沥青等构成。这类道面只能抗压、不能抗弯，承载能力小，它们只能用于中小型飞机起降的机场。

（3）跑道强度。从对跑道的强度要求来说，一架飞机能不能使用该条跑道，主要取决于飞机轮胎对地面的压强和飞机起降的速度，而不单是飞机的总重量。对飞机而言，如果它的轮胎接地面积大或机轮数目多，飞机对地面的压强就小，也就可以在强度比较低的跑道上起降。此外，起降速度小的飞机对地面的冲击和摩擦都比较小，因而对跑道强度的要求也低。影响飞机使用跑道的其他因素还有飞机轮胎内压、飞机装载量等。

● **ACN 数和 PCN 数**

为了使问题的描述简单直观，国际民航组织综合考虑了各种因素后分别对飞机和跑道制定了一套它们相互适应能力的计算公式。由这些公式可便捷地计算出相互适应的具体数值。用于飞机的称为飞机等级序号（aircraft classification number，ACN），简写为 ACN 数；用于跑道的称为跑道道面等级序号（pavement classification number，PCN），简写为 PCN 数。

（1）ACN 数。其值由起落架轮胎内压力、轮胎与地面接触的面积以及主起落架机轮间距等参数决定，它是由飞机制造厂确定出的。飞机制造厂在将飞机交付用户使用时必须给出该飞机满载时的最大 ACN 数。

（2）PCN 数。其值由道面的性质、道面基础的承载强度等，经技术评估而确定。每条跑道都有一个 PCN 数。

（3）ACN 数与 PCN 数的关系。如果飞机的 ACN 数小于或等于跑道的 PCN 数，飞机就可以无限制地使用这条跑道。当 ACN 数大于 PCN 数时，飞机使用该跑道时就会对跑道造成损害。如果 ACN 数比 PCN 数大得太多，那么飞机在起降时不仅会压坏跑道，甚至会危及飞机的安全。

可见，根据 ACN 数与 PCN 数的关系，就可以方便地判断某种飞机能否在该机场降落。

● **助航灯光**

跑道灯光就是助航灯光。对于驾驶员来讲，飞机在夜间或低能见度情况下着陆时，助航灯光就显得格外重要。有些灯光的亮度很高，这是飞机着陆必不可少的。照明的供电就不能出现故障，因而要求机场电源不能间断。当有故障时，跑道灯光的预备电源必须在 15 秒内接通。

实际上，跑道灯光的功能更为多样，它们构成一个灯光系统。整个灯光系统如图 6-2 和图 6-3 所示，其中各种灯光的功能如下。

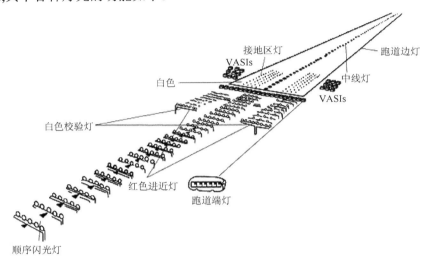

图 6-2　跑道灯光系统

图 6-3　跑道灯光显示图

（1）顺序闪光灯。它们都是白色的，按照一排接一排的顺序闪光，把驾驶员的眼睛引向跑道中心线。

（2）红色进近灯。这种进近灯有 300 米区域，用于告诉驾驶员飞机尚未达到跑道端进入可接地区域，飞机不能在这个区域降落。

（3）白色横排灯。它们也是校验灯，在红色进近灯区域的前面，用于指示驾驶员着陆前飞机机翼是否水平。因此，白色横排灯又称为翼灯。

（4）跑道端灯。这种跑道端灯对着前进的一面是绿色，用来指示驾驶员飞机可以降落，而跑道端灯的另一面是红色，指示起飞的方向。

（5）中线灯。中线灯与跑道道面齐平，它们可以承受飞机着陆时的压力，并且每个灯的功率也较大，在 200 瓦以上。

（6）跑道边灯。这是用来指示跑道道边的，它们 360° 可见。有些跑道边灯基座较高，是防雪灯。在下雪时，它们可以不被雪埋住，照常发挥指示作用。

（7）接地区灯。 这种灯也称为着陆区灯。它们在跑道上延伸 750 米，以使驾驶员能明确识别接地区的位置。

6.3 空侧的其他部分

● **跑道的附属区域**

在跑道周围，还有一些附属区域。实际上这些区域与跑道密不可分，具体区域有以下两部分。

1）跑道道肩

跑道道肩是在跑道纵向侧边和相接的土地之间有一段隔离的区域。这样，在飞机因侧风偏离跑道中心线时，可以避免引起损害。此外，很多大型飞机都是将发动机安装于机翼下方，在飞机运动时，外侧的发动机有可能伸出跑道。这时发动机的喷气就会吹起地面的泥土或砂石，极可能使发动机受损。有了跑道道肩就有利于减少这类事故。有的机场在跑道道肩之外还要放置水泥制的防灼块，防止发动机的喷射气流冲击、烧灼土壤。

一般跑道道肩的每侧宽度为 1.5 米。道肩的路面要有足够强度，以备在出现事故时，保护飞机不致遭受结构性损坏。

2）跑道安全带

跑道安全带是在跑道的四周划出的一定大小的区域，其作用是在意外情况下飞机冲出跑道时保障飞机的安全。跑道安全带分为道侧安全带和道端安全带。

（1）道侧安全带。它是由跑道中心线向外延伸一定距离的区域。对于大型机场，这个距离应不小于 150 米。这个区域内要求地面平坦，不允许有任何障碍物。在紧急情况下，可允许起落架无法放下的飞机在此地带实施硬着陆。

（2）道端安全带。它是由跑道端至少向外延伸 60 米的区域。建立道端安全带的目的是减少由于飞机起飞和降落时冲出跑道导致的危险。

在道端安全带中，有的跑道还有安全停止道，简称安全道。安全道的宽度不小于跑道，一般与跑道等宽；它由跑道端向外延伸，其长度视机场的需要而定。安全道的强度要足以支持飞机中止起飞时的质量或压力。

● **滑行道**

滑行道是陆地机场上供飞机做地面滑行用的规定通道，见图 6-4，简介如下。

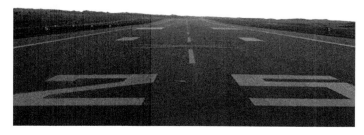

图 6-4   滑行道

（1）滑行道的功能。滑行道的主要功能包括：①提供从跑道到候机楼区、停机坪的通道。②使已着陆的飞机迅速离开跑道，避免与其他起飞、滑跑的飞机相互干扰，并尽量避免延误即将到来的飞机着陆。③同时也提供飞机由候机楼区、停机坪进入跑道的通道。

（2）设计滑行道的宗旨。通常根据功能来设计滑行道，原则上滑行道应满足以下要求：①首先，它应是连接飞行区各个部分的飞机运行通路。②在繁忙的机场，在跑道中段需要有一个或几个出口与滑行道相连。③滑行道的等待区与跑道要保持一定的距离。④滑行道的宽度由机场的最大飞机轮距宽度决定。⑤滑行道的强度不能低于配套使用的跑道的强度。

（3）滑行道的宽度。滑行道的宽度不能小于机场的最大飞机轮距宽度，是要保证飞机在滑行道中心线上滑行时，它的主起落架的外侧距滑行道边线 1.5～4.5 米。在转弯处，滑行道的宽度还要根据飞机的性能适当加宽。

（4）滑行道的强度。与通常的理解不同，滑行道的强度要与配套使用的跑道强度相等或更高。这是因为与跑道相比，飞机在滑行道上运行的频繁程度更高；飞机的质量和低速运动的压强也会更高。

● 停机坪

停机坪是指陆地机场上供航空器停驻、客货邮件的上下、加油、维护工作所用的场地。就功能而言，停机坪又分为登机机坪和停放机坪两个部分，见图 6-5 和图 6-6。

图 6-5　登机机坪

图 6-6　停放机坪

（1）登机机坪。它往往在航站楼附近，与门位对应。执行运输任务的飞机停在这样的位置上。登机廊桥将航站门位与飞机舱门连接，构成过渡通道。这既便于旅客下机、登机，也有利于机场工作人员对出发、到达的旅客客流进行组织和疏导。在飞机的另一侧，则可以装载行李、货物，为飞机加油、加水等。

（2）停放机坪。它就是停放飞机的，通常在远离航站楼的空旷区域。暂时无运输或其他任务的飞机通常停放在这个区域。当然，也有在停放机坪上、下旅客的。此时就需要在舱门搭起扶梯供旅客使用。用摆渡车在航站楼和停放机坪之间运输旅客。

6.4　机场的等级

对机场进行分级是为了便于为机场配置适量的工作人员和相应的技术设施设备，为保障飞机能安全准时起飞，为优质服务提供必要条件，也为了更好地经营管理机场，最大限度地发挥其社会效益和经济效益。我国曾以不同的标准对机场进行分级，各有特色。综合而言，主要根据飞行区等级、跑道导航设施和航站业务规模大小进行分级，现分述如下。

● **飞行区等级**

机场跑道的性能及相应的设施就决定了机场可供什么等级的飞机使用。将机场按照这种能力进行分级，称为飞行区等级。国际民航组织规定，飞行区等级由第一要素代码（即根据飞机基准飞行场地长度而确定代码，等级指标为Ⅰ）和第二要素代字（即根据飞机翼展和主起落架外轮间距而确定的代字，等级指标为Ⅱ）的基准代号划分。设置基准代号的意图是提供一个简单的方法，将有关机场特性的许多规范相互联系起来，为计划在该机场上运行的飞机提供一个系列的、与之相适应的机场设施。也就是说，设计机场时要先明确其需满足起降机型的种类，以此来确定跑道的长度、道面的强度等。

表 6-2 中的代码表示飞机基准飞行场地长度。它是指某型飞机以最大批准起飞质量，在海平面、标准大气条件（15℃、一个大气压）、无风、无坡度情况下起飞所需的最小飞行场地长度。飞行场地长度也表示在飞机中止起飞时所要求的跑道长度。飞行场地长度是对飞机的要求来说的，与机场跑道的实际长度没有直接关系。表 6-2 中的代字应选择翼展或主起落架外轮外侧间距两者中要求较高者。如果机场只有一条跑道，习惯上以飞行区域等级标识机场等级。我国各国际机场的飞行区等级都是 4E 级。这意味着在这些机场，B747-8 可以满载起飞。

表6-2　飞行区基准代号

第一要素		第二要素		
代码	飞机基准飞行场地长度/米	代字	翼展/米	主起落架外轮外侧边间距/米
1	<800	A	<15	<4.5
2	800～1200	B	15～24	4.5～6
3	1200～1800	C	24～36	6～8
4	>1800	D	36～52	8～14
		E	52～65	8～14

- **跑道导航设施等级**

跑道导航设施等级按配置的导航设施能提供飞机以何种进近程序飞行来划分，主要有两种情况。

1）非仪表跑道

非仪表跑道是供飞机用目视进近程序飞行的跑道，代字为 V。

2）仪表跑道

仪表跑道是供飞机用仪表进近程序飞行的跑道，详细又分为四种情况。

（1）非精密进近跑道。这是装备相应的目视助航设备和非目视助航设备的仪表跑道，能够对直接进近提供方向性引导，代字为 NP。

（2）Ⅰ类精密进近跑道。该跑道装备仪表着陆系统和（或）微波着陆系统，以及目视助航设备，是能供飞机在决断高度低至 60 米和跑道视程低至 800 米时着陆的仪表跑道，代字为 CAT Ⅰ。

（3）Ⅱ类精密进近跑道。这种跑道装备仪表着陆系统和（或）微波着陆系统，以及目视助航设备，是能供飞机在决断高度低至 30 米和跑道视程低至 400 米时着陆的仪表跑道，代字为 CAT Ⅱ。

（4）Ⅲ类精密进近跑道。这种跑道是装备仪表着陆系统和（或）微波着陆系统的仪表跑道，可引导飞机直至跑道，并沿道面着陆及滑跑。根据对目视助航设备的需求程度又可分为三类，代字分别为 CATⅢA、CATⅢB 和 CATⅢC。

- **业务量规模等级**

按照机场的年旅客吞吐量或货物（及邮件）运输吞吐量来划分机场等级。业务量的大小与机场规模及其设施有关，这也反映了机场的繁忙程度及经济效益。表 6-3 为按机场业务量划分的参考标准。若年旅客吞吐量与年货邮吞吐量不属于同一等级，则可按较高者定级。

表 6-3　机场业务量规模分级标准表

业务规模等级	年旅客吞吐量/万人	年货邮吞吐量/千吨
小型	<10	<2
中小型	10～50	2～12.5
中型	50～300	12.5～100
大型	300～1000	100～500
特大型	≥1000	≥500

- **民航运输机场规划等级**

前面三种对机场分级的标准是从不同的侧面反映机场的性能或状态的，包括能接受机型的大小、保证飞行安全和航班正常率的导航设施的完善程度、客货运量的大小。

在综合上述三种标准的基础上，业界提出了一种按民航运输机场规划分级的方案，如表 6-4 所示。当三种等级不属于同一级别时，可根据机场的发展和当前的具体情况，确定机场规划等级。

表6-4　机场规划等级表

机场等级	飞行区等级	跑道导航设施等级	业务规模等级
四级	3B、2C 及以下	V、NP	小型
三级	3C、3D	NP、CAT I	中小型
二级	4C	CAT I	中型
一级	4D、4E	CAT I、CAT II	大型
特级	4E 及以上	CAT II 及以上	特大型

● **机场的救援和消防等级**

在当代社会，救援和消防水平标志着国家的文明程度，也体现着综合国力。机场救援和消防勤务的主要任务就是救护受伤人员、处置各种紧急情况。尽管我们不期望发生紧急情况，但一旦发生，就必须及时准确地实施救援和消防。为此，机场必须要配备有足够的设施和人员。这其中包括必要的器材（如灭火剂）、设备、车辆和设施（如应急通道）等。这些物质保障的配备是以该机场使用的飞机外形尺寸（飞机机身全长和最大机身宽度）为依据的。由此划分机场的救援和消防等级，可分为 1~10 级。飞机的外形尺寸越大，级别数就越大。

6.5　机场的陆侧部分——旅客航站系统

旅客航站系统是机场地面通路与飞机之间的主要连接体，也称为航站区。这个系统的作用在于为旅客和机场地面通路方式之间提供交接面。旅客航站系统由三个主要部分组成：转运旅客从旅行出入机场的交通方式到办理旅客手续的出入通道交接面；办理旅客手续系统；飞行的交接面。

● **出入通道交接面**

这部分由航站楼路边、停车设施和始发旅客及终程旅客、迎送者及行李进入和离开航站楼的连接道路组成。它包括下列设施。

（1）车道边。车道边是航站楼陆侧边缘外、在航站楼进出口附近所布置的一条狭长地带。这是为公众提供的进入和离开航站楼的车辆短暂停靠区域，以便旅客上车、下车和搬运行李。旅客较少时，航站楼可只设一条车道边。客流量较大时，可与航站楼主体结构相结合，在不同高度的层次上分设车道边。车道边的长度、层次是根据航站楼体型、客流量及车型组合等因素来确定的。

（2）汽车停车设施。这是为旅客和迎送者提供短时间或长时间停车的场所，以及为公共交通车、出租车及轿车服务的设施。

（3）提供进出航站楼路边、停车场地和公共街道及公路系统的行车通道。

（4）在停车设施与航站楼之间提供规定的人行过道，包括地道、桥梁和自动装置。

（5）提供进入航站内各项设施和机场其他设施如航空货运、加油车站、邮政所等的服务道路和消防通道。

对于新型机场，与之连接的是机场地面交通系统，它是指进出机场的各类交通的有机集合，常见的是公路。随着交通运输的快速发展和机场规模的不断扩大，地面交通系统还包括铁路、地铁（轻轨）及水运码头（海上机场）等。这是名副其实的交通枢纽，如上海虹桥国际机场。地面交通系统的功能是保证旅客及货物能够及时、有序地进出机场。这对于机场能否正常运行有很大的影响。

● **办理旅客手续系统**

这个区域是用来办理旅客和行李从地面出入交接面至飞机交接面之间手续等事宜的，因此旅客与航空公司、机场、安检、海关等的交流接触主要在这个区域。这里简要介绍如下。

（1）公共大厅。航站楼的公共大厅主要用于实现以下功能：①旅客办票；②办理乘机手续；③交运行李；④旅客及迎送者等候；⑤安排各种公共服务设施等。公共大厅通常还设有问讯台、各航空公司售票处、保险、银行、邮政、电信等设施，以及供旅客和迎送者购物、消闲、餐饮的服务区域。

（2）安全检查设施。为确保航空安全，出发旅客登机前必须接受安全检查。安检一般设在办理乘机手续区和候机室之间，具体控制点可根据流程类型、旅客人数、安检设备和安检工作人员数量等进行非常灵活的布置。安全检查措施包括身份证件验证、旅客通过磁强计安全门和手提行李通过 X 射线仪检查。

（3）政府联检设施。政府联检设施包括海关、边防和卫生检疫，是国际旅客必须经过的关卡。国际和国内航班旅客通常不允许混合，必须提供专门的安排。

各国的管制要求和办理次序不尽相同。我国要求的次序是出发旅客先经海关，再办理乘机手续，然后经过边防。到达旅客先经边防，再经检疫，最后经过海关。

（4）候机室。候机室是出发旅客登机前休息、集中的场所。候机室通常分散设在航站楼的登机口（也就是机门位）附近。候机室一般设在二层，以便旅客通过移动廊桥登机。

（5）行李处理设施。由于航空旅行中要把旅客和行李分开，行李的处理比其他交通方式要复杂许多。这在一定程度上也使航站楼设计复杂化，因为要配置许多设施才能保证旅客在航站楼内准确、快速、安全地托运或提取行李。进出港行李流程应严格分开。根据航站楼的规模和行李吞吐量，行李的处理可采用同层、二层、三层等方案。

（6）机械化代步设施。航站楼内每天都有大量的人员在流动。为方便旅客在航站楼的活动，特别是增加旅客在各功能区转换时的舒适感，航站楼常常装设机械化代步设施。常见的机械化代步设备有电梯、自动扶梯、自动人行步道等。自动人行步道运行安全平稳，使用后可大大增加人的交通量并避免人流拥挤。断电停运时，可作为路面供人行走。

（7）登机廊桥。通常，航站楼在空侧要与飞机建立联系，登机廊桥就是建立这种联系的设备，它是航站楼登机口（即门位）与飞机舱门的过渡通道。采用登机廊桥，可使下机、登机的旅客免受天气、气候、飞机噪声、发动机喷气吹袭等因素影响，也便于机场工作人员对出发、到达旅客客流进行组织和疏导。登机廊桥是以金属外壳或透明材料制造的密封通道，廊桥本身可水平转动、前后伸缩、高低升降，因此能适应一定的机型和机位变化。登机廊桥须由专职人员操纵。与机舱门对接后，通常规定廊桥内通道向上和向下坡度均不能大于 10%。

（8）商业经营设施。航空客运量的迅猛增加，特别是率先在航站楼开展大规模商业经营的机场的巨大成功，航站楼商业经营设施已成为机场当局增加收入的一个重要渠道。目前，在商业经营卓有成效的机场，如哥本哈根、希思罗、新加坡等机场，都有项目完备、规模庞大的航站楼商业经营设施。商业经营收入一般占到机场总收入的 60% 以上。航站楼可以开展的商业经营项目繁多。如免税商场、银行、保险、会议厅、健身厅、娱乐室、影院、书店、理发店、珠宝店、旅馆、广告、餐厅、托幼所等。

（9）旅客信息服务设施。这主要指旅客问讯查询系统、航班信息显示系统、广播系统、时钟等。以上所列举的设施都直接与旅客发生联系。实际上，航站楼的运营还需要其他许多设施，如机场当局、航空公司、公安以及各职能、技术、业务部门的办公、工作用房和众多的设施与设备。

- 飞行交接面

这是将航站与停放的飞机联结的部分。实际上，这个交接面不易说清楚，在空间上飞行交接面与办理旅客手续系统对接。上机旅客通过安检等程序后，在候机室休息、等待，并未办理登机；下机旅客进入提取行李、办理各种手续，直至离开机场，这都属于办理旅客手续系统。飞行交接面通常包括下列设施及功能。

（1）登机和下机设备。航站楼同飞机之间的连接主要采用两种方式：一种是采用登机廊桥，直接将航站楼门位同飞机舱门连接，供登机旅客和下机旅客在飞机门与出站厅之间徒步进出。另一种是飞机停放在远处停机坪上由登机舷梯上下飞机，用摆渡客车在航站楼门位和停机坪上机位之间转运旅客。在旅客量不大的情况下，登机舷梯是简单的方式；而登机廊桥可以提供较快且均匀的旅客流，并且使旅客免受天气、噪声的影响。

（2）过厅。它提供到出站厅和航站其他部分的流通通道。

（3）出站厅或等待室。它主要用于集合出站航班的旅客。

（4）航空公司工作场所。它是航空公司员工、设备处理与飞机到达及出发有关的工作和活动的场所。

（5）保安设施。它用于检查旅客和行李以及对去旅客登机场所的公共进入通道的管制。

（6）航站服务场所。它给公众提供各种便利和航站正常运转所需的非公共性的场所，如房屋维护和公用设施。

6.6　代表性国际机场介绍

- 北京首都国际机场

1）概述

北京首都国际机场简称首都机场，位于北京市顺义区，是中国的空中门户和对外交流的重要窗口，也是中国最繁忙的国际航空港。首都机场建成于 1958 年，已经运营近 60 年。首都机场年旅客吞吐量从 1978 年的 103 万人次一直保持增长势头，到 2016 年突破 9439 万人次，旅客吞吐量位居亚洲第一位、全球第二位。

首都机场是中国第一个拥有三座航站楼，双塔台、三条跑道（两条 4E 级跑道、一条 4F 级跑道）同时运营的机场。新建的 4F 跑道长 3800 米、宽 60 米，满足 F 类飞机的使用要求，配备了世界上最先进的三类精密自动飞机引导系统。这是我国目前最先进的起降导航系统，在很低的能见度下仍可实行飞机起降。世界上最大的飞机 A380 能够在首都机场顺利起降。机场有滑行道 137 条、停机位 314 个，以及各种先进的旅客、货物处理设施。

2）航站楼及功能简介

由于有三个航站楼，旅客乘机前需要确认是哪个航站楼。为了方便旅客在不同航站楼之间换乘航班，机场设有连接 1 号航站楼（T1）、2 号航站楼（T2）和 3 号航站楼（T3）的路侧摆渡车。

1 号航站楼（T1）于 1980 年 1 月 1 日启用，有 10 个登机口，规模相对较小。目前，1 号航站楼（T1）是海南航空集团（包括海南航空、大新华航空、金鹿航空、天津航空等）国内航班的专用航站楼。

2 号航站楼（T2）于 1999 年 11 月 1 日投入使用。它可以同时处理 20 架飞机的停靠。目前，2 号航站楼（T2）为中国东方航空公司、中国南方航空公司、厦门航空公司、深圳航空公司、重庆航空公司、海南航空国际航班，以及天合联盟的外航和非联盟的外航服务。

3 号航站楼（T3）总建筑面积为 98.6 万平方米，是国内面积最大的单体建筑，也是世界最大的单体航站楼。3 号航站楼（T3）由主楼和国内候机廊、国际候机廊组成，配备了自动处理和高速传输的行李系统、快捷的旅客捷运系统以及信息系统。它于 2008 年 3 月 25 日全面启用。现为中国国际航空公司、深圳航空公司、山东航空公司、上海航空公司、四川航空公司，以及星空联盟的外航、寰宇一家的外航和非联盟的外航服务。2010 年 8 月 13 日，3 号航站楼（T3）已经实现无线网络"Airport WiFi（FREE）"覆盖。旅客可凭有效证件领取账号，并经实名认证后，免费使用互联网。但每人每日最多可申领 3 个账号，一个账号可免费上网 5 小时。

3）专机候机楼

首都机场设有专机候机楼，于 2006 年 10 月 31 日启用。该楼主要用于政府出行，以及接待外国国家元首、政府首脑来访等正式活动。

● **上海浦东国际机场**

1）概述

上海浦东国际机场简称浦东机场，位于中国上海市浦东新区滨海地带，建成于 1999 年 9 月。自建成以来，浦东机场旅客吞吐量稳步增长，2016 年超过 6598 万人次，位居全球前 10 位、中国第二位。

目前，浦东机场拥有两座航站楼，四条跑道（两条 4E 级跑道、两条 4F 级跑道）。其中 2 号跑道满足 F 类机型运行标准，跑道南端设置三类精密仪表进近和助航灯光系统，跑道北段设置二类精密仪表进近和助航灯光系统。这是我国目前最先进的起降导航系统，在很低的能见度下仍可实行飞机起降。浦东机场拥有 70 座登机廊桥、218 个停机位，同时，装备有导航、助航灯光、通信、雷达、气象和后勤保障等系统，能提供 24 小时全天候服务。跑道能够满足 A380 等大型飞机的起降需要。第五跑道在建，预计该跑道 2018 年投入运行，未来将成为国产大飞机的试飞跑道。

2）航站楼及功能简介

由于有两个航站楼，旅客乘机前需要确认是哪个航站楼。为了方便旅客在不同航站楼之间换乘航班，机场建有连接 1 号航站楼（T1）和 2 号航站楼（T2）的摆渡车。

1 号航站楼（T1）由主楼、连接廊、候机长廊三大部分组成，均为三层结构，登机廊桥 28 座。进驻企业有中国的东方航空、海南航空、上海航空、四川航空、天津航空，以及国外的法国航空、文莱皇家航空、斯里兰卡航空、日本航空、大韩航空、荷兰皇家航空等。

2 号航站楼（T2）为多层式结构，由主楼（办票）、连接廊（联检）、长廊（候机、登机）三部分组成，登机廊桥 42 座。进驻企业有中国的中国国际航空、南方航空、深圳航空、山东航空、吉祥航空、春秋航空、澳门航空、国泰航空、香港航空，以及国外的加拿大航空、新西兰航空、马来西亚航空、美国达美航空、阿联酋航空、卡塔尔航空、美国航空、英国航空、土耳其航空、全日空航空、澳大利亚航空、新加坡航空、德国汉莎航空、泰国航空等。

- **新加坡樟宜国际机场**

新加坡樟宜国际机场简称樟宜机场，位于新加坡樟宜，占地 13 平方千米。樟宜机场是新加坡主要的民用机场，也是亚洲重要的航空枢纽。2016 年全年旅客吞吐量突破 5869 万人次。樟宜机场目前有 5 个航站楼，1 号、2 号和 3 号航站楼是连接在一起的，旅客可通过旅客捷运系统、高架列车、徒步行走来往于 3 个航站楼之间。在 2 号航站楼内的 JetQuay 航站楼有自己的验票柜台等设施给商务贵宾使用。低成本航站楼位于机场南方，旅客可在 2 号航站楼乘免费巴士穿梭来往。5 个航站楼能迎合不同需要的旅客，低成本航站楼主要为消费力较低的旅客服务；而 1 号、2 号和 3 号航站楼主要为普通旅客服务；JetQuay 航站楼主要是为高端旅客服务的。

樟宜机场有一对平行跑道，每条宽 60 米、长 4000 米。两条跑道均设有 4 个仪表着陆系统，能引导飞机在恶劣天气下安全着陆。

樟宜机场由新加坡民航局营运，是新加坡航空、新加坡航空货运等企业的主要运营基地。樟宜机场与数百家合作伙伴及 50000 多名员工密切配合，发挥各自专业优势，实现各部门联动，高效运作。除了确保旅客安全、快速、便捷地办理出入境及登机手续，樟宜机场还不断运用多样化、多层次的服务及产品，为旅客提供无压力的环境，个性化服务以及轻松愉悦的樟宜体验。免费 WiFi、充电站、按摩椅和小睡区，还有 5 个主题花园、家庭区、儿童游乐场、SPA、游泳池、健身房和电影院等设施，以及超过 140 家各具特色的餐饮店，让旅客能悠闲渡过候机时光。

- **美国亚特兰大哈兹菲尔德-杰克逊国际机场**

美国亚特兰大哈兹菲尔德-杰克逊国际机场简称哈兹菲尔德机场或亚特兰大机场。该机场占地 580 万平方英尺[①]，占地面积位居世界第三，仅次于香港国际机场和曼谷国际机场。亚特兰大机场位于美国亚特兰大市南区与佐治亚大学城相邻的地方。它与亚特兰大市和佐治亚大学城相连，并连接或辐射东中心（East Point）、哈皮维利（Hapeville）、福尔顿（Fulton）、凯尔顿（Clayton）等。它是世界旅客转乘量最大、最繁忙的机场，2016 年吞吐量超过 10417 万人次。

亚特兰大机场有 5 条平行跑道，其中机场北部有 2 条平行跑道，南部有 3 条平行跑道。空侧分为北区、中区、南区。有 3 条跑道可以平行起降，起飞和降落跑道分开，独立运行。

亚特兰大机场共有两座航站楼，即国内航站楼和国际航站楼。国内航站楼又分为国内北侧与国内南侧，二者并不是两个独立的建筑，而是一个巨大的连体建筑的两个部分。国内航站楼和国际航站楼用来为旅客办理乘机手续。

---

① 1 平方英尺=0.0929 平方米

在国内与国际航站楼之间建有 7 个并列的候机大厅。其中 T 厅与国内航站楼相连，其余六厅从西到东分别为 A 厅、B 厅、C 厅、D 厅、E 厅、F 厅。A～D 厅及 T 厅为国内航班服务，E 厅和 F 厅为国际航班服务。F 厅直接与国际航站楼相连，E 厅有通往国际航站楼的指定通道，并设有为转机旅客办理相关事宜的柜台。

亚特兰大机场有 1 个美国联邦航空管理局塔台，负责指挥飞机起降。机场还设有 4 个机坪塔台，负责飞机在停机坪上的指挥，其中 3 个机坪塔台由达美航空公司使用。达美航空公司每个机坪塔台有 5 个主要席位：值班经理席、美国联邦航空管理局联络席、登机口分配席、塔台控制席和代理协调席。这些席位的设置保障了飞机落地后可快速进行停机，旅客快速下机及登机，油料、机务、配餐、保洁等地面服务的完成，直至飞机滑出登机口起飞。

亚特兰大机场是达美航空公司的主要基地，而且主要经营着机场到美国其他地区和加拿大的空中交通业务。除了达美航空公司和穿越航空，该机场还有达美连航（Delta Connection）、大西洋东南航空（Atlantic Southeast Airlines）等。

6.7　机场的安全管理概述

机场是航空运输的空中与陆地的交界区域，机场的安全管理是航空安全管理的最重要环节。本节首先就机场的安全管理做简要介绍。

● **机场潜在风险因素**

实际上，机场区域汇集了各种不同形式的交通运输活动，并且存在各种突发性因素导致的重大事故隐患和潜在风险。因此机场具有其他交通汇聚地无法比拟的特殊环境，例如，机场必须考虑自空中进入机场区域的各种物体，甚至包括电磁波、声波等。因此，必须结合机场运行的总体环境看待机场安全管理。实际上，影响机场安全的因素很多。典型的导致潜在风险的因素包括以下几方面。

（1）交通流量大、各种类别的空中交通混合在一起。如国内的和国际的航班、商业航空和娱乐航空，固定翼和旋翼飞机等。

（2）大量的高能源和高作用强度，如燃油、推进装置、强吸力、高温喷流等。

（3）极端天气，如过高、过低的气温，强风，降水结冰，能见度差等。

（4）航空器在地面上的易损性，如需要专用路面、活动不便、有的部位易受损毁坏等。

（5）人员、动物，特别是各种野生动物侵入危险。

（6）缺乏足够的目视助航设备，如标志、标记和灯光。

（7）目视和非目视着陆导航设备不足和不可靠。

（8）外界无线电干扰、光源干扰等。

（9）机场布局，包括滑行道路线、拥挤的停机坪区域，以及可能导致跑道侵入的限制视线的建筑物和结构物设计等。

（10）驾驶员等不遵守规定的程序，尤其是在无管制的机场或航站。

（11）跑道的使用，如多条跑道同时使用、交叉起飞和优先使用的跑道等。

（12）停机坪的各种车辆和其他设施。

（13）地面和停机坪的管制问题，包括有时受到频率拥挤的影响、使用非标准的术语、语言障碍和错误的呼号等。

（14）机场地面与空面上工作的人员传递信息（通信）方面存在问题。

（15）空域限制，包括地形、障碍物、噪声抑制要求等。

（16）在使用中的机场上的施工活动。

（17）保安问题。

● **安全事件的报告与安全审计**

（1）安全事件的报告。主动识别安全危险的一个强大的工具就是安全事件的报告。对于机场安全事件的报告方式有两种基本类型：一是对国家规章要求的事故和事故征候进行的强制性报告；二是对根据强制性报告规定可以不报告的安全事件进行的自愿报告。通过无惩罚的事件报告系统，机场管理人可利用在机场得到的各种报告或观点，识别潜在的有可能危及航空器运行安全的情况或环境。

（2）安全审计。为了确保运行安全，机场管理人既要安排对机场安全管理体系进行审计，也包括对机场设施和设备进行检查等，也要对进驻机场的用户，包括航空器经营人、地面服务机构、在机场工作的其他机构进行外部审计。这些审计包括制度的建立、执行，以及相应的监督、管理等。

● **应急救援与响应**

（1）制定应急救援预案。机场的应急救援预案包括与其他相关机构进行必要的协作，满足这种应急需求。它反映的是机场管理者、常驻的利益相关者及不得不执行预案的人员之间的协作努力。制定机场应急预案的目的是最大限度地减少紧急情况所带来的影响，尤其是在挽救生命和维持航空器运行方面。机场应急预案概述了对机场内的不同机构及周围社区在紧急情况下能够提供帮助的机构做出的响应进行协调的程序。

（2）机场的应急演练。有三种检验机场应急救援预案的方法：一是全面演练。通过逼真、全面的模拟，检验所有能力、设施及参加应急救援的机构。这种演练应至少每两年进行一次。二是部分演练。有选择性地模拟应急响应职能（如消防）。这种演练在不进行全面演练的年度里应每年至少进行一次，或根据保持熟练程度的需要适当进行。三是桌面演练。这种演练用于更新程序、检查单、电话号码表等，以及以很少的开支整合应急响应资源的方法应至少每半年协调一次。

● **停机坪的安全管理**

停机坪的安全管理包括如下内容。

（1）结合员工能力进行有组织的系统培训，包括安全指导、遵守标准操作程序的必要性、地面保障设备的安全操作、技能培训等。

（2）标准操作程序应易于理解、目标明确、利于执行。

（3）建立危险及事故征候报告系统，并实际运行。

（4）对停机坪的意外事故等进行适当的调查。

（5）有效地搜集及分析相关的地面安全资料。

（6）对停机坪员工进行安全教育，提高安全意识，培育积极的安全文化。

（7）在安全委员会设有地面装卸人员及服务人员代表席位。

（8）把识别出的危险及所采取的减少或消除危险的行动的信息反馈给员工。

（9）持续实施加强安全意识的方案。

（10）监视地面系统安全。

6.8　机场的安全管理与保卫

20 世纪 60 年代以前，机场的安全问题主要限于普通的犯罪，它集中发生在运输工具设施被频繁地破坏。从 20 世纪 60 年代末期到最近几年的劫机现象看，机场和民用航空已经成为具有政治动机的恐怖主义分子犯罪的焦点，对民用航空安全构成极大威胁。"9·11"事件导致死亡人数达 3000 人以上、经济损失上千亿美元，给人类造成空前灾难。这种通过航空器实施的恐怖主义犯罪行径给全世界人民带来了极大的安全风险，让人们觉醒，使人们更加重视民航安全管理，否则，安全问题会严重制约民航事业的发展。这也更加重了民航业界对航空安全保卫工作的责任。

- **我国民航安全管理模式**

"安全"是一个含义十分广泛的主题，它客观上超出了机场的管辖范围，应对安全紧急情况需要涉及一些组织，如民航当局、机场行政管理部门、安全部门、航空公司营运部门、海关、警察、有关政府部门等。

我国民用航空安全保卫工作遵循统一管理、分工负责的原则。民航公安机关负责对民用航空安全保卫工作实施统一管理、检查和监督。有关地方政府与民用航空单位应当密切配合，共同维护民用航空安全。旅客、货物托运人和收货人及其他进入机场的人员，应当遵守民用航空安全管理的法律、法规和规章。

- **安全程序**

1）机场区域的安全程序

机场区域，通常定义为飞行设备的活动区域。因此进入机场的所有临近地带和建筑物的途径都要严格控制。在这些区域内，要进行特殊防护措施，具体情况如下。

（1）防护栏与门禁。整个机场的活动区域必须有足够的防护措施，例如，设置防护栏。通常，防护栏是高的、顶上装有铁丝网的、无法攀登的金属结构，如图 6-7 所示。通俗地说，就是要将机场围起来，对机场内部、外部实现有效的隔离。这既为闯入者设置了障碍，拖延和尽可能防止非法者进入，也便于对机场内部实现有效的管控。具体而言，就是进出机场的关口尽可能少，并且要用钥匙，或是进出系统的自动装置限制和管理人员或车辆的进出。大门必须有人值守，有照明设施及警报系统。

（2）人员通行证。对进入机场活动区域的人员实行通行证制度。任何在机场活动区域的工作人员都要佩戴通行证。持有通行证的工作人员应在他们所需要的地方或区域活动。人员通行证必须配有本人照片和防止窜改的保护薄等。通行证的发放要严格、规范。对通行证要定期检查，并且规定使用期限，一般为一年。

图 6-7　防护栏

（3）车辆通行证。车辆进入机场活动区域也必须持有车辆通行证。这种通行证由机场安全中心控制，仅发放给个别的车辆。

（4）飞机的保护。由于机场活动区域限制通行，无关人员和车辆就无法接近飞机。因此，通常不需要对停在停机坪上的飞机作特别的保护。但为了确保飞机安全，仍然有一系列安全防范措施，具体有：①地面强力照明，照射停机坪，阻止闯入者；②锁住飞机舱门；③当飞机长时间停留在跑道上而没有乘务员在飞机上时，撤走舷梯，不要让舷梯整夜靠在飞机上。

（5）通航飞机的控制。通航的飞机往往未经过安全检查就到达机场活动区域。为了确保安全，要对未经过安全检查的飞机和个人与已经经过安全检查的飞机和个人进行有效隔离，避免两者混合。

（6）对中转、过站旅客、行李和货物的检查。中转和过站的航班将对机场造成一些风险，尤其是从高风险地区及从安检被有意或无意放松的机场飞来的航班更有可能带来风险。要注意避免将这些航班的旅客和机组人员与已经经过安检的旅客和机组人员混淆。同样地，对行李和货物也将进行谨慎的检查。

（7）飞机的隔离停机区域和处置区域。一个机场要指明飞机的隔离停机区域。当怀疑有故意破坏，或者飞机被不法分子强占时，飞机应停放在隔离区域。这种隔离区域至少距其他飞机的停机区域、建筑物、公共区域和公共设备 100 米远。此外，机场还要指明一个处置区域，用来处理或爆破阴谋破坏的装置，以及处置非法占领的情况。

2）候机楼的安全措施

航空犯罪的防范是航空安保工作的重中之重。航空犯罪包括走私贩毒、劫机、爆炸等犯罪活动，无一不是通过候机楼进入航空器或机场的。应对这一挑战，各国普遍加强了安全检查，及时准确地制止了许多起恐怖活动、消除了安全隐患。实践表明，机场对旅客进行安检是非常必要的。这对确保航空安全、防止航空犯罪有着极其重要的作用。有的旅客对安检工作不配合、不自觉，实际上是缺乏安全意识和责任感，不仅是对别人不负责任，也是对自己不负责任。这里我们简要介绍安检工作，让公众更加了解和理解。

（1）安检部门的工作。民用航空安全检查部门依照有关法律、法规，通过实施安全检查工作，防止威胁航空安全的危险品、违禁品进入民用航空器，保证民用航空器及其所载人员、财产的安全。安检工作内容包括：①对乘坐民用航空器的旅客及其行李、进入候机隔离区的其他人员及其物品，以及空运货物、邮件的检查；②对候机隔离区内的人员、物品进行安全监控；③对执行飞行任务的民用航空器进行保护。

（2）安检措施和违禁品。对旅客及物品的扫描是通过使用电动机械、电子设备和 X 射线设备等检查来实现的。对行李的检查，既可以使用自动机械检查，也可以手工检查。当旅客通过检查的扫描仪器时，可以检查出旅客身上所带之物，必要时还可以伴以对人体的检查，以保证不法活动所使用的物品不会被带入机舱内。

通常，安检人员应截获所有的火器枪、犯罪武器、伪造品、爆炸品、易燃品、有毒物品和易腐蚀物品等。这里需要说明的是，对机组人员，这种例行的安检也是必不可少的。

另外，安全措施中还应包括机票的设计，以防止假票，严格办理乘机手续，以防不法分子获得有效的证明、机票和登机牌。

3）货运仓库的安全措施

由于货运大楼不接触旅客，因而安全程序相对简单，主要有：①通行证；②货运仓库的各个门、窗的安全；③进入货运大楼的控制。货运大楼是高水平惯犯的活动区域，也是恐怖主义分子和故意破坏者侵扰的且最易受伤害的不安全区域。

4）设备和系统的安全

采取保证机场设备和系统安全的一系列安全措施。机场可根据具体情况，自行选用，例如：①防护栏和人为障碍；②侦察闯入者；③灯光；④金属探测器；⑤爆炸和纵火装置的探测；⑥减压舱；⑦掩蔽壕；⑧办公室的安全设备等。

● **安全操作**

对于机场的安全管理和保卫，恰当的安全操作也是至关重要的，主要包括以下几个方面。

（1）日常操作。通过扫描检查旅客、行李、货物、邮件等，避免传统的犯罪等。

（2）加强对高风险航班的安全管理。

（3）对重要旅客的安全管理。

（4）对飞机被强占的报警与处置，包括飞机在空中被强占和飞机在地面被强占。

（5）对电话及其他方式的威胁的处置。这类威胁包括：①对空中的飞机；②对地面的飞机；③对空中的交通管制；④对机场的建筑和基础服务设施；⑤对随身携带的行李；⑥对非随身携带的行李等。

（6）对机场区域受到攻击的报警与处置等。

机场必须制订一个安全计划，作为机场的总指导。无论是日常操作，还是紧急事件的应对，都应该有详细的应急预案，以备发生紧急事件时实施操作，并且这类预案应该限制在必须掌握的人手中，不能随意扩散。

6.9　机场应急救援和消防

● **概述**

在任何特定的机场，都可能发生各种类型的紧急情况，包括航空器紧急情况，建筑物起火或是其他比较大的混乱。这里主要讨论航空器紧急情况。这种情况特指在机场和航行中可能造成所谓灾难性的大量人员伤亡的紧急情况。机场需要担负一个特别的职责，即制订计划，通过提供足够并有效的消防和救援服务来挽救大批人的生命。

● **应急救援机构与职责**

（1）根据我国《民用运输机场应急救援规则》规定，每个机场应当成立机场应急救援领导小组。并设立机场应急救援指挥中心，作为其常设的办事机构。

机场应急救援领导小组是机场应急救援工作的最高决策机构，由当地人民政府、民航地区管理机构或其派出机构、机场管理机构、空中交通管理部门、有关航空器营运人和其他驻场单位共同组成。

机场应急救援指挥中心（以下简称指挥中心），负责日常应急救援工作的组织和协调，根据机场应急救援领导小组的授权，负责组织实施机场应急救援工作。指挥中心总指挥由机场管理机构最高领导或其授权的人担任，全面负责指挥中心的指挥工作。指挥中心对机场应急救援领导小组负责，报告工作。

（2）指挥中心的主要职责如下：①组织制定和修改所在机场的应急救援计划；②指挥、协调与调和参加应急救援的单位，就已经发生的应急救援发布指令；③定期检查各有关单位的应急救援预案和措施的落实情况，并按本规定的要求组织应急救援演练；④负责参与应急救援的单位负责人姓名花名册及其电话号码变化的修订工作；⑤定期检查应急救援设备器材的登记编号、存储保管、维护保养等工作情况，保证应急救援设备完好；⑥组织残损航空器的搬移工作；⑦根据本规则及中国民用航空总局其他有关规定，制定应急救援项目检查单。

（3）其他部门的职责。遇到紧急事件，要求相关各部门，包括空中交通管理部门、驻场消防部门、驻场公安机关、驻场医疗部门、航空器营运人及其代理人都要积极参与应急救援，并明确各部门在救援工作中的主要职责。

空中交通管理部门在应急救援工作中的主要职责包括：①将获知的紧急事件情况按照应急救援计划规定的程序通知有关部门；②及时了解机长意图和紧急事件的发展情况，并报告指挥中心；③负责发布有关因紧急事件影响机场正常运行的航行通告；④及时提供紧急事件所需要的气象情报，并通知有关部门。

其余各个部门的职责也一一明确，这里不再赘述。

● **紧急事件种类**

我国民用运输机场应急救援规则规定，机场紧急事件包括航空紧急事件和非航空紧急事件。

（1）航空器紧急事件包括：①航空器失事；②航空器空中故障；③航空器受到非法干扰，包括劫持、爆炸物威胁；④航空器与航空器相撞；⑤航空器与障碍物相撞；⑥涉及航空器的其他紧急事件。

（2）非航空器紧急事件包括：①对机场设施的爆炸物威胁；②建筑物失火；③危险物品污染；④自然灾害；⑤医学紧急情况；⑥不涉及航空器的其他紧急事件。

● **紧急事件的报告与救援**

1）航空器紧急事件的报告

国际民航组织将需要救援和消防服务的航空器紧急情况划分为以下三种类型。

（1）航空器事故。当一个航空器在机场或机场邻近区失事时，机场的航管中心应向机场的救援和消防部门发出警报，并提供航空器失事的时间、地点及型号等详细资料。同时，其他有关的组织机构，如地方消防部门也应按照机场紧急情况应急救援预案予以通知。

（2）全面紧急情况。当一架发生事故或被怀疑发生事故的航空器飞临机场时，救援和消防人员将被召集到机场跑道附近的预先等候位置，并告知有关机型、机场人数、故障类型、将使用的跑道、预计着陆时间和机上危险品的位置及数量等详细资料。依照紧急事件应急救援计划中的程序要求，地方消防部门和其他有关机构也应处于待命状态。

（3）局部紧急情况。当一架飞机有或是怀疑有某种隐患，但没有严重到造成着陆困难时，救援和消防人员应预先在其临近的跑道就位待命，并由航管中心提供必要的详细资料。

2）紧急事件应急救援等级

对于航空器遇到的紧急事件，进行应急救援有三种等级：①紧急出动。已发生航空器坠毁、爆炸、起火、严重损坏等紧急事件，各救援单位应当按指令立即出动，以最快速度赶赴事故现场。②集结待命。航空器在空中发生故障，随时有可能发生航空器坠毁、爆炸、起火、严重损坏，或者航空器受到非法干扰等紧急事件，各救援单位应当按指令在指定地点集结。③原地待命。航空器空中发生故障等紧急事件，但其故障对航空器安全着陆可能造成困难，各救援单位应当做好紧急出动的准备。

非航空器的紧急事件应急救援则不分等级。

● **应急救援计划**

1）应急救援计划的基本要求

为了做好应急救援，必须做好应急救援计划。通常该计划的基本要求包括以下几个方面。

（1）制订机场应急救援计划应考虑的因素包括：①在紧急情况发生前的预先计划，明确组织权限，检查并执行计划；②在紧急情况处理期间的工作，随着紧急情况事态的发展，明确各阶段必须做的工作及职责范围；③在紧急情况以后，处理一些先前事件中不太紧迫的问题，并使指挥和运营转入正常的轨道。

（2）制订机场应急救援计划的目的：①确保有秩序并高效地从正常工作状态进入紧急运行状态；②任命机场紧急情况管理机构；③明确发生紧急情况时的职责；④给在行动计划内的主要人员授权；⑤努力协作处理紧急情况；⑥尽可能快地、安全持续地飞行或恢复飞行。

（3）应急救援计划的内容包括：①紧急事件的类型和应急救援的等级；②各类紧急事件的通知程序和通知事项；③各类紧急事件中所涉及的单位及其职责；④残损航空器的搬移及恢复机场正常运行的程序；⑤机场所在城市、社区应急救援的潜在人力和物力资源明细表和联系方式；⑥机场及其邻近地区的应急救援方格网图。

2）各项设施的准备

实施应急救援离不开救援设施，对于各项救援设施的准备至关重要，应保证它们在关键时候能够发挥应有的作用，具体情况如下。

（1）水的供应。用于营救和消防的水源应有保障，可以是来自机场的供水或机场地区的天然水。如果能在停机坪和服务区及邻近的行政机关等地区获得水源，将是非常便利的。

（2）救援通道。消防通道应保持畅通。救援和消防车辆应具有通过各种道面条件的能力，以减少到达事故地点及撤出死伤人员的反应时间。如果能够为救援和消防车辆提供紧急道路，特别是到达最可接近事发地的紧急道路，将使救援和消防车辆的行动更加容易。

（3）通信的要求。机场管理机构应当设立应急救援无线电专用频道。在紧急事件发生时，任何参与应急救援的单位应当使用专用频道与指挥中心保持不间断联系；指挥中心应当与参与应急救援的单位之间，建立有效、合理的通信网络，配置必要的扩音设备，保障紧急事件发生时信息的准确、快速传递。参与应急救援的单位在指挥中心许可下，可设有本单位的应急救援频道。

（4）报警的要求。当紧急情况发生时，需要通知的单位包括空中交通管制中心、机场救援和消防部门、机场安全机关、机场管理部门、航站经理、军队、地方消防部门、医疗机构、地方警察局。

（5）救援和消防车辆。根据现代救援和消防实践的经验，建议使用两种类型的车辆来处理航空事故，即快速介入车辆和主要救援车辆。

（6）人员需求。在决定救援和消防服务人员的数量及部署时，国际民航组织建议使用如下标准：①救援和消防车配备的人数，以能够卸下车上最大设计容量的主灭火剂和辅助灭火剂为限；②快速介入车辆和主要救援车辆在装载充足人员的情况下能立即投入运行；③任何与救援和消防服务有关的控制室或通信设施值守人员应能够维持工作，直到机场紧急情况应急救援计划制订出可替代的新方案。

6.10　危害机场区域安全的典型因素与防范

● 国家法定禁止事项

由于机场的特殊性，国家法律规定，禁止在依法划定的民用机场范围内和按照国家规定划定的机场净空保护区域内从事下列活动：

（1）修建可能在空中排放大量烟雾、粉尘、火焰、废气而影响飞行安全的建筑物或者设施；

（2）修建靶场、强烈爆炸物仓库等影响飞行安全的建筑物或者设施；

（3）修建不符合机场净空要求的建筑物或者设施；

（4）设置影响机场目视助航设施使用的灯光、标志或者物体；

（5）种植影响飞行安全或者影响机场助航设施使用的植物；

（6）饲养、放飞影响飞行安全的鸟类动物和其他物体；

（7）修建影响机场电磁环境的建筑物或者设施；

（8）在依法划定的民用机场范围内放养牲畜；

（9）燃放烟花爆竹或放飞影响飞行的升空物体（孔明灯、风筝等）。

● 鸟击及其防治

1）了解鸟击

鸟击又称鸟撞，是指鸟类与飞行中的人造飞行器、高速运行的列车、汽车等发生碰撞，造成伤害的事件。飞机起飞和降落过程是最容易发生鸟击的阶段。超过 90% 的鸟击发生在机场和机场附近空域，50% 发生在低于 30 米的空域，仅有 1% 发生在超过 760 米的高空。

在飞机出现以前，没有高速人造飞行器，鸟类在空中的飞行与人类的活动互相没有重叠，不会造成危害。飞机的出现使得情况发生了变化，鸟类的飞行空间被挤占。由于飞机飞行速度快，与飞鸟发生碰撞后常造成极大的破坏，严重时会造成飞机的坠毁。目前鸟撞是威胁航空安全的重要因素之一。

20 世纪 80 年代以来，世界各国的鸟击事故大幅度增加。据不完全统计，每年全世界约发生 20000 起鸟击事故，仅美国航空公司每年就发生 4000 多起。触目惊心的鸟击事故的背后是巨大的经济损失，全球每年因鸟击事故产生的损失超过了 100 亿美元。

2）发生鸟击的原因

从相对运动的角度说，航空器的高速飞行是导致鸟击的重要原因。飞机等航空器飞行极快，这导致绝大多数鸟类无法快速躲避飞行中的航空器。再者就是喷气式飞机的进气口有强大的气流，它常会将飞过的鸟类吸入发动机，从而造成鸟击事件。

发生鸟击，离不开鸟类的存在。机场附近区域鸟类多就容易导致鸟击。从机场环境方面讲，归纳鸟类多的因素有：第一，机场的地理位置。一般机场都位于远离城市中心的郊区，其周围人类建设和活动较少，常常存在鸟类栖息繁殖的场所。第二，机场内建筑多是开阔平坦的，并且还建有草坪，由于人类活动的影响，机场中气温、地温较高，植物生长旺盛，机场成为昆虫、鼠类、野兔的栖息地，可为不同生态位的鸟类提供充足的食物。第三，随着机场的建设和运营，临近机场的区域常常形成新的社区，人类活动增加，将这一区域的鸟类驱赶到相对平静的机场区域。第四，空旷开阔的机场常常成为一些候鸟迁徙之前的聚集地或者迁徙途中的落脚点。这些因素综合起来，就易造成在机场区域鸟类的活动与飞机的起降形成交叉，从而导致鸟击事件的发生。

3）鸟击对飞机的危害

鸟类撞上飞机，除了鸟类无法逃生，飞机还会受到损伤。据统计，在世界各地发生的机毁人亡事故中，有 20% 是因鸟击飞机而造成的，飞鸟对飞机的安全造成了巨大的威胁。鸟击的防治被列为世界级难题，国际航空联合会甚至把鸟害升级为 A 类航空灾难。鸟击对飞机的破坏程度与撞击的位置密切相关。导致严重破坏的撞击主要集中在导航系统和动力系统两方面。

（1）鸟击对导航系统等的破坏影响飞机的导航、操纵。导航系统包括机载雷达、电子导航设备、通信设备等。由于导航的需要，这些设备的防护罩（包括风挡玻璃）强度较其他部位低，更易因鸟撞而损坏。这会导致飞机失去导航系统的指引。

驾驶员面前的风挡玻璃，对于引导飞机起降也非常重要。鸟击也会损坏飞机的风挡玻璃，进而影响飞行员操纵飞机。飞鸟撞击到飞机机翼前缘或尾部部件时，可能会损坏飞机的操纵舵面，进而影响飞行的操纵。

（2）鸟击对动力系统的破坏造成的后果更直接。鸟类（或其他物体）被吸入发动机进气口后，就会使涡轮发动机的扇叶弯曲、变形或卡住发动机，甚至可能引起发动机故障或毁坏，致使发动机停机，导致飞机失去动力。计算表明，飞鸟撞击到高速旋转的扇叶上时，其撞击的能量与一辆高速行驶的小轿车撞向一道坚固的围墙相当。

4）鸟击的防治

显然，防治鸟击对航空安全起着非常重要的作用。防治鸟击的主要思路就是减少鸟类活动与航空器起降的重叠。防治的途径有被动与主动之分。

（1）被动的防治途径主要是观察鸟情。一是在机场建设之初就需要对所在地的生态环境作出评估，尽量避免在鸟类栖息地和迁徙补给地附近建设机场。二是机场塔台和空中交通管制部门须随时观测机场地面和上空的鸟类活动状况，遇到大量鸟类聚集和活动时，及时关闭跑道、停止飞机起降、指挥飞机拉升高度，从而减小鸟击发生的概率。当代，观察鸟情主要依靠目视和雷达侦测。在一些国家和地区的机场，在自动终端情报服务中就有鸟情通报，以指导飞行员规避鸟类活动区域。三是机组人员在飞机起降过程中，也必须注意观察鸟情，在低空飞行时控制飞行速度，以减少鸟击以及撞击的破坏力。

（2）主动的防治途径主要是驱赶鸟类离开机场空域。驱赶的方式主要是恐吓、破坏栖息环境和迁移栖息地。

①恐吓是最简单和最直接的驱赶鸟类的方式。比较常用的有煤气炮、恐怖眼、录音驱鸟、猎杀、豢养猛禽等方法。煤气炮在许多机场都有配备，是一种以煤气为燃料的爆炸装置，机场地面工作人员定时燃放煤气炮，发出巨大声响，以驱走鸟类，但是长期使用煤气炮会使鸟类对其声响产生耐受，影响驱赶效果。恐怖眼是绘制有巨大眼睛图案的气球，由于鸟类对眼睛图案比较敏感，随风飘舞的恐怖眼会起到很好的驱赶效果，但是长期使用恐怖眼同样会面临耐受问题。录音驱鸟使用配有高音喇叭的汽车播放猛禽的鸣叫或鸟类受到虐待时凄厉叫声的录音，活动于机场的鸟类受到录音的刺激会很快逃离。这种驱鸟方式受到地域的限制，必须使用本地鸟类的录音才会有较好的驱赶效果。猎杀是最原始的驱鸟方式，但是非常有效，长期的猎杀会有效控制鸟类数量，但是这种方式由于伦理和生态保护的原因遭到较多的反对。豢养猛禽是一种以鸟治鸟的方式，在机场人工驯化和饲养一定数量的猛禽，定时放飞，形成较高的密度，令野生鸟类感受到威胁，从而离开机场。豢养较大形的猛禽不仅可以驱赶鸟类，还能够捕杀生活在机场的哺乳动物，减少食物的供应同样能够驱使鸟类离开机场，在欧洲、北美、俄罗斯的一些机场，豢养猛禽驱赶鸟类都取得了极大的成功。

②破坏栖息环境是另一种驱赶鸟类的方式，妥善处理机场及附近社区产生的生活垃圾，投放鼠药和捕鼠器，选择本地鸟类不喜欢的草种、树种进行机场的绿化，及时处理机场草坪令鸟类无法藏身，清理机场附近的湿地、树林等适宜鸟类栖息的环境，以及使用鸟类厌恶但对环境没有影响的化学制剂，都会令鸟类放弃将机场及附近地区作为栖息地，从而减少鸟类在机场附近的活动，降低发生鸟击的概率。

③迁移栖息地是比较困难的方式，在远离机场的区域针对造成机场鸟击事故的主要鸟种建立有针对性的保护区，建设栖息地，吸引机场附近的鸟类。在上海，九段沙湿地保护区的建立就成功地吸引了原本栖息在浦东国际机场附近的鸟类，减少了该机场的鸟击事故发生率。

鸟击防治需要综合各种方式，任何一种方式单独使用都将面对鸟类的耐受问题，在使用一段时间后将失效。同时，进行鸟击防治必须深入研究本地鸟类的生物学和行为特征，有针对性地进行防治。

● 无人机干扰及其防范

目前，无人机技术快速发展，其数量飞跃发展。但一些人法制观念淡薄，无人机干扰民航飞机的案例时有发生，严重干扰了民航运输正常，威胁了航空安全。仅 2017 年 5 月，我国共有 326 次航班受无人机影响。因此，我们必须认清无人机干扰民航运输的危害，进一步加强防范措施。这里简要介绍如下。

（1）无人机飞行对航空安全的危害。无人机对民航飞机的危害主要有两个方面。首先是信号干扰问题。这是因为飞机上的飞行控制系统、自动导航系统、自动驱动系统、起落装置及通信设备，都有可能受到无线电信号的干扰。特别是在飞机起飞和降落阶段，系统对于自动导航的要求比较高，要给自动导航模式很好的电磁环境。这个时候通信链路如果受到干扰，会影响自动导航模式。而在这个时候，由于飞行高度较低，飞机可能接收到从地面反弹射向天空的基站信号。由于无人机的飞行和通信控制模式等与机场的导航系统等的工作模式有某些相近之处，无人机及其遥控系统的信号极易干扰机场的导航系统。因此，乘务员都会在飞机起飞前通知所有旅客必须关闭手机、计算机等电子设备。其次是碰撞问题。前面已经介绍了鸟击。虽然飞鸟的体形小、质量轻，但飞机的高速运动使得鸟击的破坏力达到惊人的程度。而飞行的无人机就相当于鸟，并且其中还有金属材料、蓄电池等。它一旦撞上飞机，将可能造成毁灭性的伤害。

（2）防范措施。由于无人机飞行严重威胁航空安全，目前，各国纷纷对无人机的使用制定了法律法规。如英国民航局发布无人机安全管理规范，明确：普通用途的无人机只能在视线可及的距离内（大约 500 米）操作，飞行高度不可超过 122 米；载有摄像头的无人机不能在距离人、车辆或建筑物 50 米以内的地方飞行。英国民航局警告称，在英国机场起飞和降落的无人机一旦被发现干扰客机飞行，其操控者属于刑事犯罪，将面临指控和监禁。日本已经正式敲定了包含小型无人机管制措施的《航空法》修正案，明确未获许可的无人机将禁止在住宅密集地及机场周边飞行，违者将处以 50 万日元罚金。

实际上，我国法律早就明确了对机场净空保护区的安全性的规定。《中华人民共和国民用航空法》规定：禁止在民用机场范围内和按照国家规定的机场净空保护区域内从事的活动就包括"饲养、放飞影响飞行安全的鸟类动物和其他物体"。我国《通用航空飞行管制条例》明确，从事通用航空飞行活动的单位、个人，必须按照《中华人民共和国民用航空法》的规定取得从事通用航空活动的资格，并遵守国家有关法律、行政法规的规定。最近，民航当局又先后制定了《民用无人驾驶航空器系统空中交通管理办法》《民用无人机驾驶员管理规定》《民用无人机驾驶航空器实名制登记管理规定》等。我国于 2017 年 6 月 1 日开始实施无人机实名注册登记。因此，无人机飞行必须满足航空器安全要求、无人机操作员资质要求及其他法律法规的要求。

第7章 如何保障

——支持与服务

大家容易想到，航空运输需要油料供应、器材供应、信息技术支持与服务、飞机维修、餐饮旅店服务等。客观地说，一个完善的航空运输系统依赖于许多行业或领域的支持或服务保障。限于篇幅，本章仅就油料供应、航材保障、信息技术支持与服务、餐饮等服务保障进行介绍，而把飞机维修等放在第8章。

7.1 了解航油

● **航空燃油概述**

什么是航空燃油？大家知道，汽油、煤油是从石油提炼出来的。但各个油田生产的石油的品质多种多样，提炼出来的汽油、煤油也就会有很大差异。因此，各种装置生产的油品一般还不能直接作为商品。为满足商品规范标准，除需进行调和、添加添加剂，往往还需要进一步精制，除去杂质，改善性能以满足实际要求。航空燃油就是专门为飞行器而设置的燃油品种。航空燃油分为两大类：航空汽油，用于往复式发动机的飞机上；航空煤油，用于航空燃气涡轮发动机和冲压发动机。

为了确保燃油质量，各种用途的油品必须符合国家标准。例如，GB 1787—2008 航空活塞式发动机燃料，GB 1788—1979 2 号喷气燃料，GB 6537—2006 3 号喷气燃料。

● **航空煤油的特点**

航空燃油用于飞机发动机，为飞机提供动力。这就要求它的"质素"比暖气系统和汽车所使用的燃油高，通俗地说就是"劲儿足"，通常还要含有不同的添加物以减少结冰和因高温而爆炸的风险。这里仅以民用航空常用的 3 号喷气燃料——航空煤油进行介绍，它的主要特点如下。

（1）密度适宜、热值高、燃烧性能好，能迅速、稳定、连续、完全燃烧，且燃烧区域小，积碳量少，不易结焦。有汽车的读者会知道，汽车发动机积碳多，汽车就会抖动得厉害，需要清洗气缸。

（2）低温流动性好，能满足寒冷低温地区和高空飞行对油品流动性的要求。由于民航飞机经常在高空飞行，气温低，也会遇到极端恶劣天气，这就要求燃油具有较好的低温流动性，否则燃油凝固就会导致恶性事故。

（3）热安定性和抗氧化安定性好，可以满足超声速高空飞行的需要。热安定性是指金属在高温下对氧化的抵抗能力，或指石油产品抵抗热影响，而保持其性质不发生永久变化的能力。抗氧化安定性就是指抵抗由于空气（或氧气）的作用而引起其性质发生永久性改变的能力。飞机当然会遇到高温或温度变化，以及空气、氧气等。这就需要燃油保持稳定的性能，否则将影响发动机的稳定性。

（4）洁净度高，无机械杂质及水分等有害物质，硫含量尤其是硫醇性硫含量低，对机件腐蚀小。这个特点也是大家容易理解的。这与空气污染、机械磨损等都有关系。

（5）煤油是航空涡轮发动机的适当选择。燃油有很多种，为什么航空涡轮发动机要用煤油？这实际上主要是技术问题。汽油容易挥发，太容易燃烧，对于航空涡轮发动机而言，安全性差。柴油黏度太大，在涡轮发动机里不适合，因为要靠很细小的喷嘴把燃料喷成雾状，才能跟高压高温空气充分混合，产生猛烈燃烧。

● **航空汽油的特点**

航空汽油主要用于无增压器的小型活塞式航空发动机，它的特点如下。

（1）蒸发性能好、易燃、性质稳定、结晶点低和不腐蚀发动机零件。

（2）抗爆性能高。抗爆性能就是在发动机中正常燃烧（无爆震）的能力。

汽油的抗爆性能通常用辛烷值表示。辛烷值是指与这种汽油的抗爆性相当的标准燃料中所含异辛烷的百分数。这种标准燃料由异辛烷和正庚烷混合液组成。汽油内的正庚烷在高温和高压下较容易引发自燃，造成爆震现象、降低引擎效率，更可能导致汽缸壁过热甚至活塞损裂。因此，将异辛烷的辛烷值定为 100，表示抗爆性优良；正庚烷的辛烷值定为零。这两种标准燃料以不同的体积比混合，可得到各种抗爆性等级的混合液，其辛烷值为 0～100。抗爆性与标准样品相等的混合液中所含异辛烷百分数，即为该样品的辛烷值。汽油的辛烷值越大，抗爆性越好，质量越高。

对辛烷值的要求依发动机的特点而异，主要取决于压缩比。压缩比越大，辛烷值应当越高。

● **了解航空汽油和航空煤油的使用差异**

目前，世界各航空公司所使用的航空燃料主要有两大类：航空汽油和喷气燃料。它们分别适用于不同类型的飞机发动机。

（1）航空活塞发动机用航空汽油作为燃料。航空活塞发动机与一般汽车发动机工作原理相同，只是功率大、自重轻一些。因而航空活塞发动机对航空汽油的质量要求和车用汽油类似。现在这种发动机只用于小型的螺旋桨飞机和一些辅助机种，如直升机、通讯机、气象机等，所以相应的航空汽油的用量也大大减少。

（2）涡轮喷气发动机用航空煤油作为燃料。随着推进技术的提升和民航事业的发展，民用大型客机的动力装置多选用涡轮喷气发动机。这种发动机推动力大、效率高。它通过把燃料燃烧转变为燃气，产生推力，因而所使用的燃料称为喷气燃料。国内外普遍生产和广泛使用的喷气燃料多属于煤油型，通常称为航空煤油。

● **防止两种航空燃油误用**

两种航空燃油特点不同、性能各异，混淆航空燃油的种类会非常危险。因此，专业人员非常重视区分航空汽油和航空煤油，并且要防止误用。防止航空汽油和航空煤油误用的方法和措施如下。

（1）在所有容器、车辆和加油喉管上，清楚标明燃油种类。

（2）用颜色加以区分。航空汽油会被染成红色、绿色或蓝色；航空煤油是无色的。

（3）用加油喷嘴直径限制防止误加航油。规定往复式发动机飞机的加油口直径不得大于 60 毫米；航空汽油的加油喷嘴直径为 40 毫米（美国为 49 毫米）；而航空煤油的加油喷嘴直径大于 60 毫米，因而不适合用于往复式发动机飞机（使用航空汽油）的加油口。

- **航空燃油添加剂**

为了提高燃油的品质或性能，通常在燃油中添加各种添加剂，典型的添加剂如下。

（1）四乙基铅。它是用来提高燃油的闪点的。

（2）抗氧化剂。碱性酚，如 AO-30、AO-31 或 AO-39，是用来防止起胶的。

（3）防静电剂。静电对于燃油是十分危险的。添加防静电剂以削减静电并防止发生火花。新一代的航空煤油防静电剂为无灰型防静电剂、腐蚀抑制剂等。

7.2　航油保障

读者已经知道了许多关于航空运输的安全管理与保障措施。对于飞机加油，你也可以想象，这不会比汽车加油更简单、更方便。例如，飞机停在机场，加油就得在机场进行，等等。依笔者来看，为民航运输飞机提供航油保障是一项更专业的工作。这里就对相关工作进行简要的介绍。

- **飞机耗油知多少**

普通大众对飞机消耗多少油并没有什么概念。以 B747-400 飞机为例，它起飞一次耗油为 5 吨左右。A320 飞机属于中型干线飞机，比 B747-400 小一些，它起飞一次耗油 4 吨左右。飞机的耗油量与飞行距离、载重量及各种飞机机型有关。例如，从杭州到深圳，一般都是 A320 系列或 B737 系列飞机承运，能载 130～190 人，飞机的起飞油量都在 9.5 吨左右。如果从国内飞往美国，B747-400 飞机就需要消耗 160～190 吨的燃油。

- **民航飞机的起飞油量**

飞机耗油量十分可观，民航飞机每次起飞前都需要加足油。航班飞机的起飞油量是由本次航班的航程油量和备份油量组成的。备份油量包括改航油量、等待油量和滑入油量。备份油量即从目的地机场飞至备降地机场并在备降地机场上空等待（盘旋）45 分钟所需的油量。一般各航空公司的航线油量是由各公司的飞行性能室，经过严格科学的计算制定的，应该完全能够满足航班正常飞行需要。这也是正常情况下飞行、签派、油料和配载等部门所使用的油量数据。

尽管各航空公司对航班的起飞油量都有明文规定，并且都制定了相关机型的航线油量手册，但大多数机组人员认为多加油更有利于保障飞行安全，并且机组有权对多加油问题做出决定。因此，民航飞机的起飞油量还会更多一些。

- **机场供油**

机场供油就是必不可少的，为此各个机场都驻有专门的航油保障部门，或者说是航油供应企业。该类企业在机场的供油设施包括储油设施和加油设施。

（1）储油设施。小型机场的储油设施包括使用油库或桶装库。大型机场的储油设施，除了使用油库，还包括储备油库，甚至还包括中转油库。

（2）加油设施。这主要是指机坪加油管网和飞机加油车，如图7-1和图7-2所示。

图 7-1　机坪加油管网加油

图 7-2　飞机加油车加油

涡轮喷气发动机和涡轮螺旋桨发动机的飞机使用航空煤油。这类飞机或重量大或飞行距离长，飞机的耗油量大。在加油的飞机架次增多、加油量极大地增加的情况下，要求采用简单的管线加油系统和自动化的管线加油栓系统直接给飞机加油，如图7-1所示。

航空汽油的加油设施比较简单，在小型飞机场，最简单的加油设施是手摇泵和麂皮漏斗。最常用的航空汽油的加油方式是使用油库内设高架罐给加油车加油，油料在加油车内沉降、放污油后再给飞机加油。

（3）油品种类与添加剂。给飞机加燃油这是不言而喻的。当然读者也会意识到，飞机需要专用的各种航空润滑油、润滑脂和液压油。这些油品也是机场必须保障的。必要时，还需要往燃油中加防冻液、防静电添加剂等。

● **加油方式**

给民用运输飞机加油，主要有两种方式，即翼上加油和翼下加油。

（1）翼上加油主要用于小型飞机、直升机和所有往复式发动机飞机。打开一个或多个油箱盖，再以传统油泵加油，这与通常的汽车加油相似。

（2）翼下加油也称为单点式（single-point）加油，主要用于使用航空煤油的大型飞机上。只要打开一个油箱的加油口，用一条高压喉管与加油口连接好，再利用油泵以 50psi[①]的压力将航油泵进油箱内。虽然只有一个加油点，但飞机的各个油箱之间的燃油分配都由加油点控制面板或驾驶舱控制，这样就可以将航油送到各个油箱。

● **加油规范要求**

民航运输的安全理念和技术经济指标要求给民航运输飞机加油必须遵守规范要求，主要有以下三方面。

1）严格保证燃油质量

通常在油料进入飞机油箱之前要经过三道过滤。第一道是油料进入使用油库之前，用过滤器过滤。第二道是过滤器站过滤，经过第二道过滤后，再给加油车加油或用管道送至站坪加油井。第三道是在加油车或管线加油车上用过滤器或水分离器过滤，然后才能进入飞机油箱。

2）保证加油速度

为了充分发挥空运的优势，每架飞机的加油时间，包括准备和收尾工作时间，不应超过半小时。如 B707 飞机的最大加油速度为 290m³/h；B747 飞机的最大加油速度为 450 m³/h。

3）保证加油安全

这显然是毋庸置疑的。加油必须采取的措施如下。

（1）飞机加油车的静电接地。飞机在天空飞行后，会积聚一些静电。如果在加油前不把静电消除，可能会产生电弧并点燃燃油蒸气。为了防止上述意外发生，飞机必须连接导线到加油器具，在一些地区会要求飞机和加油车接地。

（2）控制加油压力。对压力加油系统多次调节压力，采用环状管网，安装水击压力缓冲器、回流卸压阀。

（3）严格遵守操作规程。航空燃油泄漏会对环境构成极大的危害，所有加油车辆都带有控制燃油泄漏的器材。任何加油作业都必须配备灭火筒，而机场消防队都应受过特别训练，能够应对航空燃油泄漏和火警。每天和每次飞行前必须检查航空燃油，以免航空燃油被水或污染物污染。

7.3　航油供应企业——中国航油及其管理

中国航空油料集团有限公司成立于 2002 年 10 月 11 日，简称中国航油。中国航油是以原中国航空油料总公司为基础组建的国有大型航空运输服务保障企业，是国内最大的集航空油品采购、运输、储存检测、销售、加注为一体的航油供应商。为了做好航油保障，作为航油供应商，

---

① 1psi=6.89476×10^3Pa

中国航油主要应做好两项重要工作，即机场油库管理和油库安全管理。下面分别做简要介绍。

● **中国航油概况**

中国航油是国务院授权的投资机构和国家控股公司试点企业，是国务院国有资产监督管理委员会管理的中央企业。中国航油控股、参股 20 个海内外企业，构建了遍布全国的航油、成品油销售网络和完备的油品物流配送体系，在全国 190 多个机场拥有供油设施，为全球 200 多家航空客户提供航油加注服务，在 25 个省（自治区、直辖市）为民航及社会车辆提供汽油、柴油及石化产品的批发、零售、仓储及配送服务，在长三角、珠三角、环渤海湾和西南地区建有大型成品油及石化产品的物流储运基地。

中国航油已成为亚洲第一大航油供应商，2015 年 7 月，以 2014 年营业收入 2229 亿元荣登《财富》世界 500 强第 321 位。

航油供应是中国航油的核心业务，中国航空油料有限责任公司是中国航油的主要经营主体。

● **机场油库管理**

机场油库担负着四方面的任务：储油、向机场输送油料、对油料质量进行监控、保障油库安全。为了完成上述任务，机场油库的各种设施及设备附件都必须保证处于正常状态并确保正常运行。

（1）储油罐管理。储油是机场油库的核心任务。储油设施的主体是储油罐。对不同性质的油罐，如航空煤油罐、航空汽油罐、车用汽油罐、润滑油罐等必须分组布置，各储油罐之间应保持规定的距离。在设计使用前必须事先计划布置好。

（2）储油罐的维护保养。机场一般采用地面钢制储油罐。航空煤油宜采用立式拱顶锥底储油罐。这种储油罐的形状便于油品中的水分、杂质集中沉淀至罐底锥形的尖底，并排放，而且清洗时工作人员不需要进入罐内也可以保证清洗质量。

（3）对储油罐附件的检查维护。储油罐有许多附件，应对其进行定期检查或更换。按其作用分为三类：①为了完成油品的收发作业和便于生产管理，如进出油短管、放水管、加热管、量油孔、梯子、栏杆、液面计等；②为了保障油罐安全，防止或消除各类油罐事故，如阻火器、呼吸阀、液压安全线、胀油管、避雷针及静电接地装置、泡沫产生器、保险活门等；③为了方便对储油罐检修、清洗，如人孔、光孔、清扫孔等。

（4）对输油设施的管理。机场输油设施主要是指输油管道、各种阀门、管件和油泵。油库输油管道采用无缝钢管。管路的敷设有地上、管沟和埋地三种方式，其中管沟敷设采用得最多。管线的不同敷设方法各有利弊，应根据地形、地质、土壤、地下水位、气候等条件灵活选择。机场油库常用的油泵有离心泵、齿轮泵、往复泵和螺杆泵等不同类型。机场油库中输送煤油基喷气燃料、航空汽油及车用汽油、柴油等普遍采用离心泵。输送润滑油时，可根据不同需要，选择使用往复泵、齿轮泵或螺杆泵。

● **油库安全管理**

机场油库储存有大量的各种油品。在这些油品中，绝大多数都含有易挥发、易流失、易燃烧、易爆炸和有毒性物质。如果设备设施不完善，规章制度和操作规程不科学、不严密，都有可能导致火灾、爆炸、中毒等事故发生，甚至酿成大祸。因此，安全不仅是机场油库的生命线，也是整个机场的生命线。油库的安全管理主要涉及防火、防爆、防雷、防静电、油库消防、防毒等。

1）油库的防火、防爆

油库一旦发生火灾、爆炸，不仅会导致重大的经济损失，还会造成人员伤亡，并威胁整个机场的安全。因此，失火、爆炸是油库最严重的安全事故。油库失火、爆炸的原因通常有：①电器设备短路、接地不良等原因引起的电弧光和火花。②金属撞击引起的火花。③静电和雷电。④人为原因。

油库的防火、防爆就要针对上述原因采取相应措施，这些措施主要包括以下五方面。

（1）油库内及附近工作场所采用防爆电器设备。

（2）地面油罐的周围要修筑防火墙或堤，一方面避免外界火种接近油罐；另一方面在油罐发生火灾、爆炸时，可以将危险范围控制在防火墙内。

（3）安装避雷和静电接地装置。

（4）保持消防设施的完备、完好。

（5）严格操作规程。

2）油库的防毒

油品及其挥发气体具有毒性，轻质油品挥发性强，而且毒性尤其大。针对这些特点，必须采取的措施有以下四方面。

（1）经常维护和检修储油罐、阀门和管道等设备，保证其密封性能。

（2）改善油库通风设备，保持工作场地空气流通。

（3）定期检测工作压空气中的有毒气体的含量，将其控制在允许浓度之内。

（4）加强工作人员的个人保护，如穿戴防护用具等。

7.4　航材供应与保障

● **航材概述**

航材也就是航空器材，是指除航空器机体以外的所有航空器部件和原材料。作为运载工具，飞机等航空器的制造不可能一劳永逸，必然会需要维护、维修，更换零部件等，这就是航材保障的任务。因此，航材保障也是民航运输的关键一环。

大体上，航材主要包括两大类：一类是民用飞机、发动机及其零部件、机场设备等；另一类是航空电子及附件、安装器材和工作台、测试设备和工装、通信产品、地面支援设备及飞行员用品等。

● **航材规范的基本概念**

航空器材多种多样，品质与性能各异，必须通过法定标准进行规范。这对于保障航空运输安全是十分必要的。使用规范的、符合标准的航材是保障航空安全的前提。这里简要介绍有关航材规范的一些基本概念。

（1）民航当局批准的生产制造系统。这是指根据 CCAR-21（《民用航空产品和零部件合格审定规定》）部批准的生产系统，包括：① 零部件制造人批准书（parts manufacturing approval，PMA）持有人；②技术标准规定项目批准书（China civil aviation technology standard order authorization，CTSOA）持有人；③仅依据型号合格证生产的型号合格证持有人；④ 生产许可证持有人。

（2）民航当局批准的部件。这是指根据 CCAR-21 部或 CCAR-145 部，在民航当局批准的生产系统制造的或在民航当局批准的维修单位维修的，并符合民航当局批准或认可的型号设计数据的部件。

（3）民航当局认可的部件。这是指下述认可的装于型号审定产品的零部件：①根据 CCAR-21 部及双边适航协议，装于经型号认可的外国航空产品上的零部件；②根据 CCAR-145 部及有关维修合作安排或协议认可的维修单位维修的零部件；③按照航空器及其部件制造厂家指定方式进行的因设计或制造原因导致的索赔修理或执行强制性改装的零部件；④航空器制造厂家确定的标准件（如螺母和螺栓）；⑤航空营运人根据民航当局批准的程序制造的用于自身维修目的的零部件；⑥由民航当局授权的人员确定符合批准的型号设计数据的零部件；⑦其他民航当局规定的情况。

（4）标准件。这是指符合确定的工业或国家标准或规范的零件。具体包括其设计、制造和统一标识要求。这些标准或规范必须是公开发布并在航空器或其部件制造厂家的持续适航性资料中明确的。

（5）原材料。这是指符合确定的工业或国家标准或规范，用于按照航空器或其部件制造厂家提供的规范进行维修过程中的加工或辅助加工的材料。这些标准或规范必须是公开发布并在航空器或其部件制造厂家的持续适航文件中明确的。

（6）新件。这是指没有使用时间或循环经历的航空器部件（制造厂型号审定过程中的审定要求经历或台架实验除外）。

（7）航材供应商。这是指向航空营运人提供民航当局批准或认可的航空器/航空器部件的任何单位或个人。航材供应商应当为经批准或认可的航空器部件制造厂家、维修单位或者航材分销商，任何仅提供信息、运输、财务服务的代表、代理人（包括机构）不视为航材供应商。

● **新件所需标识及合格证**

除了标准件，民航当局批准的新件应具备如下合格证件和标识。

（1）由民航当局批准的生产系统批准持有人对单个或一组航空器部件颁发的批准放行证书/适航批准标签（CAAC 表 AAC-038）。

（2）根据 CTSOA 制造的航空器部件，必须以永久和易读的方式标示出下列信息：①制造厂商的名称和地址；②部件名称、型号、件号或型号设计；③序号和/或制造日期；④使用的 CTSOA 号。从这里你可以了解到，生产制造者必须对其产品承担责任。只要这个新件出了问题，就应该能够找到是哪个厂商、何时生产了这个部件，等等。

（3）根据 PMA 制造的航空器部件，必须标明件号，并以标明“PMA”的信函方式标示出下列信息：①名称；②制造厂家或其标记；③件号；④该部件批准装于型号审定产品的名称和型号。当有些部件较小或标注件号难以实现时，可能仅在信函中注明。

对于民航当局认可的外国制造的新件，由所在国民航当局或其授权的生产系统批准持有人对单个或一组航空器部件颁发适航批准标签/批准放行证书或者出口适航证书（适用于发动机、螺旋桨）。

标准件和原材料应提供制造厂家出示的文件，表明其符合航空器或其部件制造厂家的持续适航性资料中明确的标准或规范，并具有制造厂家的发货单、发票或其他供货证明。

- **其他部件所需标识及合格证**

除新件以外的任何用于更换的部件，应当具有按照 CCAR-145 部批准或认可的维修单位颁发的维修放行证明（因设计或制造原因导致的索赔修理或执行强制性改装的零部件可仅具有航空器及其部件制造厂家指定方式的维修放行证明），并且还要满足以下三条。

（1）该部件自上一次从运行中的航空器拆下后的所有维修工作是由 CCAR-145 部批准或认可的维修单位进行的。

（2）所进行的维修在其批准的范围内，并且符合 CCAR-145 部的维修工作准则。

（3）该部件具有 CCAR-21 部中规定的适用信息记录。

- **航空器部件的其他适用信息**

对于航空器部件，作为规范的产品还必须具有有助于使用人最终确定其适航性的如下适用信息。

（1）适航指令状况。

（2）服务通告的执行状态。

（3）时限/循环寿命。使用过的航空器部件还应当包括使用时间、翻修后的使用时间、循环，及能证实其历史状况的记录文件。

（4）库存寿命数据限制，包括制造日期或硫化日期。

（5）保存期间按照相应持续适航文件中存放要求进行的必要工作的状况。

（6）组件或器材包的缺件状况。

（7）以往出现过的不正常情况，如过载、意外终止使用、过热、重大的故障或事故。

- **航材供应商的文件**

新件、标准件或原材料的供应商应具备能追溯到民航当局批准或认可的生产系统的证明文件，包括下述有效的适用文件。

（1）生产许可证、生产检验系统批准书。

（2）零部件制造人批准书、技术标准规定项目批准书。

（3）标准件或原材料的指定制造厂家说明。

（4）型号合格证或型号认可证持有人授权直接发货的证明。

使用过的航空器部件的供应商应具备能追溯到民航管理当局批准或认可的维修单位的维修许可证件，包括其经批准的维修单位手册、维修能力清单和批准函件。

7.5　航　材　管　理

- **概述**

航材是保障飞机安全与运营的物质基础。作为企业，航空公司必然涉及航材管理。所谓航材管理，就是负责这些零部件的采购、库存管理、配发工作。目前，国内航空公司的飞机维修成本约占其总成本的 10%～20%，每年用于维修保养和航材方面的费用高达百亿元人民币。如图 7-3 所示，某航空公司全年流动资产总额为 110 亿元人民币，而航材消耗高达 17.6 亿元，仅次于飞机航空油料费用总额 23.1 亿元人民币。因此，做好航材管理工作，确保供应适航性与经济性的航材，最大限度地降低成本，已经成为航材部门的首要管理目标。

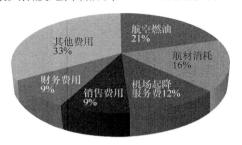

图 7-3　航空公司的各项费用占比

- **国内航空公司的航材管理特点**

我国航空公司数量多，起步较晚。综合而言，各航空公司的航材管理有如下特点。

（1）机队规模偏小，机型复杂，零而散，没有形成规模优势。据统计，截止到 2009 年 4 月的数据，国内 26 家航空公司共有各类型飞机 1299 架，而飞机的生产商几乎涵盖了当今世界所有知名飞机制造企业。这无疑带来了航材的保障困难，增大了航材管理成本。

（2）绝大部分航材必须从国外进口，进口环节复杂，税费负担沉重。而且国家政策法规限制较多，在一定程度上影响航材的到货周期与单位成本。

（3）采购和修理周期长，库存量较大。例如，由于国内附件维修水平低，很多部件需要送到国外修理，航材部门不得不多备几个库存来周转。而对国外许多维修能力较强的航空公司，这些部件根本没有或很少有库存，如果发生故障，机械师可随时拆下排故。两者效益之比，显而易见。

（4）管理水平低下，无法享受国际间的信息和网络管理优势。国内航空公司缺乏高效的沟通方式，基本上是各自为战，甚至互相保密库存等信息，使大量航材难以流通，造成积压沉淀，直至报废。

- **航材的适航状况限制**

航材必须满足适航性要求，否则就会给航空安全带来隐患和风险。因此，航材采购、运输、储存和使用必须依据适航规章进行，这是航材管理必须考虑的。航材的适航状况限制包括以下内容。

（1）航材运输及包装要满足美国运输协会技术规范 ATA-300 的要求，并应当参考 CCAR-145 部的要求，妥善存储和保护，以保证其适航性。

（2）对于偏离存储条件的航材，应当参考民航当局咨询通告 AC-121-66 的原则，进行适当处理后才能使用或者准备使用。

（3）航空营运人在采购航材时还应当满足如下的适航性限制：①经过高温、失火、盐水或腐蚀性液体侵害的部件视为不可用件，需民航当局批准或认可的维修单位经过适当的修理和测试后确定其可用性后方可采购；②制造不合格的部件和有可能造成不明确损伤的事故航空器上拆下的部件视为永久不可用件，不得采购。

（4）避免购买和使用非经批准航材。非经批准航材是指未经民航当局批准或认可的航空器部件或原材料。为避免购买和使用非经批准航材，航空营运人应当建立确保获得批准或认可的航材管理制度，并至少包括航材供应商的评估、航材入库检验、航材供应商清单。

7.6　浅谈提高航材工作效益

航材部门必须永远把保障航班安全与正常放在首要位置，但提高工作效益也是必需的。这就需要提高管理水平，具体措施主要包括加强管理提升效益、控制航材采购成本、减少隐性成本。

● **加强管理提升效益**

从内部管理而言，第一，掌握库存数量，提高计划订货的科学性。一般来说，航材正常储备发付率是 92%。假设要杜绝飞机停飞待件（airplane on ground，AOG），航材储备发付率就要超过 92%。有研究表明，每提高 1% 的发付率，航材储备资金就要再增加 100%。第二，积极与财务部门、生产部门、技术部门及维修车间沟通，保证信息顺畅，加强公司内部供应链相互间的业务联系，实现密切配合与协同，从而提高航材供应工作的效率。第三，科学计划，控制库存资金，科学掌握消耗规律，进而实现以最小的资金投入来获得最佳的航材保障，降低航材采购成本。第四，加强航材计划/送修员培训，提升业务水平与能力。

从外部来说就是加强供应商管理。航材供应商为航空用户提供飞机维护所需要的产品和服务，包括原材料、产品、信息服务、技术服务等。作为供应航材的上游环节，供应商供应的产品可靠性、交货周期、技术支持、售后服务等因素，都会直接或间接地影响航材的购入成本。例如，产品质量的不稳定会加大索赔、送修工作量，甚至不得不增加备件库存；再者，如果航材供货周期长，计划人员就不得不加大每次订货的数量，在紧急情况下还会出现飞机停飞待件合同，进而增加成本。

对于采购和供应双方而言，都要考虑成本和利润、长期伙伴和短期买卖关系等问题。如果通过双方努力，将购买活动从一系列谨慎的交易关系转变为持续性的协作共赢关系，双方在互相信任的基础上，促进合作，发展成为商业伙伴模式。这对于提高效益是十分有利的。

● **控制航材采购成本**

采购成本是航材成本的主要部分，控制航材采购成本并非易事，但也有许多可以实施的采购策略，典型策略如下。

（1）集团采购。国内各大航空集团可利用规模优势采用集团采购，使采购规模优势扩大化。集团集中各部门需求，采用大批量地采购作为筹码争取优惠的价格，再者库存量可以相对降低。尤其国航、南航、东航三大集团，规模优势更加明显，而且可以采取更加灵活的方式。这样既减轻了总公司航材部门的工作压力，又调动了分公司航材部门的管理能动性；既节约资金，又避免重复浪费。

（2）联合采购。中小航空公司势单力薄，可以采用联合采购的方式。例如，机型相近、在同一地域的中小规模航空公司，大到高价周转件、小到消耗标准件，都可以采用联合采购方式，与供应商争取利益，甚至可以建立共同航材库。对于没有国家财政支持、举步维艰的地区/民营航空公司，节约航材成本是非常重要的，甚至是生存下去的基础。

（3）航材联盟与航材共享。实践证明，任何企业只靠自己库存的航材来确保自给自足的航材供应都是不可能的，建立航材联盟、实现航材共享是减少航空公司或维修企业航材成本的重要途径。国际上很多航空公司在这方面已卓有成效，如美国联合航空公司与世界上 60 多家航空公司合作，全球航材保障率高达 99%，航班正点率为 99%。在信息化、网络化高度发达的今天，联合与共享是大势所趋。航材联盟的出现，使航空公司每年每架飞机的平均航材采购资金大幅度下降，库存配件资金得到有效降低，而航班正常率却可以持续提高。

● 减少隐性成本

一般来说，显性成本是指看得见的实际支出、计入账内的有形成本，如购买生产材料、工资福利等费用。显性成本是成本会计算出来的，而隐性成本则是一种隐藏于企业总成本之中、游离于财务、审计、监督之外的成本。企业或员工的行为，会有意或者无意地造成具有一定隐蔽性的未来成本和转移成本，如规章制度、用人机制、管理水平等方面的原因，造成企业诚信度、凝聚力、竞争力等非物质、无形资产的流失和间接成本的增加等。实际上，这种成本具有一定的隐蔽性，常常被忽视，难以量化。

传统的成本控制主要是对显性成本进行的，它是可见的或比较容易发现的。很多航空公司在航材管理方面对显性成本的控制比较明确，成效直观易见。

隐性成本出于现代成本管理理论，很难在财务账目上体现出来，控制难度较大，操作管理起来比较复杂，需要运用先进的管理分析理论与方法。首先，需要增值企业内部供应链、价值链。企业应以企业价值最大化为最终目标，整合优化内部资源，精细管理。航材部门减少隐性成本的主要途径有：一是与相关各部门之间保持高效畅通的信息沟通和业务流程，避免因为环节拖沓、效率低下造成订货送修不及时、付款延误等导致的供应商停货、要求预付款等一系列问题；二是建设优秀团队，组织成员关系协同好、相互配合默契、工作效率优质高效。

由此看出，航材企业也必须想方设法改善经营方式，提高经济效益，而且这是完全可能的。

7.7　航材保障企业——中国航材

● 概况

中国航空器材集团公司简称中国航材，是在中国航空器材进出口总公司基础上组建的，以航空器材保障为主业的综合性服务保障企业。中国航材的经营范围包括飞机，发动机，航空器材，各种设备，特种车辆的进出口、租赁、维修、寄售及与民用航空有关的各种工业产品和原材料的进出口业务，从事与此相关的招投标、国内外投融资、技术咨询、培训、服务、合资经营、合作生产、加工装配及多种形式的对外贸易。中国航材的标识如图 7-4 所示。

（a）　　　　　　　　（b）

图 7-4　中国航材的标识

中国航材与波音、空客、通用电气、罗·罗、普惠等飞机、发动机生产厂商合作，在北京建立了大型零部件供应服务中心，开展零部件寄售和送修业务；并同空客公司和普惠公司合作建立航空培训中心和发动机维修培训中心，有效地提升产品售后服务，为保证飞行安全和飞行正常运行做出了积极的贡献。

● 企业文化

（1）公司理念。中国航材的企业文化以"天地生人，有一人应有一人之业，人生在世，生一日当尽一日之勤"为企业理念，遵循"和谐"和"以人为本"的思想，鼓励员工从更高的高度为工作、客户做更多的事情，自觉自愿地将企业价值和个人价值结合起来，在公司找到安居乐业的归属感。

（2）公司精神。中国航材的精神是诚信、进取、共赢、创新。

（3）愿景目标。公司的愿景是成为航空业界不可替代的、以航空器材保障为主业的特殊性综合服务提供商。

（4）公司使命。公司的使命是做航空业界有影响力的航材保障综合服务提供商，成为建设民航强国的重要的、特殊的力量。

● 集团成员——全资公司

（1）中国航空器材进出口有限责任公司。该公司是中国民航第一家专门从事航空产品进出口贸易的公司。该公司经营范围包括民用运输飞机、民用通用飞机、飞机发动机、飞机零部件、机场设备、各种安全保障设施等的贸易、租赁、送修索赔、寄售、咨询等业务，能够提供航材供应、保障的"一站式"服务。

（2）中国民航技术装备有限责任公司。该公司是集团的四大主营业务板块之一，是以民用航空设备招标、进出口业务为主的综合服务提供商。公司经营范围包括民航机场、空管、航空公司专用设备的国际国内招标、进出口、租赁、维修等业务，并从事与此相关的产品展览、服务、技术开发、技术咨询、技术培训，开展合资经营、合作生产、加工装配以及多种形式的对外贸易。

（3）天津渤海航空器材进出口公司。该公司经过多年的积累，已经发展成为专门从事民用飞机、发动机及其零部件、机场设备等航空器材进出口业务的贸易公司。同时，公司还办理航空器材的租赁、送修和各类进出口货物的报关、代运、仓储业务。

（4）中国航材集团（香港）有限公司。该公司于 2007 年 5 月在香港注册成立，主要职能是充分利用香港各方面的优势，为中国航材构建一个集谈判、融资、信息、管理为一体的综合平台。公司经营范围包括：①经营飞机、发动机、航空器材及与民用航空有关的设备和特种车辆的贸易、租赁、维修、寄售等业务；②代理其他商品和技术的进出口业务；③从事与上述经营范围相关的技术咨询、技术服务、培训业务；④经营批准或允许的其他业务。

● **控股公司**

（1）中航材航空新材料有限公司。该公司是一个新组建的高科技企业，也是中航材集团在天津滨海新区建立民航产业化基地而筹资组建的第一家控股公司。

（2）奇龙航空租赁有限公司。该公司是由中国航材与法国东方汇理银行、荷兰埃尔凯普飞机租赁有限公司三方共同投资设立的。其经营范围包括在中国境内开展飞机、引擎和其他航空设备的经营性和融资性租赁业务，包括购买、销售、维护和维修飞机、引擎和其他航空设备，代表第三方管理飞机、引擎和其他航空设备，以及为第三方提供租赁业务咨询和担保及其他相关活动。

（3）华欧航空培训及支援中心。该中心的使命是通过提供各种各样的零部件和服务来确保空客飞机的安全、可靠及低成本运作，向客户提供备件支援、电子设备维修和供应商服务等。华欧航空培训及支援中心取得了由空客公司和国际知名管理认证机构 AERO CERT 共同颁发的 EN9100：2003 欧洲航空质量管理系统标准符合性证书。

7.8　信息技术支持与服务

● **民航信息支持与服务的主要类别**

在信息技术高度发展的今天，民航运输离不开信息技术支持与服务保障。无论是航空公司、空中交通管理当局，还是机场、航油和航材企业及维修企业，离开当代信息技术支持或服务将无法运行。概括而言，民航信息技术支持与服务通常包括以下四大类。

（1）客运类。这类信息技术与服务主要包括航班编排、座位管理、客票管理、电子客票、运行控制、运价管理、收益管理、数据支持系统等。

（2）机场服务类。该类信息技术支持主要包括旅客值机、行李查询、登机口管理、飞机配载、地面运营、机场人力资源、安检管理系统等。

（3）分销类。这主要包括全球分销系统（global distribution system，GDS）、计算机分销系统（computer reservation system，CRS）、电子商务系统、代码共享支持、中性机票，即开账与结算计划（billing and settlement plan，BSP）、销售结算系统服务等。

（4）货运类。顾名思义，它主要包括货运收益、收账结算、销售和服务、货运策略、网络规划等。

因为信息技术与其他各领域知识相互交叉，对其分门别类进行介绍难度较大。本书选择另外的视角来介绍。事实上，民航信息技术支持与服务可以用一系列的产品和解决方案来描述。本节首先以航班运行控制（flight operation control，FOC）系统为例进行介绍。

● **航班运行控制系统及目标**

1）概述

对于航空公司，航班运行控制是其关键工作内容。FOC 系统能为航空公司的运营全过程提供决策支持信息平台，因此，它也是航空公司的核心生产运控系统，是飞行签派的主要平台。FOC 系统可以视为 AOC 的工作子系统之一。

对航空公司而言，航班、飞机、机组、乘务组是四大核心资源，企业的生产运营都是围绕这四块资源进行的。再根据航空公司生产运行的特点，可以将其生产全过程分成四个阶段：航班时刻申请制定阶段、航班计划管理调配阶段、航班动态控制阶段、航班历史统计分析阶段。航班运行控制系统涵盖了这四个阶段，为航空公司的资源调配提供了全面的信息保障支持平台。

2）目标

FOC 系统能够满足国内一流、世界先进航空公司的需要，并得到实际应用。具体实现的功能如下。

（1）建立统一的航班生产平台。将航班生产过程的所有部门包括市场运力、飞行员、乘务员、机务、签派、航站现场、地面服务、航空油料、航空食品、后勤保障、运行统计等，统一到一个 IT 平台上，所有的工作都可以在这个高度统一的平台上进行，所有的生产工作将严格按照公司的运行手册进行，很好地贯彻落实业务操作规范。

（2）建立统一的航班发布平台。所有的生产运行工作均在一个平台上进行，保证航班生产的信息发布及时、准确、全面，为航空公司对外发布信息提供唯一的平台。

（3）建立统一的信息共享平台。所有在 FOC 系统进行生产的部门都能共享所有的生产信息，杜绝了信息不对称的发生，为各个生产部门的生产决策提供了足够的信息。

（4）提高公司运行效率，降低运营成本。FOC 系统以人为本，将人性化、易用性发挥到极致，极大地降低了生产操作人员的工作强度，让他们将更多的精力投入运行决策中，同时对每个生产过程都能提供及时、准确的运行生产统计分析报表，能够多方位描述、分析生产过程和生产结果，并据此向生产决策部门提供决策参考。

（5）提高了航空公司的形象。FOC 系统有强大的兼容性、可扩展性、灵活性。这三个特性足以满足当今航空业的迅猛发展，信息技术不至于阻碍航空公司做大、做强，加上牢固的结构体系和成熟、全面的技术路线，保障航空公司的运行平台始终处于同行业领先地位。

● **航班运行控制系统组成与结构**

新宏 FOC 系统是一个复杂而庞大的系统，包括多个子系统，如图 7-5 所示。它涵盖航空公司的航班运行生产全过程，根据航空公司生产过程的特点，设计构建了多个子系统，具体如下。

（1）航班管理子系统。其功能包括航班时刻表的制作、航班时刻表申请、航班计划发布、航班计划调配和管理、航班衔接环的调整、航班计划调整单发布、代理航班计划管理等。

（2）机务管理子系统。其功能包括飞机排班和调整、飞行小时循次管理和统计、定检维修计划管理、航线维修计划管理、故障保留控制、维修指令控制、机务跟班管理、飞机限飞控制等。

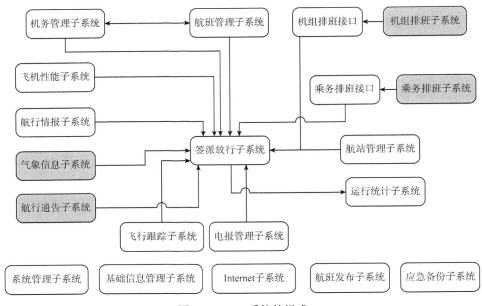

图 7-5　FOC 系统的组成

（3）签派放行子系统。其功能包括 72 小时航班计划调整、飞行预报/领航计划报自动制作和发送、航班放行评估打包（集中放行）、放行区域划分与管理、航班动态监控、飞行计划制作、按放行区域放行等。

（4）飞行跟踪子系统。其通过地理信息系统（geographic information system，GIS）将航空公司的所有飞机的动态监控地图化。该系统很好地展示了所有飞机的实时地理位置，结合 ACARS 位置报、飞行计划、公司航路，推算出任意时刻飞机的地理位置。系统功能包括飞机实时动态监控、计算机飞行计划地图校验、飞机位置推算、ACARS 飞机联系、航路推算、图层叠加、气象信息显示、飞机状态预警、飞行高度解剖图、数值天气预报数据分解地图化展示、气象云图等。

（5）航站管理子系统。其功能有工作标准管理、保障信息收集、停机位保障监控、航班保障监控、特殊情况处理、情况反映和催办与航班工作讲评、商务管理、商调航班动态控制和中转旅客监控、车辆监控、摆渡车监控等，提供航站代理（允许多个航站共存）航班监控和管理功能。

（6）电报管理子系统。它提供 ACARS、民航飞行动态固定格式 SITA（Society International De Telecommunication Aeronautique，国际航空电信协会）、AFTN（Aeronautical Fixed Telecommunication Network，航空固定电信网）电报集中发送和接收，对电报内容进行拆分处理自动填充航班动态，对收发报内容进行多级分类管理，提供高效、灵活的电报内容查询，提供电报报文的转发、分发功能。

（7）运行统计子系统。它能根据民航当局最新的航班正常性统计办法，提供灵活多样的统计报表。其功能包括航班动态信息校验、航班不正常原因判断、首班分析、放行不正常分析。报表类型包括日综合报、日简报、周报、月报、季报、半年报、年报等，按航站、办事处、营业部、分公司等条件进行排列组合，形成各种统计报表且报表的输出格式有多种形式。

（8）机组排班子系统。其功能包括飞行连线生成、航班调整协调、飞行任务分配、排班、飞行任务书生成、机组监控、航后处理、网上准备等。

（9）飞机性能子系统。它包括飞机性能管理、公司油量手册管理、机场起飞分析、飞机性能监控、飞机性能分析等。

（10）乘务排班子系统。其功能包括飞行连线生成、航班调整协调、飞行任务分配、排班、飞行任务书生成、乘务监控、航后处理、网上准备等。

（11）航行情报子系统。该系统包括航行通告、机场信息管理、航线数据管理、导航数据、飞行领航计划报模板数据、情报区数据、限制区数据和路径导航系统地面站、机场运行类型维护等。

（12）接口子系统。它提供了近20个不同类型数据接口，包括气象接口、电报接口、计算机飞行计划接口、空管局接口、航班计划接口、中国航信订座接口、中国民航信息集团离港接口、飞行员排班接口、乘务员排班接口、财务系统接口、航行通告接口等。

（13）即时通信子系统。它能够提供实时在线信息广播和点对点通信，提供信息广播类型定制、信息确认回复、航班生产动态信息广播、生产督办信息发送和接收、工作交流信息发送和接收，实现航空公司全球化生产。

（14）其他子系统。这包括航行通告子系统、基础信息管理子系统、系统管理子系统、航班发布子系统、应急备份子系统，以及图7-5中未明确画出的 Web 查询子系统、配载子系统等。

● **系统的特点**

（1）业务先进性。系统的研发者与民航领域业务专家合作，积极探索航空公司业务的发展方向，与国内外（包括美国航空公司联机订票系统、国际航空电信协会等）先进民航专业公司进行交流和借鉴，确保 FOC 系统与这些公司产品的兼容性和耦合性。

（2）技术先进性。系统采用了先进的信息技术，包括分布式数据库、面向对象可视化技术、数据库分区表、并行查询、与 Microsoft Office 的无缝衔接、多层次甘特（GANTT）图、多层次容灾、三层应用结构、数据接口状态无限地点监控等，并将在系统中充分应用，确保系统的先进性和前瞻性。

（3）界面人性化设计、操作便捷。FOC 系统广泛地采用人体工学设计，操作界面简洁、大方、美观，颜色丰富、冷暖搭配，让人感觉工作就是享受。以"鼠标点几下，即可完成工作"为宗旨，用户界面实现"所见即所得"，完全展示了生产的状态，所有操作只需要经过简单培训即可使用系统平台。

（4）强大的兼容性和可扩展性。新宏 FOC 系统由一个主系统和多个独立的子系统构成。这样的体系结构能够满足对外的兼容性，产品采用民航标准的数据接口模式，可以无限扩展。对于国内一流航空公司，系统提供了分公司（最多可达36家分公司）、多个飞机执管和非执管基地（最多上万个基地）的管理模式，为航空公司的未来发展提供了足够大的容量。

7.9　中国航信及其信息服务产品

● **企业简介**

中国民航信息集团公司简称中国航信，是专业从事航空运输旅游信息服务的大型国有独资高科技企业，总部设在北京，有 60 余家分、子公司，非控股公司遍布全国及海内外。

作为市场领先的航空运输旅游业信息技术和商务服务提供商，中国航信被行业和媒体誉为"民航健康运行的神经"，所运营的信息系统列入国务院监管的八大重点系统之一。中国航信是全球第三大 GDS 提供商，拥有全球最大的 BSP 数据处理中心，是国家首批获得信息系统集成及服务资质运行维护分项一级资质的企业，2010 年以来连续六年获评"中国软件服务业企业信用评价 3A 级企业""中国十大创新软件企业"等荣誉。

多年来，中国航信研发了多种信息管理系统，并在我国民航业界得到广泛应用。本节仅选择公众易于理解或与公众密切相关的部分进行介绍。

● **机场运营管理系统**

机场运营管理系统是围绕机场运营管理的核心业务内容研制开发的系统，以航班保障、旅客服务为核心，以时间为主线，用信息化的手段规范机场各个部门的工作流程，实现最优化的运营管理和设备运行，为机场安全生产、运营管理、统计收益、决策支持提供服务。

机场运营管理系统采用分布式计算技术，权限管理技术及智能算法技术为机场的生产运营带来全新的体验。整体设计采用三层架构，确保系统数据更安全、稳定。前端与服务器端统一用 Java 技术实现。

机场运营管理系统包括航班计划制订、航班管理控制、机位管理、航班保障进程监管、与航空公司协约管理、用户管理等功能，在数据收集的基础上开发了完善的财务航空性收入结算系统和收益分析系统，并向外部系统提供统一连接能力。

● **安检信息管理系统**

安检信息管理系统为机场的安全检查提供全面、安全、准确、便捷、可靠的解决方案。有利于提高安检的服务和管理水平，为机场安检提供有效的信息管理平台。

安检信息管理系统主要完成旅客办理值机到旅客登机主要过程的管理，包括旅客办理值机的管理、旅客安检管理、交运行李安检管理、交运行李/随身行李开包管理、旅客登机二次确认管理，以及在每个过程通过安全防范系统接口，实现旅客和录像的对应关系等，同时还具有员工资料管理、现场管理、考勤管理、岗位管理、上岗管理、监控等功能。在安全管理信息系统（security management information system，SMIS）解决方案中，安检信息管理系统与高级内存缓冲器（advanced memory buffer，AMB）产品紧密结合。

● **航班信息显示系统**

航班信息显示系统是机场保障旅客正常流程的重要环节，是机场直接面向旅客提供公众服务的重要手段。系统通过自动控制显示屏，实时响应航班计划和动态信息，及时准确地对旅客和工作人员进行显示和发布，并能实时发布旅客须知、紧急通知等信息，帮助工作人员和旅客完成值机、候机、登机、行李提取等步骤，从而保障机场的正常运行。航班信息显示系统对外发布航班信息，包括值机引导、登机引导、到达引导、登机显示、值机显示、行李转盘显示等。系统除提供机场内部航班信息的常规显示方式，还可以通过远程发布的方式，为酒店及代理人提供航班信息显示服务。

- **行李再确认系统**

行李再确认系统对旅客交运行李的所有相关信息进行采集，为机场、航空公司的行李分拣提供便捷、严密、灵活的管理功能。行李再确认系统前端通过先进的、可移动的 POCKET PC 实现交运行李分拣管理，包括正常行李分拣、登机口补行李、速运行李分拣等，从而帮助地勤服务人员根据各航班搭载的旅客装卸相应的行李，提高装卸速度，杜绝投错行李或将不正常的行李装上飞机，为寻找行李等提供完整的信息。行李再确认系统后台提供了实时的监控和多种方式行李的统计分析，为决策者提供了有力的依据；同时对行李分拣工进行监督考核，有效地分配和管理分拣工的工作。对装有全自动行李分拣系统的机场，可对旅客行李进行分拣管理，代替手工分拣操作，它是行李自动分拣的有效的补充。

- **公共广播系统**

公共广播系统是机场重要的旅客服务系统，在统一的航班动态信息之下自动运作，实时响应动态信息，及时对旅客和工作人员发布广播，从而为机场安全高效地运营提供自动化手段，提高旅客服务水平。公共广播系统播音软件能实现全自动航班广播或人工控制的半自动广播，可同时提供多种语言进行航班信息广播。

播音软件根据航班状态触发播放航班信息，播音软件也允许操作员键入航班号、时间等必要的信息，合成要求广播的内容，按预定的广播内容循序播出，实现自动广播功能。

- **机场贵宾厅综合服务管理系统**

机场贵宾厅综合服务管理系统是一个包括数据采集、存储、交换、统计、分析等多种处理功能的信息系统，它涉及机场贵宾服务的各个方面，包括客户管理、预定管理、贵宾厅预定、车辆管理等服务关键环节，对保障机场贵宾服务起着至关重要的作用。该系统的功能包括资料管理、服务管理、服务资源管理、服务动态管理、卡管理等。

- **航食配餐加餐预警系统**

航食配餐加餐预警系统可以帮助相关单位更好地应对不断变化的旅客情况，有针对性地完成配餐工作，防止配餐数量出现不足或浪费，提高服务质量。系统功能包括自动采集订座数据并生成生产计划单、实时监控受监控航班的人数和状态变化情况、航班人数临时增加时向生产车间发送预警等。

- **离港多主机共用平台**

离港多主机共用平台是为了满足国外航空公司使用自身离港系统需求，结合中国国内机场软硬件环境现状，自主研发的离港共用平台系统，允许多家航空公司共用外设，并提供到多家航空公司主机的连通性。

● **自助值机系统**

自助值机系统是民航旅客经常使用的服务系统。目前许多航空公司已经实现多种自助值机模式，包括机场自助值机、网上自助值机、手机自助值机等系统。

（1）基于通用自助服务（common use self service，CUSS）的自助值机系统。中国航信在国内率先推出了与国际标准接轨的 CUSS 产品。2006 年 4 月，国航、东航在首都机场启用符合 CUSS 标准的自助值机柜机。目前该系统已被多家国内航空公司采用，并在国内 40 多家机场部署。

（2）网上自助值机（Web check-in）系统。其也称为电子客票网上乘机登记服务，它是机场传统柜台值机模式的一种延伸模式，利用互联网技术，面向旅客提供一种方便快捷的值机服务，可以让旅客足不出户，通过办公室或家中的联网计算机提前选择座位，打印 A4 纸登机牌，免去往日在机场值机柜台长时间排队的烦恼。由于该业务的开展可以有效地降低航空公司服务成本，减少机场柜台压力，提升旅客服务体验，网上值机目前已经成为国际民航信息化发展的一种趋势，也是 Fast Travel 的网上自助值机领域的重要产品。

（3）手机值机系统。其也可称为手机自助乘机登记服务，是基于中国航信电子客票系统，利用互联网和移动通信技术，让购买了电子客票的旅客在航班起飞前通过手机自助办理值机手续，选择座位并获得二维条码手机电子登机牌的产品和服务，是传统离港值机方式的一种多元化扩展。中国航信根据航空公司客户需求，研发出了基于 WAP（wireless application protocol）技术的手机自助值机产品，并于 2009 年在国内启用。

7.10　餐　饮　保　障

对完善的民用航空运输系统，除了前面介绍的航油、航材和航信，还需要很多方面的保障，例如，餐饮、住宿、医疗卫生，以及各种后勤服务保障及其安全管理。由于篇幅所限，仅对餐饮保障作简要介绍。

● **航餐概述**

航餐也就是常说的飞机餐，它是民航飞机在航程中供应给旅客的餐饮。如果只在国内乘坐飞机，旅程时间大概就几个小时，吃不吃东西影响不会很大。如果乘坐国际航线，时间就会比较长，有的达十多个小时，途中肯定需要进食，那可口的餐饮对于解决生理需要、缓解旅客长途颠簸的疲劳就显得不可或缺了。

航餐的菜式一般由航空公司制订，由指定供应航机餐饮的机构供应。早期的航餐通常以西式为主，而后一些地区航空公司开始提供地区性的菜式，例如，国泰航空供应一些特色中式菜。除餐食外，航空公司也会提供软性饮料，如汽水、果汁、茶等饮品，及酒精类饮品，如餐酒等。另外，附带小包装的调味料，通常是盐、胡椒和糖。为了卫生，航餐也附带餐巾和湿纸巾供旅客擦拭。

通常，航餐在机场附近制作，并直接运送至航班飞机上。在航程中途飞机稳定时，由空中乘务员放在手推车上分发给旅客。

航餐的费用一般已包含在机票价格里，部分航空公司的酒精类饮品需要额外收费。

● **航餐的类别**

在航班上，客舱是分等级的。对不同等级舱位的旅客供应不同等级的航餐，在菜式、分量及成本各方面都有明显的区别。

1）头等/商务客位航餐

在菜式上，头等/商务客位的航餐比经济客位较为多元化，餐前小食是花生之类，头盘及主菜像餐厅般以碟盛载，由空中乘务员依次端上。头盘除西式，也可能有寿司等。主菜也与餐厅类似，如牛柳，也可能有较精致的甜品，部分航空公司有餐汤供应。餐后则供应咖啡或茶。

中国香港的国泰航空曾经在头等/商务客位供应过中式老火汤、煲仔饭、姜汁撞奶等中式食品。新加坡航空更是聘请数位国际知名主厨为头等/商务舱旅客设计航餐。

在商务旅客看来，空中餐食应该是一种享受。头等/商务客位的航餐，食物及进餐程序都尽量模仿高级餐厅，尽管如此，这与真正的餐厅还是有区别的。也有旅客反映国内航班餐食不够丰富、更新率太低。

2）经济客位航餐

经济客位的航餐则与快餐较为相似，以分发效率、储存体积及成本等为主要考虑因素，食物的味道，当然难以令旅客有较高期望。一般经济客位的航餐包括一包如花生之类的餐前小食，正餐以餐盘盛载，由空中乘务员一次性分发给旅客。一般包括头盘或沙律，以肉类如牛肉或鸡肉作主菜，伴以饭、面或意大利粉，也有蛋糕等甜品，部分航空公司更会以冰淇淋作甜品。餐后会供应咖啡或茶等饮品。

读者看到航餐的这种差异请不要奇怪，更不要认为不平等。实际上，这与机票的价位有密切关系，可谓一分钱，一分服务。如今，由于燃油价格上涨等因素，航空公司需要在其他方面降低成本。航餐甚至小吃都发展到要额外收费。这不但见于低成本航空公司，更逐渐扩大到传统航空公司。

● **特殊餐食**

航班的餐饮服务越来越人性化、多样化。许多航空公司设计并制定了多种特殊餐食，包括素食、非素食的宗教餐膳、保健餐膳、儿童餐和幼儿餐等。享用特殊餐食必须按规定和程序进行，具体如下。

（1）规定：①旅客申请特殊餐食必须提前在售票点或售票网站申请、预定。②旅客在机场临时申请特殊餐食必须符合航班始发地或经停站的配餐最短时间规定。③旅客不得临时更改特殊餐食品种。

（2）流程：①旅客提出申请，售票点在订座系统中记录旅客特殊餐食的申请；②订座系统自动向配餐部门派发特殊餐食申请电报；③旅客机场临时申请特殊餐食；④值机员向商务调度通报临时增加特殊餐食信息；⑤商务调度通知配餐部门增加特殊餐食；⑥值机员通过计算机系统或商务调度了解特殊餐食接受预定的情况；⑦值机员告诉旅客特殊餐食订妥情况；⑧值机员填写《旅客特殊服务通知单》，将旅客座位号和特殊餐食品种信息与航班乘务长交接；⑨乘务员根据《旅客特殊服务通知单》上的餐食信息，对旅客进行一对一的服务。

实际上，旅客在航班起飞前 24 小时就可以申请航空公司准备相应的餐食。旅客可以通过电话同订票的相应航空公司联系，说明对于餐食的要求，航空公司会做出相应的处理。

- **与航餐相关的注意事项**

乘坐飞机在高空飞行，毕竟不同于生活在地面。因此，旅客需要注意一些事项，以保持较好的进餐效果，有利于身心健康，具体有：①常喝水，让味觉保持敏锐。②尽量少喝碳酸饮料，因为气压的原因，体内的气体会膨胀。③不宜吃得太饱，因为在高空消化液分泌会减少。④如果在饮食上有特殊的要求，如糖尿病患者、素食者，可以及早与航空公司联系，航班能提供特殊餐食。

- **了解航餐的加工制作**

一套看起来非常简单的航空餐食，其实在送到旅客面前时已经经历了可谓"冰火两重天"的过程。在餐食厂，刚刚出锅的热食，就要立刻送到冷库快速降温到 5℃ 以下。配制好的成品餐食，在室温下不得超过半小时。即使提前一个多小时准备送上飞机的餐食，也需要用冷藏食品车直接配送到飞机上。因此，飞机上的航餐都是经过在飞机上二次加热后，再由乘务员送到旅客手中的。

受机舱环境限制，飞行中的膳食较难处理。因为人的味蕾灵敏度在高空中会有所减弱，这常常让人觉得飞机上供应的食物淡而无味。再者，在飞机上二次加热很容易影响餐食的口味。例如，鱼香肉丝、宫保鸡丁等传统中华美食做成航餐，菜肴炒熟后经过急速冷冻，再在飞机上二次加热后，其口味就大不如刚刚出锅的。因此，航餐的食材选取非常重要。例如，因为高空中气流会造成飞机颠簸，航餐就不能采用鱼翅和骨头；胡萝卜等水分易流失的食材也不便提供。

为了给旅客供应可口的餐饮，许多航空公司都设有专门的餐饮团队，其致力于研究和设计飞机上的每一道菜，从技术、品相、口感以及营养等各方面严格控制航餐的水准。制作航餐的基本思路是：①为了照顾到大多数旅客的口味，避免选用辛辣和煎炸类食物。②为确保食物的新鲜程度，选择优质时令食材。③为旅客健康养生，航餐一般均为低卡路里、低钠、低盐、低糖、低胆固醇、低脂肪，乃至无麸质、无乳糖、无刺激性纤维。

7.11　航空食品安全与卫生管理

- **概述**

食品必须安全卫生，这是众所周知的事情。因此，航空运输必须加强餐饮服务食品安全与卫生管理，规范餐饮服务经营行为，保障饮食安全。我国早已颁布实行了《中华人民共和国食品安全法》《中华人民共和国食品安全法实施条例》《餐饮服务食品安全监督管理办法》等法律法规。最近，国家卫生和计划生育委员会与食品药品监督管理总局又颁布了《食品安全国家标准航空食品卫生规范》（后面简称《规范》），并于 2017 年 12 月 23 日实行。该《规范》从航空食品的原料采购、加工、包装、储运、分发各个环节，对航空食品及其生产供应标准进行统一，并强制性要求全行业执行。

- **航空食品规范的主要内容**

《规范》中对航空食品的具体内容规定十分明确，主要内容如下。

（1）航空食品。供航空旅客及机组人员在民用航空器上食用或饮用的食品，分为航空配餐和外购即食食品两类。

（2）特殊餐食。根据民用航空运输承运人要求，为有特殊膳食服务需求（过敏体质、膳食控制、宗教习俗等）的航空旅客及机组人员提供的食用或饮用的食品。

（3）航空配餐生产/服务人员。从事航空食品的原料和成品采购、加工、储存、运输及机上供餐服务的人员。

（4）航空配餐生产/服务场所。航空配餐生产及机上供餐服务相关的场所，包括原材料和半成品储存区、食品加工区、成品储存区、机供品配备区、食品运输工具、机上配餐间等。

（5）清洁作业区。清洁度要求高的作业场所，包括冷食加工及分装、烘焙食品冷加工及分装、热食分装、洁净餐具存放等场所。

（6）航空配餐质量控制期。航空配餐加工、配送、储存的时限要求。

- **机上食品安全管理规定**

《规范》对机上食品安全管理给出了如下明确规定。

（1）食品装机验收、机上食品储存、机上食品再加热。冷链热食应经过充分加热方可食用，加热餐食的中心温度应在 2 小时内达到 74℃以上。

（2）机上饮用水与食用冰应符合国家相关标准。特殊餐食配发前，客舱乘务员应确认旅客信息（姓名、座位和餐食种类等），保证配发正确。

（3）机上设施的清洁消毒。航空运输承运人应制定机上厨房设施的清洁消毒制度和程序，对厨房工作台、烤箱、冰柜等设备设施进行定期清洁消毒。消毒剂的使用应符合国家有关要求及适航安全要求。

（4）航班延误食品风险控制。航空配餐生产企业接到航班延误信息后，应按有关程序要求，对受航班延误影响的食品进行风险评价，并采取相应措施。

存在以下情形之一者，应撤回食品：①已装机的冷链食品表面温度高于或等于 15℃，且航班延误时间超 4 小时；②未装机的冷链食品表面温度高于 10℃，且航班延误时间超 4 小时；③热链食品中心温度低于 60℃，且航班延误时间超 4 小时；④无法保证在第二质量控制期内食用；⑤食品出现异味、变质、变色。

航班延误期间，客舱乘务员应对已装机的热链和冷链食品进行温度监测和感官性状检查。

- **配餐企业安全管理**

航空食品生产企业是确保航空食品安全的重要部门。为做好航空食品安全管理，企业应做到以下几点。

（1）严格把控食品源头。这是保障航空食品安全的第一道防线。为把好原材料进货关口，企业应严格落实各类原材料先索证、后进货制度，并对现有供应商的资质，包括营业执照、食品卫生许可证、质检报告等进行全面认真审核，保证供应商资质的有效性。

对可能添加违法添加剂的食品类别进行重点监控，并密切关注餐食原材料的有效期、保质期，杜绝含非法食品添加剂或已过保质期、有效期的食品、原材料进入航食生产、服务环节。

（2）加强原材料供应商管理。严格进行进货查验，并与所有原材料供应商签订食品、原材料安全质量保证书，确保其供应的食品、原材料未使用非法添加物。确保提供的产品、原材料质量安全及可靠，达到国家对相关产品的质量要求，符合航空配餐标准。

（3）严格食品添加剂的备案登记和使用管理。为确保食品添加剂使用规范，严查食品添加剂检验和仓储环节，保证登记备案准确无误。

（4）加强食品安全质量教育培训，积极开展内部监督。航空配餐生产/服务人员的培训、健康管理和人员卫生应按《中华人民共和国食品安全法》、GB 14881—2013 中 6.3 的规定及国家相关规定执行。重点对质检人员进行专业培训，认真学习《食品安全国家标准航空食品卫生规范》《食品添加剂使用卫生标准》《食品营养强化剂使用卫生标准》，以及不得作为食品添加剂使用的相关产品规定，严格加强食品添加剂监督管理，做好自查自纠和内部监督，全力确保食品安全。

● **安全监控与效果验证**

（1）航空配餐生产企业和航空运输承运人应建立航空食品安全监控及效果验证制度。

（2）航空配餐生产企业应设置检验室或委托有资质的检验机构，对生产过程及成品进行定期检验，妥善保存检验原始记录和检验报告。检验人员应具备相应检验能力。

（3）航空配餐生产企业和航空运输承运人应根据航空配餐特点及加工、储存、运输、机上供餐的安全与质量要求，制订关键控制环节监控计划，定期对关键工艺参数、环境参数、生产人员和设备设施等进行安全监测、核查和控制，发现问题及时整改。

（4）航空配餐生产企业和航空运输承运人应制订航空食品安全控制效果的验证计划，对航空配餐生产过程控制情况及航空食品质量进行可靠性、有效性验证，发现问题及时纠正。

效果验证方法包括（但不限于）微生物监控、核查评估、审核。应对效果验证结果进行评价分析，根据评价分析结果，采取相应措施，确保食品安全质量管理体系的有效性。

第 8 章 民航维修与适航管理

从专业角度来说，民航维修是指对民用航空器、发动机及其部附件所进行的任何检测、维护、修理、排故、定期检修、翻修、改装及一切保证航空器正常持续营运工作的总称。承担维修任务的部门一般称为维修工程部门，也就是通常说的"机务"。

民航维修的目的就是在航空器及其零部件发生性能衰退后，将其恢复到设计的原有水平。与民航营运联系起来，就是按时向飞行部门交付满足"适航性"要求的航空器，以保障航班安全飞行和正常营运。这里的"适航性"是指航空器适宜在空中飞行的性质或性能。在民用航空出现的初期，为了保证航空器和旅客的安全，管理当局对航空器提出了一种性能和品质上的要求，只有具备"适航性"的航空器才允许在空中飞行，而达不到"适航性"要求的航空器是禁止飞行的，目的就是保证飞行安全。因此，本节将民航维修与适航管理一并介绍。

8.1 民航维修概述

● 初识民航维修

大家知道，任何运输工具都可以通过维护和修理来保证它在正常寿命期间的工作状态和工作效能。以笔者浅见，越是重要和复杂的机器，越需要精心的维护和修理。

正常飞行的飞机及其部附件必须具备固有的或设计的可靠性和安全性水平。经过一定时间的使用，飞机零部件就会出现松动、老化，甚至破损。这对正常飞行和营运显然是不利的，严重威胁着飞机上人员的生命和财产安全。为了确保安全，就必须对飞机进行维修。实际上，航空器的维修是航空器运行中的一个必不可少的环节，航空器的任何一次安全飞行都是以必要的维修工作来保障的。据统计，航空器平均每小时的飞行，都要有 3.5～4 小时的维修工作准备。从这个意义上说，维修工作是保证航空器运行的基础。

● 民航维修的作用

笼统地说，航空器维修是非常重要的，这谁也不能否认。在航空运输企业的实际营运中，维修工作的重要性就显而易见。维修工作的重要作用主要体现在以下三方面。

1）保障飞行安全

在航空运输业，"安全"始终占据第一位。尽管影响飞行安全的因素有很多，但是航空器的适航性是保证飞行安全的首要条件，具有不可替代性。如果航空器本身不满足适航要求，其他因素无论如何改善也改变不了航行不安全的状况。因此，完善维修管理、减少维修差错、保证航空器的适航性是维修管理的首要目的。

在航空发展历史上，飞行事故与维修质量的关系十分密切。早期，约 1/2 的飞行事故是由于航空器本身的质量问题造成的，而其中一大部分又是由于维修不当引起的。正因如此，民航业界通过近 80 年的努力，在付出了巨大的代价之后，才建立和发展了一套科学、严格的维修管理体制和方法，这使得由航空器本身质量引起的飞行事故大为减少。

2）保障航班的正点率

航空运输以速度和时间为主要特征。航班正点是旅客选择航空运输的重要因素，甚至是首要因素。航班不能准时，将会严重影响旅客和机组的工作和生活，甚至给他们造成重大损失。航空公司的航班正点率不仅关系到公司的信誉，有时也会直接给公司带来极大的经济损失。因此，一个好的航空公司必须有一个完善的维修体系作为后援，这是保证它的航班正常的基础。

3）制约经营成本

在航空运输企业的直接营运成本中，维修费用一般要占到 18%～25%。改善维修管理和维修技术对降低成本有极大的作用。

早期的飞机维修以安全为主要目的，维修成本很高，经济性并不理想。进入 20 世纪 60 年代，维修理念有了创新发展、维修管理日臻完善。在"安全第一"的前提下，努力实现维修成本最低，使航空运输成本有大幅度降低，对促成航空运输的普及和发展起到了重要作用。你已经知道，在我国乘坐民航飞机已经不再是奢望。

- **民航维修的主要内容**

民航飞机主要在空中飞行，出现故障就意味着危险，因为它是无法停在空中得到及时修理的。因此，机务维修工作就显得更加责任重大，国家法律法规都对此有明确的、科学严谨的规定。那么，维修的任务都有哪些内容呢？一般而言，民航维修的主要内容有四大类。

（1）判明故障现象，确定故障点，或故障定位，隔离故障。

（2）修复或更换失效或不合格的零部件（元器件）。

（3）检测并调整飞机的有关性能，恢复其固有的性能指标或可靠性。

（4）检验飞机的各项功能。

- **民航飞机维修的特点**

民航飞机维修既有与其他交通工具维修的共性，也有其特殊性。概括起来，民航飞机维修具有六大特点，即高可靠性、综合保障性、技术综合性、快速反应性、环境复杂性和高消耗性。这六大特点的主要内容如下。

（1）高可靠性。飞机是在空中运行的复杂系统，技术密集、造价昂贵，更重要的是它承载着旅客和机组人员的生命，对可靠性、安全性有着特殊的要求。航空维修必须以可靠性为中心，将保持和恢复航空器的可靠性作为航空维修的出发点和落脚点，一切维修活动都要围绕保持和恢复航空器的可靠性服务。

（2）综合保障性。飞机的运行是系统诸要素共同发挥作用的结果。离开有效的维修，飞机就难以正常运行和形成有效的飞行服务能力。航空维修的宗旨就是要保障航空器良好的技术状况和可用状态，保障飞机安全可靠的运行，确保飞行服务的顺利完成。

（3）技术综合性。高新技术的综合应用决定了飞机的先进性和复杂性，使航空维修成为多专业综合的保障体系，成为一种技术性极强的专业活动。综合而言，涉及的维修内容可能有机械的、材料的、电子的，等等。

（4）快速反应性。民航运输是以速度和时间为主要特征的。航班正点率关系着航空公司的信誉和盈利。这就要求航空维修要用最短的反应时间来保障航空器能够正常运行。

从事航线维护的朋友告诉笔者，他们的工作就是接飞机，及时做好检测、维护工作，确保下一个航班准时起飞。即使回来的飞机晚点，他们也得在下一个航班起飞前完成维修工作，确保准时起飞。

（5）环境复杂性。航空维修在复杂、恶劣的环境下实施。平时的维修大都在野外实施，无论是日晒雨淋、风吹雪打，还是白天黑夜、酷暑寒冬，维修人员都要实施维修活动，以保障飞行服务的完成。2016 年夏天，在西安咸阳机场，笔者见到电视记者采访飞机维修工作人员。据报道，那天的地面气温达 40℃。

（6）高消耗性。据统计，在航空公司的直接经营成本中，维修成本一般占到 18%～25%。这里必须强调的是，航空维修使用的零部件、原材料都必须符合适航标准。需要更换的必须更换符合标准的、型号规格都不能含糊的零部件，否则就会造成安全隐患。因此，航空公司都十分重视航空维修的系统规划和科学管理，改善维修的综合效益，抑制使用和保障费用的增长。

8.2　民航维修的理念与策略

● **维修理念的发展**

民航维修理念也可以说是维修的指导思想。伴随着科学技术及民航业的发展，维修理念也在不断研究、发展、创新。早期传统的维修理念是"预防为主"；后来逐渐发展到"以可靠性为中心"的维修理念；然后再进一步发展到维修审查委员会（Maintenance Steering Group，MSG）维修理念。这些发展引领、指导航空维修活动发生了质的变化。

（1）"预防为主"的传统维修理念。早期的简单飞机没有冗余度保护，故障模式较少且故障与机械磨损和材料疲劳密切相关。与之相应，产生了将故障预防与修理相结合、以预防为主的维修理念，也就是通过经常检查、定期检查和翻修等根据使用时间安排的预防维修工作，确保飞机飞行的可靠性。

（2）"以可靠性为中心"的维修理念。以可靠性为中心的维修理念认为：航空维修的出发点和落脚点是航空器的可靠性，通过维修可以控制或消除可靠性下降的各种因素，保持或恢复航空器的固有可靠性。这种维修理念建立在综合分析航空器可靠性的基础上，根据不同零部件的不同故障模式和后果，采用不同的维修方式和维修制度。

（3）MSG 维修理念。1968 年，美国的航空公司和飞机制造厂商的代表组成了一个维修指导小组，制定了名为《维修评审和大纲修订》的 MSG-1 文件，MSG 维修理念随之产生。这种维修理念把部件看作设备故障最可能的原因，采用逻辑决断方法和程序，指导制定维修大纲，以确保向飞行部门按时交付适航的航空器，满足飞行计划的需要；或者明确所交付的航空器的维修工作已经完成或被推迟。管理当局规定，维修工作应当按照规定的间隔和标准完成。但如果缺少零件、合格的维修人员或者受时间限制，允许适当推迟。

目前航空器的维修主要是按照 MSG 理念进行的，当然也继承了"以可靠性为中心"和"预防为主"的精华内容。

- **"以可靠性为中心"的维修理论**

喷气客机进入民航客运服务后，航空运输量大增，事故率也进一步提升。按传统的维修理论来保证安全，只能是增加检查的次数和缩短翻修的时间周期。这必然增大维修费用、降低经济效益。从 1961 年开始，业界开始了新维修理论的研究探索。通过对大量实际经验和故障的分析，对各类零部件可靠性的分析，形成了"以可靠性为中心"的维修理念，逐步形成了相应的理论，其主要包括以下要点。

（1）航空器的整体可靠性是由各个系统的综合功能决定的。航空器的整体可靠性并不是与每个零部件的可靠性都必然联系在一起的。有些零部件的损坏并不直接影响飞行安全，或者只是影响经济效益，或者是可由其他零部件或其他系统的功能来补偿。对于这样的零部件，定期翻修是不必要的。因此，对每个系统或每个零部件都要从航空器的整体可靠性进行分析，区分出哪些是有严重影响的、哪些不是，从而区别对待。

（2）对于零部件失效的分析发现，零部件的失效曲线有三种典型情况：第一种是零部件在使用初期的磨合阶段，故障率很高。随着时期延长，故障率趋于稳定，在一定时期后，故障率突然上升。这种曲线与传统的失效分析曲线是一致的。第二种是零部件有初期的磨合阶段。但当故障率稳定后，故障的出现是随机的，因而故障率保持不变。第三种是零部件的故障出现在磨合期后。故障率是随着时间不断增长的。统计结果显示，飞机上 68%的零部件都属于第二种情况，而第一种情况只占 12%左右，剩下的属于其他类型。这说明定期维修理论不适合于 68%的零部件。因而，使用定期维修的办法对这类零部件是完全没有必要的，有时还会带来副作用。如果把翻修周期缩短到磨合期附近，只能使零部件的故障率上升。

（3）从飞机的整体可靠性来考查，真正影响飞行安全的零部件故障只占全部故障数量的一小部分，而且这种联系和影响是可以通过设计来减少或消除的。这促使人们在设计方法上创新，从而产生了冗余设计、破损安全设计等方法。据统计，在采用了这些设计方法之后，影响飞机安全的故障占比降低到 20%以下。

（4）维修和设计是密切关联在一起的。维修只能保证设计所要求的固有性能，如果维修达到了这一水平，而问题仍然出现，就必须从设计制造上来解决问题。

（5）针对不同的零部件要采取不同的维修方式。维修工作不足会使可靠性降低，反过来维修工作过量也会使可靠性下降。

这个理论的核心是从航空器的整体可靠性出发，对每个零部件的可靠性进行分析，针对具体的情况，制定具体的维修方法。这种维修思想不是抛弃了传统的定时维修理论，而是把定时维修的概念作为针对某一部分零部件的方法纳入新理论中。

- **当代民航维修的主要方式**

在"以可靠性为中心"的维修理论指导下，航空器的维修方式有了相应的改变，主要形成了以下三种方式。

（1）定时维修方式。定时维修是传统的维修方式。某些重要的零部件是有一定的使用期限的，称为定寿件。这类零部件决定检修的期限，到使用期限必须予以更换、报废。目前我们用的小汽车上也有不少类似的零部件，如轮胎、电瓶等。各种飞机的定检就包括这种维修方式。

　　从表面看，这种维修方式并没有什么改变，但实质上有很大区别。改变的原因主要体现在两个方面：一是通过新的设计、新材料的应用、新的加工技术等，使这些零部件的使用寿命或翻修期限大大增加。有资料表明，1975 年以后的翻修期限比 1960 年增加了 10 倍以上。二是这种定寿件的数量大为减少。原来定寿件数量占比达 90% 以上，如今已经减少到 10% 左右；有的飞机品种已经减少到 7%，仅包括发动机的涡轮盘、涡轮轴，操纵面的操纵件等。

　　细心的你可能已经发现，并不是等飞机有了故障才进行维修，而是要经常性地检验、检测，早发现、早修理，以确保其可靠性、安全性。事实上，民航飞机每次起飞前都必须经过例行的检测才能放飞。

　　（2）视情维修。有的零部件没有一个明显的故障增长时限。搞定期维修就不能充分发挥这个零部件的效能，并且也不能减少故障的发生。目前采用监测和观察的办法，监测这些零部件的工作情况，再根据零部件的具体情况来决定是否维修或更换。这种维修方式就是视情维修。

　　要实行视情维修，首先就是能够对零部件的技术性能等作出判断，从而避免出现突发性影响安全的事故。这就需要对视情维修的零部件给出具体的检测方法和手段、检测标准和检测时间。

　　尽管视情维修和定时维修一样，是定期进行的。但它与定时维修有根本的区别。视情维修是通过检测来决定零部件是否能继续使用的，而不是把到期的零部件一刀切地更换。并且视情维修的前提是采用多种手段进行监测，通过多种参数来判明零部件的技术状况，再进行必要的维修；而不像定时维修中将零部件拆下来分解检查、进行更换。因此，视情维修带来的好处是零部件得到了充分利用，降低了成本，减少了工作量和工作时间。由于减少了拆装，多数情况下还降低了事故率。在系统设计方面，设计者也要考虑如何在"原位"对这些零部件进行检测、判断，以便能快速地更换。随着现代无损检测技术的发展，可以进行视情维修的零部件越来越多、范围不断扩大。这样，视情维修带来的效益更为显著。

　　（3）状态监控。状态监控就是建立起一套能够对零部件进行监控的体系来预防故障的后果，使它不致发展成严重故障或使故障率超过允许程度。实际上，有一些零部件对航空器的飞行安全并不造成直接影响，例如，有备份的设备或只对飞机某一个子系统有影响的零部件等。即使这些零部件发生故障，飞机仍然能够安全运行，因而就不必在故障发生前下工夫预防，而是待故障发生后及时加以排除即可。这样就可以节省大量的人力和物力。但要做到及时排除故障，就必须对这些零部件进行有效的监控，一旦它们发生故障就可以立即发现，留待可能的时机进行排故。

● 维修策略

　　（1）制定维修策略的必要性。飞机的维修工作是一项复杂而严谨的工作，并且具有很强的综合性。维修人员理论知识的缺乏，导致其无法正确地分析故障与缺陷，对故障缺乏快速地判断和处理，容易出现维修差错。再者就是部分维修人员就故障对于飞机安全性的影响了解不到位，造成了过度维修、不适当的更换零件，不仅造成了航材的浪费，还增加了飞机的维修成本。因此，需要结合高新技术与传统技术，制定科学的维修策略。维修策略主要包括建立数据库、坚持换季的持续性维修和维修技术的创新与检查。

（2）建立基础数据库。在现代社会中，对飞机的故障处理离不开高新技术的应用。因此，需要建立基础数据库，注重对典型事故的基础维修数据进行收集、统计、分析和利用，并采取相应的质量改进措施。在维修中，要充分利用控制图对维修的过程进行监控，及时掌握维修的状态。在维修企业提供的故障分析和改进措施的帮助下，对维修的方案进行优化，加强预防性维修，进而降低飞机的故障率、提高安全性。

（3）坚持换季的持续性维修。我国南北方气温差异大，导致飞机的事故随着季节的变化而变化，进而增加了航班的延误率。为了提高飞机的利用率、保证飞机的安全性，很多企业对飞机进行季节性的预防维修，根据季节和温度的变化采取有针对性的维修措施。实践表明，预防性维修取得了明显成效。

（4）维修技术的创新和检查。对于维修技术的创新是航空器维修的必然要求和发展趋势。先进的技术应该有效地降低维修的难度、提高维修的效率，确保维修的安全可靠。维修机构应该及时地对员工的工作进行评价和检查，保证维修效果、提升维修质量。

- **当代民航维修的效果**

目前民航维修是根据 MSG 理念实施的，其中也广泛采纳了"以可靠性为中心"和"预防为主"的思想。例如，"以可靠性为中心"建立的三种维修方式分别适用于三类不同的零部件。这使得机务维修工作发生了系统性的变革，产生的效果主要体现在以下四方面。

（1）维护质量大为提高，维护成本大为下降。它使维修工作"因件而宜"，改变了传统方法的单一方式的、统一拆换的方式。为了保证安全，早期飞机设计上加大了零部件的安全系数，这使得飞机的结构"过分"的安全。这样做的弊端是：一方面飞机的性能不容易提高；另一方面材料的性能得不到充分利用，在使用上也是极不经济的。

（2）维修和多种新技术结合，在保证质量的同时，也使维修的初期投资增加，例如，需要购置各种检测设备、培训各类员工等；同时也使维修计划工作变得更复杂。

（3）设计与维修紧密结合。设计者在设计阶段就要考虑维修的方便和维修成本，例如，对视情维修件要加开检查孔；在整机的仪表部分要增加监控系统，增加机载自检测系统等。反过来，设计者会得到维修中出现的问题及其解决方法的反馈，从而促进设计的修改或完善。

（4）航空器的整体可靠性和零部件的可靠性及两者之间的联系是建立在大量数据的统计和分析之上的，因而在新的体系中可靠性数据的积累、分析与信息的传递成为不可缺少的重要环节。

8.3　进一步了解适航管理

在 3.18 节，已经介绍了适航性的基本概念，飞机的"三证一本"和初始适航管理。本节将进一步介绍适航管理知识，因为民航维修离不开适航管理。

如前所述，适航性就是指航空器在全寿命中其整体及各部件和系统在预定的运行环境与使用条件下保证安全运行的品质。在当代，航空器制造和运行管理取得了长足的进步，航空器适航性的重要性更加显现，随之，对适航性的要求越来越广泛、越来越严谨。

● **适航管理和标准**

（1）适航管理。针对民用航空器的制造、使用和维修的安全问题，民航管理当局提出了适航问题，并设置了航空器适航审定司。因此，必须明确：适航管理是政府行为，带有强制性和法规性。所有与民用航空器有关的机构、企业和个人都必须遵守相关法律法规和适航部门的规定，要了解和掌握适航标准以保证航空器的安全运行。违犯者要承担法律责任。

（2）适航标准。由航空器适航审定司建立起的适航标准是国家的一种法律规定，它是为保证民用航空器的适航性而制定的最低安全标准。因此，适航标准也是一种国家的技术标准。我国的适航标准是中国民用航空规章的一个重要部分。

适航标准是依据多年的经验教训，以及运行中出现的实际问题和各种情况，经过大量的科学分析而制定的。因此，适航标准是一个将实践性和科学性密切结合的文件，并且随着科学技术的发展和实践经验的积累，不断地改进和完善。实际上，与 2000 年以前相比，全世界的适航标准都已经发生了许多变化。

（3）制定适航标准的理念。制定适航标准首先要考虑的就是安全需要。但作为一个行业，民航运输业是国民经济的重要组成部分，企业必须要考虑经济效益和社会效益。过高的安全要求必然提升企业运行成本，甚至使安全的代价急剧增长。这势必会制约民航运输业自身的发展，对航空制造业、旅游业以及相关的其他行业，乃至对国民经济的发展也会产生不利影响。因此，管理当局在制定适航标准时，以"安全第一"为前提、兼顾经济性，把保证安全的经济负担降至最低，从而实现最大的效益。

● **适航管理的内容与作用**

1）适航管理的内容

作为政府机构，适航管理部门的任务主要有以下七方面。

（1）制定和修改适航标准和审定监督规则。

（2）对民用航空器的设计进行型号的合格审定。例如，对 ARJ21-700 的型号审定。

（3）对航空器制造厂的生产进行审定，发放生产许可证。例如，对中国商飞等企业的审定。

（4）对注册的民用航空器进行适航检查，发放航空器适航证。例如，对各个航空公司使用的飞机进行的审定。

（5）对航空器的使用者提出要求和使用限制，监督他们保证航空器在适航条件下使用。

（6）对民用航空器的维修单位进行审查，发放维修许可证，监督检查维修的质量保证。例如，对各个航空维修企业进行的审查等。

（7）对维修民用航空器的人员进行考核，发放执照，保证维修人员的技术水平。由此，你可以知道，从事民航维修的员工都是有执照的，他们必须持证上岗。

2）适航管理的作用

你也许会认为，适航管理太严了，条条框框太多了。但笔者要说的是，适航性这个词不是出于理论或学术研究的需要，也不是出于设计、制造航空器的需要，而是出于维护公众利益的民用航空立法的需要。适航管理是保证航空安全的重要因素之一，是保证航空器能够安全运行的基本条件。适航规章都是经过长时间的实践、经验积累，并且以维修理论的研究创新为基础而制定的。航空器是航空运输的物质基础。航空器本身不安全就无法谈论航空运输的安全。适航管理就是要从航空器的设计、制造开始，一直持续到航空器的使用全过程。因此，适航管理涉及航空运输活动的各个环节，遍及航空运输活动的全过程以及相关领域，可以毫不夸张地说，适航性每时每刻都影响着航空安全。

在早期，由于航空技术的不成熟和适航管理的不完善，航空器设计和维修使用原因导致的重大航行事故时有发生，教训深刻。在 20 世纪二三十年代，这类事故数量占比达 50%左右；到 20 世纪 90 年代，这个占比已经下降到 15%左右。这实际上与适航标准和适航管理的完善有密切关系。综合来看，适航管理的改进不仅使航空安全性大为提高，也由于采取合理的适航标准和管理措施，航空器在保证安全的前提下把维修和使用的成本有效降低，从而使民用航空事业得到更大发展。

- **适航管理的国际性**

（1）民航运输的国际性。适航管理的国际性与民航运输的国际性是联系在一起的。首先，民航运输的服务对象和承运人具有明显的国际性特征。飞机上的旅客也是国际性的，我国的航班飞往外国，世界各国航班飞来我国，均是国际航班。其次，民航飞机的制造具有全球化特征。最后，空中交通管理在国际上是衔接的。因此，民航的许多方面是与国际接轨的，适航性更不能例外。

（2）适航性的要求和技术标准的国际性。从一开始，民用航空、航空器的制造和使用就具有极强的国际性。对各个国家而言，适航性的要求和技术标准是基本相同的。在《国际民用航空公约》中对航空器的国际适航性，以及各国建立适航管理机构及其职责、国际合作都有相应的规定，并在随后制定的附件 7 和附件 8 中对航空器的国籍和适航性做了详细和明确的规定和建议。可以说，国际适航标准在原则上是大体统一的，但在具体执行细则上各国可依据自己国家的情况，制定出本国的适航法规。

（3）我国与国际民航组织的合作。我国是国际民航组织的成员国，我国的适航机构按国际民航组织的有关规定进行工作。具体内容包括：①制定与国际民航组织基本一致、能够得到国际普遍承认的适航标准；②广泛订立国际间的双边和多边适航协定；③严格对由国外制造的或租赁使用的航空器及航空产品进行审核；④促进我国民用航空产品进入国际市场。通过广泛的国际合作交流，我国适航管理水平逐渐提升、能力不断提高。这极有力地促进了民航运输安全和效益的提升。

- **我国适航管理组织体系与作用**

我国适航管理的组织体系以设立适航审定司为标志。目前，我国适航管理的组织体系分为以下三个层级。

1）立法决策层

国家民航局设立航空器适航审定司，统管适航管理工作。航空器适航审定司下设：适航检查处、航空动力审定处、航空器审定处。关于航空器适航审定司的职责详见本书第 26 页。

2）执法监督层

在各地区管理局中设适航维修处和适航审定处。

（1）适航维修处大致工作：①审批民用航空器营运人在辖区内的航空器维修方案、可靠性方案、加改装方案及特殊装机设备运行要求；②审核报批或批准民用航空器营运人在辖区内执管航空器的适航证、特许飞行证，并实施监督管理和使用困难报告的调查处理；③审核报批或批准辖区内民用航空器维修单位维修许可证并实施监督管理，按授权负责对承修中国注册航空器及其部件的国外维修单位的审查；④负责辖区内维修人员培训机构的合格审定；⑤按授权负责民用航空器初始维修大纲审查的有关工作；⑥负责辖区内航空器维修人员的资格管理。

（2）适航审定处大致工作：①按授权对航空器及其零部件、机载设备、材料等进行型号合格审定和生产许可审定；②颁发民用航空产品的适航指令；③办理颁发民用航空器初始标准适航证的有关事宜；④负责有关民用航空器的加改装方案、特修方案和超手册修理方案的工程审批工作；⑤按授权负责航空油料及民航化学产品的适航审定；⑥对有关委任代表进行资格管理；⑦负责辖区内民航标准计量工作。

3）委任基础层

这是指由适航主管机构的委任代表，在基层协助开展和监督适航工作。这一举措使得适航工作深入到基层、建立了广泛的基础。

一种是委任代表，是适航机构以外的民航企事业单位中从事某一方面工作的人员。根据工作性质不同，可以分成工程委任代表、生产检验委任代表、维修监督委任代表和维修人员执照主考委任代表（考官）。另一种是委任单位代表，这些单位都具备从事本项工作的能力和水平。例如，适航机构委任一些专业单位进行航空器的性能测试、航空材料和工艺方法的试验与测试，以及维修人员执照的培训和考试等工作。经委任后，这些单位发出的检验报告和考试成绩均被适航部门认可。

经过 30 年的改革、充实和完善，我国已经建立起与世界发达国家大体相当的民航适航管理机构与体系。该体系的各层级既有分工，又有合作；既有自我约束，又有相互监督。目前，我国已经完成了适航的各项规章、条例的立法，建设了一支高水平的技术业务队伍，能够承担起保障航空安全和对外维护国家主权的各项任务。

● **适航管理的文件体系**

要有效地进行适航管理，必须建立我国的适航法规和条例等系列文件，以及实施这些法规条例的详细规定，即适航文件。它们不仅是从事适航工作的人员应该掌握和执行的，也是有关的航空器制造、维修、使用人员必须了解和遵守的。我国的适航文件分为由国家主管机构颁发的法律、法规和由适航司为实行这些法律法规制定的细则与解释。制定文件是适航部门最重要的两项工作之一。

1）有关的法律和法规

首先是《中华人民共和国民用航空法》，它是由立法机构通过的法律，其中第四章对民用航空器适航管理工作的内容和范围等作出了原则性规定。

其次就是由国务院颁布的《中华人民共和国民用航空器适航管理条例》，简称《适航条例》，它是关于我国实行适航管理的全面性政策法规。该法规对民用航空器适航管理的宗旨、性质、范围、权限、方法和处罚等做出了明确的规定。最后就是管理当局发布的《中国民用航空规章》，它是中国民用航空局制定和发布的涉及民航各方面的有法律效力的规章。

《中国民用航空规章》中有关适航的主要部分包括：①关于各类航空器的适航技术标准，例如，关于运输飞机的 CCAR-25 部，关于发动机的 CCAR-33 部及关于航材、零部件和机载设备技术标准的 CCAR-37 部等；②关于民用航空器国籍的 CCAR-45 部；③关于维修人员合格审定的 CCAR-65 部；④关于航空器维修许可审定的 CCAR-145 部。民航规章始终需要不断完善和补充，也会不断地有关于适航的内容补充。

为了让读者有更深入的了解，笔者对 CCAR-37 部和 CCAR-39 部再进一步进行说明。CCAR-37 部是关于各类航材和设备的技术标准。无疑，技术标准很多。为了更具体地贯彻实施技术标准，管理当局制定了特定用于民航的各种中国民航技术标准规定（China civial aviation technical standard order，CTSO）。CTSO 属于 CCAR-37 部的一部分。各级制造和维修部门必须按照 CTSO 规定的标准来制造、维修和选用民用航空使用的材料、零件及设备。也就是说，不符合 CTSO 是不允许的。

CCAR-39 部是关于航空器适航指令的规定。它是民航产品在使用中发现存在不安全状态时，民航当局即时发出的对这种状态予以纠正的命令性文件，它是针对具体问题发布的，具有强制性。CAD（Chinese airworthiness directive）是 CCAR-39 部的一个延伸部分。有关的航空部门必须按期完成指令的要求，否则这类航空器就不再适航。你可以想象，这个 CAD 是多么重要，容不得半点儿马虎。

2）对有关法律和法规的解释和实施细则

在由政府一级制定了法律和法规后，在具体实行中还需要由下一级的管理机构制定出具体的细则和管理程序。这一类文件由航空器适航审定司制定并发布，它们构成了适航文件的第二级部分。它分为适航管理程序（airworthiness procedures，AP）、咨询通告（advisory circular，AC）和适航管理文件（airworthiness management document，AMD）三种：①适航管理程序是 CCAR 的实施细则和管理程序，是各级适航人员和设计、制造、维修人员的工作守则。②咨询通告是对适航工作和政策进行解释说明或推荐性的文件。③适航管理文件则是针对某一具体问题或某一具体单位的工作文件或暂行的规定。

● **适航管理的证件体系**

适航证件是指由适航文件所规定的对航空制造的产品、航空维修的产品、组织和人员的标准与资格认定后，适航部门所颁发的各类证件。颁发证件也是适航部门的一项最重要的工作。

适航管理机构要审定航空产品、机构和人员的标准或资格，并颁发相应的证件。持有这种合格证件的产品、机构和人员才能在民航中使用或从事工作，这是保证航空安全的基础。适航的证件可分为制造、使用和维修三大类。

1）有关制造的证件

对于飞机，主要是型号合格证和生产许可证，参见 3.18 节。

对于航空零部件的制造则需要取得技术标准规定项目批准书后才能投产。对于制造者要得到零部件制造人批准书才能制造。对于从外国进口的航空主机和零部件，则要取得我国适航当局颁发的型号认可证或材料零部件、机载设备认可证才能在中国使用。

2）有关使用的证件

这主要是指适航证。航空器取得适航证就表示它经过设计和生产的审核能够安全使用。有了适航证，它才能被投入使用。适航证是有一定期限的，在到期前必须经过适航检查，符合标准才能重新签发适航证。对于出口到国外的航空产品，要由我国颁发出口适航证，该航空产品才能出口并得到外国适航当局的认可。

3）有关维修的证件

这主要是维修许可证和航空人员维修执照等。维修许可证是发给从事民用航空器维修业务的单位或个人、准许他们从事这方面工作的资格凭证。适航当局对申请的单位进行现场和资料的检查，符合标准后发放。维修许可证上要写明维修的项目，限定持证者的维修范围。

航空器维修人员执照是从事民用航空器维护、修理、检查和维修管理的资质证明。从事航空器维修的人员必须持有维修执照，才能承担相应的工作任务。执照细分为维修人员执照和维修检验人员执照两类。

维修人员执照由两部分组成。第一部分是基础执照，申请人通过对本专业基础知识和技能的考核才能得到基础执照。在具备基础执照后，维修人员还要申请针对具体的机型、专业进行考核以取得执照的第二部分，即机型、专业执照。具有机型、专业执照后，持照人才具备了对执照上注明的机型或专业的放行资格。

维修检验人员执照更高一级。要取得维修检验人员执照，首先应具有维修人员执照，然后由质量控制部门进行相关的考核才能取得维修检验人员执照。持有维修检验执照的人员可以对维护修理进行检查或监督，以对工作的质量负责。

8.4　细说维修执照和证书

为了保障航空维修的可靠性、安全性，我国从法律上对民用航空器维修人员的资质进行了规定。《民用航空器维修人员执照管理规则》（CCAR-66R1）适用于从事在中国登记的民用航空器的维修、部件修理和维修管理工作的中国公民与非中国公民的执照与资格证书的颁发。

执照包括民用航空器维修人员执照、民用航空器部件修理人员执照。

资格证书是指民用航空器维修管理人员资格证书。

● **民用航空器维修人员执照**

民用航空器维修人员执照包括基础部分和机型部分。

维修人员执照基础部分可以在没有机型签署的情况下颁发。这显然是最初级的资质。这个基础部分包括航空机械（mechanical，ME）和航空电子（aviation electronics，AV）两个专业。航空机械专业还划分为以下四个类别：涡轮式飞机（mechanical turbojet airplane，ME-TA）、活塞式飞机（mechanical piston airplane，ME-PA）、涡轮式直升机（mechanical turbojet helicopter，ME-TH）、活塞式直升机（mechanical piston helicopter，ME-PH）。

维修人员执照申请人向考管中心提出申请，经批准参加笔试、口试及基本技能考试，合格后向考管中心提出申请，经批准获得维修人员执照基础部分。请注意，这个资质对申请者的学习经历、工作实践经历、培训经历和工作能力都有要求，申请者再经过一系列考试才能获得这个资质。

申请维修人员执照机型部分的申请人应当首先取得维修人员执照基础部分。当然，这个执照的获得就需要经过更多的工作实践和更复杂的考试。这个太专业，就不一一介绍了。

- **民用航空器部件维修人员执照**

民用航空器部件维修人员执照包括基础部分和项目部分。民用航空器部件维修人员执照申请人应当向执照考管中心提出申请，经批准参加笔试及基本技能考试。合格后向执照考管中心提出申请，经批准获得部件维修人员执照基础部分。

部件维修人员执照基础部分包括以下类别：①航空器结构，其英文代码为 STR；②航空器动力装置，其英文代码为 PWT；③航空器起落架，其英文代码为 LGR；④航空器机械附件，其英文代码为 MEC；⑤航空器电子附件，其英文代码为 AVC；⑥航空器电气附件，其英文代码为 ELC。

由于太专业，各个项目的细节省略。

- **民用航空器维修管理人员资格证书**

民用航空器维修管理人员资格证书的申请人向执照考管中心提出申请，经批准参加培训和笔试考试，合格后向执照考管中心提出申请，经批准获得民用航空器维修管理人员资格证书。

这个资格证书考试申请是有条件的，具体包括：①具有航空技术相关专业大专（含）以上学历或者同等学历，身体健康；②从事航空器或者航空器部件维修相关工作不少于 5 年，其中包括不少于 2 年的维修管理工作；③具有听、说、读、写并正确理解工作中所使用中文的能力。配备翻译可视为满足本项要求的一种方式。读者可见，取得民用航空器维修管理人员资格证书的经历很漫长。

依笔者来看，资质——无论是执照还是资格证书，都是经过规定的工作实践历练和理论学习才能获得的。

- **维修单位的审核与监督**

为规范民用航空器维修的管理和监督，保障民用航空器持续适航和飞行安全，依据《中华人民共和国民用航空器适航管理条例》，管理当局制定了《民用航空器维修单位合格审定规定》。

任何单位，要成为民用航空器的维修单位必须通过适航部门的审核。这些单位在硬件上必须具有合格的厂房、工具、人员、技术文件和器材；在管理上要有严格的质量保证、工程技术和生产管理体系。对这些方面审查合格后，管理当局发给维修许可证，这个维修单位就取得了维修民用航空器的资格。

对于维修单位，还应具备《许可维修项目》证书，也就是说只有获得许可的具体项目，该单位才能够对此项目进行维修。

读者稍微分析就可发现，一个企业拿到维修许可证需要很多条件。单单是各种人员，就不是那么容易满足审查条件的。

在维修单位营运之后，适航部门要派出主管适航检查员全面深入地对维修工作的质量进行连续的监督和审查。除了日常的检查，适航部门还要组织适航审查组对维修单位进行年度检查，在全国范围内还有航空器适航审定司组织的不定期的全国联合检查等。

8.5　持续适航管理

持续适航管理指的是对民用航空器的使用、维修的控制，是指航空器在满足初始适航标准和规范、满足型号设计要求、符合型号合格审定基础上，获得适航证并投入运行后，为保持它在设计制造时的基本安全标准或适航水平，并保证航空器始终处于安全运行状态而进行的管理。

● **持续适航管理的内容**

持续适航管理有三个要素，即维修机构、维修人员和航空器。三要素都应达到规定的要求或标准，才能保证航空器的持续适航。管理当局加强信息化建设，建立信息网络，进行实时控制。

1）对维修单位的审核和监督

任何维修单位，无论是国内的，还是国外的，只要承修在中国注册的民用航空产品，均要符合中国《民用航空器维修许可审定的规定》（CCAR-145）的要求，并获得维修许可证。维修单位必须有一本经适航部门批准的手册，手册是本单位的法规性文件，是构成维修许可批准的一部分。只有满足 CCAR-145 的规定，维修单位才可能取得维修许可证。

只有取得中国民航当局签发的维修许可证，维修单位才能开展维修业务工作。

2）对维修人员的资格审定

维修人员的业务素质和能力是保证维修工作质量的关键因素。为提高维修人员的素质和能力，《民用航空器维修人员合格审定的规定》（CCAR-65）中规定了维修和检验人员执照的考试、颁发和管理要求，CCAR-145 中明确规定了须持有执照的人员范围及工作职责，CCAR-183 中规定了委任主考代表的资格和职权范围。维修人员必须持证上岗。

3）对航空器适航性的鉴定和检查

对航空器适航性的鉴定、监督和检查，重点在以下方面。

（1）维修大纲。各机型的维修大纲必须经管理当局批准或认可，维修方案（包括补充结构检查和防腐方案）与工作单（卡）必须符合维修大纲的要求。读者由此可知，维修飞机的规章制度非常严格、必须不折不扣地执行。否则，飞机就不能满足适航要求。

（2）适航指令和重要的服务通告的贯彻执行。

（3）时控件。应有相关程序进行控制，防止超期使用。

（4）保留故障或保留工作项目。必须严格按最低设备清单（minimum equipment list，MEL）放行飞机，应有控制程序控制保留故障和保留工作项目。

（5）替换件。使用的任何替换件必须经过审查批准。例如，科研人员研制出一个新产品，具有更好的性能。要用这个新产品替换原来的零件，必须经过管理当局审查批准。实际上这个程序是非常复杂和漫长的。

（6）重大故障和重复故障必须有可靠性方案来加以分析和控制。

（7）维修记录必须按规定记录、保存。

（8）重大修理和改装必须经适航部门批准。

（9）航空器的年检、单机档案的建立和保存。

（10）建立信息网络，进行实时控制。

4）信息的收集和管理工作

我国民航管理信息收集和管理的组织架构包括三级站：一级站是民航当局信息站；二级站包括各个地区管理局信息站；三级站包括航空器使用和维修单位。

● **持续适航管理方案的基本要素**

（1）检验职能。执行持续适航维修方案就要求航空公司必须在自身的工程管理手册中明确规定质保部门的组织机构和人员基本要求、基本的检验政策和程序。

（2）例行维修和检查。例行维修和检查是一系列的按指定的时间间隔应该进行的常规维修和检查。规定的任务包括：①更换有寿命期限的零部件和需要定期翻修的零部件；②特殊的无损探伤检查；③对视情维护项目进行的检查；④飞机的润滑和飞机称重等。

（3）非例行维修。非例行维修方案提供由检查、例行维修、驾驶员报告、故障分析等所产生的维修任务的程序、指导和标准。该方案包括排除飞机营运和维修过程中出现的故障或缺陷。

（4）**翻修和修理**。翻修和修理系统为脱离飞机进行修理与翻修的零部件及机载设备提供指导和标准。该系统包括对所完成的项目的跟踪、修理、检验、批准和记录。有使用寿命限制的部件更换也必须包括在内。

（5）结构检查。飞机所进行的结构检查有多种，这包括：①起飞前的目测检查；②定期进行的检查（A 检、C 检等）；③大修时所进行的特殊（无损）检查；④补充结构检查文件的要求也合并到例行维修方案中。

（6）必检项目方案。必检项目是指如果没有正确执行、使用了不合适的零件或者航材，就会导致失效、故障或者危及飞机安全营运的维修和改装项目。

（7）维修可靠性方案。可靠性方案是持续分析和监督方案的一部分，通过对使用数据的采集和分析，找出运行中飞机性能的发展趋势。

（8）记录保存系统。该系统保存的维修记录是完成维修工作的具体体现，无论从安全/局方规章的要求，还是出于航空公司的自身利益，企业都应该具有一套完整有效的记录保存系统。

（9）持续的分析和监控方案。制定持续分析和监控方案的目的是保持适航与安全的最高标准。为了评定维修方案的执行情况，对维修方案、公司政策和程序等进行持续的监督，找出执行中存在的问题并加以纠正。

● **持续适航管理的文件类别**

持续适航管理也可以说是通过对文件的贯彻实施而进行的。这些文件主要有以下三大类。

（1）供运行使用的文件。

（2）供维修使用的文件。

（3）其他文件。主要有两类，即服务通报和培训手册。

● **持续适航的责任部门**

（1）航空器适航管理部门。航空器适航管理部门在持续适航工作中的主要责任是对航空器在使用过程中所涉及的适航性进行评估。

（2）航空器设计和制造部门。对于航空器设计和制造部门，其主要责任是主动、及时地收集航空器使用中产生的重大故障问题，提出纠正措施，编发技术服务通告，以保证航空器的持续适航性。

（3）航空器使用和维修部门。航空器的使用和维修部门是指航空器使用人和维修单位，它们构成持续适航管理的基础。航空器的使用和维修部门承担着保持航空器持续适航性的根本责任，是保障航空安全的主要因素。实际上，实现航空器的持续适航性必须通过维修部门、使用部门（承运人）实现。

　　● **持续适航与初始适航的关系**

（1）持续适航管理与初始适航管理的区别。初始适航管理是对设计、制造环节的控制与管理；持续适航管理是在航空器获得适航证、投入运行后，对使用、维修的控制与管理，即在航空器满足初始适航标准和规范、满足型号设计要求、符合型号合格审定基础并获得适航证、投入运行后，为保持它在设计制造时的基本安全标准或适航水平，保证航空器始终处于安全运行状态而进行的管理。

（2）从航空器诞生、发展的过程来看，初始适航和持续适航是一个相辅相成的有机闭环。以笔者浅见，初始适航管理是基础和前段，持续适航是延续与后段，但又是发展、改进、完善的前提。在当代，任何一种型号的航空器，从设计构思开始，就要考虑它的用途及其可用性和适用性。而这些特性必然是以已有航空器的持续适航性（使用实践经验、教训）为前提的。

8.6　细说维修大纲

● **维修大纲的基本概念**

维修大纲是针对新兴和衍生型航空器，由航空器制造商制定并由民航当局批准的初始最低计划维修和检查要求。它包括维修任务和维修间隔，但其中并不包含独立未装机发动机的维修要求。维修大纲就是根据 MSG 理念建立和执行的，因而也称为维修审查委员会报告。

● **维修大纲的目的、目标和组成**

（1）民航维修大纲的目的。维修大纲的目的包括两点：一是向飞行部门按时交付适航的航空器，满足飞行计划的需要。二是明确所交付的航空器的维修工作已经完成或被推迟。管理当局规定，维修应当按照规定的间隔和标准完成。但如果缺少零件、合格的维修人员，或者受时间限制，应该允许适当推迟。

（2）维修大纲的目标。民航维修大纲的目标包括五项，它们是：①保证实现设备的固有安全性和可靠性水平。②当系统或部件出现性能衰退时，将其安全性和可靠性恢复到固有的水平。③当经过维修未能达到固有水平时，需要收集调整和优化维修大纲所需要的信息。④对固有可靠性不够的项目，需要收集信息进行设计改进。⑤以最低的总费用完成上述目标。

（3）维修大纲的组成。通常维修大纲由五项内容组成：①系统和动力装置维修大纲（MSG-1）；②结构检查大纲（MSG-2）；③区域检查大纲（MSG-3）；④飞机区域图；⑤属于汇编以及缩写和简略语表。

● **维修大纲的制定方法**

制定民航维修大纲，目前主要采用两种基本方法，即程序主导型方法和任务主导型方法。

（1）程序主导型方法。这种方法特别强调分析逻辑。第一步就是 MSG-1 分析逻辑，实际就是维修评估和方案制定文件或维修评审和大纲制定手册，它强调在维修人员中普遍建立起"决策树"的概念。这种分析逻辑是把部件看作设备故障最可能的原因，因而也称为"自下往上"法。第二步就是 MSG-2 分析逻辑，也就是依据航空公司/制造厂家维修计划数据进行维修。这是针对维修方式的分析逻辑，其分析结果是为飞机的单独项目制定维修方式。MSG-2 强调的是面向过程的维修，根据 MSG-2 方法制定维修大纲，对飞机的每类组件（系统、部件或设备）采用"自下往上"的分析方法，为其确定适宜的维修方式，是定时维修、视情维修，还是状态监控。定时维修和视情维修程序分别用于有确定寿命限制或可检测损耗周期的部件和系统。状态监控程序用来监控既不适用于定时维修，也不适用于视情维修的系统和部件。

（2）任务主导型方法。任务主导型维修方法适用于预先规定的维修任务，以预防部件在使用过程中发生故障。MSG-3 是一种"从上往下"或称"故障结果"的逻辑方法，属于任务主导型维修。从飞机系统的最高管理层面而不是部件层面进行故障分析，确定适合的计划维修任务，防止故障的发生和保证系统的固有可靠性。

● **维修大纲的基本要求**

美国联邦航空管理局在咨询通报 AC120-16D 中对航空承运人的维修大纲规定了 10 项基本要求：①适航责任；②维修手册；③维修机构；④维修计划；⑤维修记录保存系统；⑥维修与改装的完成及批准；⑦外包维修；⑧持续分析与监控；⑨人员培训；⑩有害材料和危险物品。

除了这 10 项基本要求，还有工程、航材、计划、维修控制中心、培训、计算机维修管理以及技术出版物等许多内容要求，而这些正是其他业务部门有效地贯彻维修大纲所必需的。

● **维修计划文件**

除了维修大纲，航空器制造商还提供维修计划文件。波音公司将其称为维修计划数据（maintenance planning data，MPD）文件，而空客公司则称为维修计划文件（maintenance planning document，MPD）。这些文件中包含来自维修大纲的所有维修任务，还包括飞机制造商建议的补充任务。维修计划文件用不同的方式对各项任务进行分类，以便于计划的制订。该文件常常以字母检（如 C 检和 D 检）或按小时数、周期和日历时间进行分类。

8.7　民航维修的依据

民航维修需要大量的资料、报表进行支撑。这些文件包括由飞机制造商以及用于该飞机的系统和设备制造商提供的文件、规章制定当局提供的文件与航空公司自己为细化各个维修程序而制定的文件。

● **制造商文件**

飞机制造商向营运人提供的用于飞机维修的文件包括以下 15 类。

（1）飞机维护手册（aircraft maintenance manual，AMM）。它包含有关飞机及其机载设备的营运和维修方面的所有基本数据资料。这是维护工作的主要依据之一。

（2）部件维修和销售方手册。飞机制造商对每一个部件都会提供一个相应的维修手册，而销售方手册则由制造部件和系统的外部销售方制订。这些也是进行维修必需的文件。

（3）故障隔离手册（fault isolation manual，FIM）。它包含一系列故障隔离逻辑分析图。这是为维修人员准备的，以便他们通过逻辑分析，找出故障的根源具体是飞机的哪个系统、哪个部件，并进行处理。

（4）故障报告手册（fault reporting manual，FRM）。该手册是为飞行机组设计和制定的。由飞行机组对维修提出排障前的故障报告，并在飞机到达之前向机务人员提示在何处开始查找解决方案。

（5）图示零件目录（illustrated parts catalogue，IPC）。该目录由飞机制造商编制，它包含用于该飞机型号的所有零件清单、件号和零件位置图。

（6）储存和恢复文件（storage and recovery document，SRD）。该文件包含对各种已经停止营运和长期存放的飞机进行维修与养护所需要的资料。

（7）结构修理手册（structural repair manual，SRM）。该手册向营运人和维修人员提供飞机结构维修所需要的技术资料。

（8）维修计划数据文件。该文件用来向航空公司营运人提供在飞机上进行的维修和养护任务清单。

（9）原理图手册。该文件含有飞机上的电气、电子和液压系统的原理图，也包括有关各个系统的逻辑原理图。

（10）布线原理图手册。该手册提供有关各个系统和各个部件的布线走向方面的数据资料。

（11）主最低设备清单。该清单由飞机制造商提出，并由民航管理当局批准，以表明某些设备在飞机签派时有允许的性能降低或带有故障。

（12）签派偏差指南。该指南由制造商飞机维修手册的工作人员编写，并且与主最低设备清单协调一致。如果在签派时，在主最低设备清单所列的项目中存在有故障的某些项目，并要求在保留故障和签派之前采取一定的维修措施，签派偏差指南会给出对这些措施的必要说明。

（13）构型偏离清单。该清单规定了有关壁板、整流罩和在构型方面类似的不同情况。

（14）工卡（job card，JC）。飞机维修手册中规定的某些人物（相关的工程师或者检验人员）根据维修方案项目从手册中摘录出来并填写在不同的卡片或单子上，以便机务人员执行该维修措施，这些卡片或单子就是工卡。

（15）服务通告、服务信函和维修建议。这些都是制造商针对新发现的问题提出的、与维修有关的指导性文件。服务通告就是为改进系统安全性或营运效果而提出的对系统的更改，并详细规定了所要做的工作和所需要的零件。服务信函通常是对改进维修措施提供有关资料信息，而不涉及设备更改。维护建议是对维修人员提出的，以便对其工作给予帮助，并改进工作状态。

- **规章制定当局文件**

规章制定当局文件包括航空法规条例、咨询通告、适航指令、监察员手册、行业标准等，具体情况如下。

（1）法规条例。与民航维修有关的法规条例主要有：①《民用航空器维修单位合格审定规定》（CCAR-145-R3）；②《一般运行和飞行规则》（CCAR-91-R2）；③《民用航空器维修人员执照管理规则》（CCAR-66-R2）；④《维修和改装一般规则》（CCAR-43）；⑤《小型航空器商业运输运营人运行合格审定规则》（CCAR-135）；⑥《民用航空器维修培训机构合格审定规定》（CCAR-147）；⑦《大型飞机公共航空运输承运人运行合格审定规则》（CCAR-121-R4）。

（2）咨询通告。它是民航管理当局颁布的一种文件，用于对营运人提供帮助，以满足各项法规条例的要求。这些咨询通告不像法律那样具有约束力，而仅仅是对于如何满足其要求的建议。目前已经颁布的咨询通告有很多。

（3）适航指令。它是在型号审定合格后，由适航管理当局针对在某一民用航空产品（包括航空器、航空发动机、螺旋桨及机载设备）上发现的、很可能存在或发生于同型号设计的其他民用航空产品中的不安全状态，所制定的强制性检查要求、改正措施或使用限制，其内容涉及飞行安全。如果不按规定完成，有关航空器将不再适航。

（4）监察员手册。常见的监察员手册有：① 维修单位安全管理体系（safety management system，SMS）补充合格审定资料；②改正措施报告（M2008C、M2008E）；③发现问题汇总单（M2007）；④改正措施评估单（M2009）；⑤持续适航监察员手册。

（5）行业标准。民航维修有自己的标准体系，如图8-1所示。为了加强民用航空器维修行业标准、计量校准规范的管理，管理当局还制定了民用航空器维修行业标准、计量校准规范管理程序，以及行业标准、计量校准规范申报流程。

（6）其他管理当局文件。这类文件也有多种类型，分别适用于相关部门、相关工作。例如，《民用航空器维修人员执照考试执考委任代表管理办法》《关于颁发维修监督委任代表委任、权限和管理规则的通知》，等等。

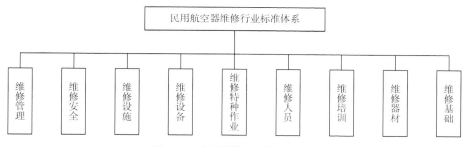

图 8-1　民航维修行业标准体系

8.8　民航维修作业的类型

从事民航维修的单位为了方便营运管理，通常将维修作业分为在飞机上维修和不在飞机上维修两种类型。

- **在飞机上维修**

1）航线维修

航线维修是指在营运飞机上能够完成的所有维修工作，不需要把飞机从飞行航线上撤出。维修人员按照航空公司提供的工作单对航空器进行例行检查和按照相应飞机、发动机维护手册等在航线上进行故障和缺陷的处理，包括换件和按照航空营运人机型最低设备清单、外形缺损清单保留故障和缺陷。具体工作主要包括：日检、每 48 小时检查和过站检查；周期少于 A 检的各项目等；多数航空公司还包括 A 检。

（1）日检。日检是最低级的例行检查，如航前检查、航后检查、过夜检查等，主要检查飞机总体状态和安全性，查看飞机技术记录本和客舱记录本，无须专门仪器、工具或设施。

（2）A 检。通常不需要专门的飞行日来作停场维修，而是利用每日飞行任务完成后的航行后检查时间来进行此项工作。对于同一机型，A 检的飞行间隔时间也不一定是固定的。飞机营运者、航空公司维修部门可根据飞机的实际运行状况、维修经验等进行相应的调整，可安排检查和保养某个项目，通常需要一些专门工具、保养和测试设备。

（3）B 检。这是一种稍微详细的、对一些部件和系统的检查，可能需要专门设备和测试，检查时间间隔介于 A 检和 C 检之间。在实际运作中，飞机营运者、航空公司维修部门往往取消 B 检，把 B 检的项目调整到 A 检或 C 检工作中，以减少不必要的停场维修时间。

以笔者来看，负责航线维修是很辛苦的，并且具有挑战性。原因有三：一是这项工作具有很强的时限性。例如，无论航班回来得多晚，维修人员都必须完成日检的规定项目，确保次日飞机正常飞行。二是维修人员必须及时完成日检的规定项目。三是一班工作 24 小时、休息 48 小时，工作和生活规律与其他工作不同。

2）机库内维修

机库内维修指在停止营运的飞机上进行的维修活动，当然要把飞机移进机库。这涉及的业务主要内容有六种：①高于 A 检的计划检查，如 C 检、D 检、重大维修检查；②按照服务通告、适航指令或工程指令对飞机或飞机系统进行改装；③机队变动；④由航空公司、管理当局或其他营运状态要求的特殊检查；⑤飞机喷漆；⑥飞机内饰改造等。可以看出，机库内维修更专业，更复杂，周期也更长。这些维修往往需要在专门的维修企业进行。

对于机库内维修，读者可能了解得很少。在此笔者根据自己所见简单介绍。一是将飞机牵引进出机库。实际上，机库都是大跨度的单层建筑物。例如，德国法兰克福机场的机库屋盖平面尺寸达 270 米×100 米。二是机库门尺寸大、重量重，又必须开启方便，因此其结构也比较特殊。为了方便牵引飞机进出机库，机库门通常按机库全高设计，全长分为若干扇，每扇宽 10～20 米。在每一个门扇的顶部设有专用导向结构，门扇底部支承于轨道轮上，门扇则可由外包薄钢板的钢构架制成，厚度为 0.5～0.7 米。三是机库的管理非常严格。例如，未经机库管理负责人允许，非维修人员不得进入机库走访、参观或进行其他活动；机库内有两架以上飞机维修时，维修人员不得在飞机之间串岗。

● 不在飞机上的维修

此类维修主要指在车间维修，对被替换下的部件进行维修。将需要维修的部件和设备从飞机上卸下来，送进大修车间，在其中进行全面的维修，包括从简单的清洗和调整，到必要的全面大修的各项维修作业。对于大型的专业维修企业，所需要的车间类型一般包括以下几种。

（1）发动机车间。该车间拥有发动机装配区域和发动机试车区域，是占用空间最大的车间。

（2）航空电子车间。该车间专门解决航空电子、电气系统的部件问题。

（3）机械车间。该车间包括液压系统和部件、气动系统和部件、氧气系统、飞行控制舵面等按部件类型划分的单独车间。

这样的维修更需要由专门的维修企业进行。例如，北京飞机维修工程有限公司、广州飞机维修工程有限公司。

8.9　民航维修的技术

民航维修的技术涉及三方面：失效分析、无损检测和修理工艺。这里事先强调一下，从事这些技术工作，也都要有相应的资质或者资格证书。

● 失效分析技术

失效是指产品或零部件丧失原设计所规定的功能的现象。因为零部件发生"失效"事件，才导致"故障"产生。民航维修中常见的失效分析如下。

（1）疲劳断裂失效分析。这主要是研究疲劳断裂的规律、断口形貌特征和防范疲劳断裂的措施等。

（2）腐蚀损伤失效分析。这包括研究产生腐蚀的原因、腐蚀类型和特征、清除腐蚀产物和预防腐蚀的方法措施等。

● 无损检测技术

无损检测是指在不损害或不影响被检测对象使用性能，不伤害被检测对象内部组织的前提下，利用材料内部结构异常或缺陷引起的热、声、光、电、磁等性质的变化，以物理或化学方法，借助现代化的技术和设备器材，对试件内部及表面的结构、性质、状态及缺陷的类型、性质、数量、形状、位置、尺寸、分布及其变化进行检查和测试的方法。航空维修的无损检测方法主要有以下几种。

（1）目视检测法。它指仅用人的眼睛或眼睛与一些辅助设备，对航空器构件表面进行直接观察，并根据个人技能和技术规范对发现的损伤进行判断和评价。常见的目视检测有：①飞行前绕航空器一周检查；②对机体表面的目视检查。

（2）超声波检测法。它是指利用超声波的特性，根据波形的变化特征判断缺陷或损伤在构件中的深度、位置和形状。

（3）X 射线检测法。当 X 射线透过被检工件时，有缺陷部位和无缺陷部分对 X 射线的吸收能力明显不同，从而在感光胶片或荧屏上留下灰度不同的影像。通过解读成像，判定缺陷或损伤。

（4）涡流检测法。该方法以电磁感应原理为基础，将通有交流电的检测线圈靠近被检测工件。工件内部就会感应出交变电流——涡流。如果工件表面或近表面有裂纹，那么涡流的流动发生畸变。常见的涡流检测有独立检测法和对比检测法。

（5）磁粉检测法。当铁磁性工件被磁化后，如果工件表面或近表面存在缺陷，将造成局部磁阻增大，磁力线在缺陷附近弯曲，形成缺陷漏磁场，并吸引、聚集检测工程中施加在工件表面的磁粉，从而显示缺陷。常见的磁粉检测法有连续法、剩磁法。

（6）渗透检测法。将溶有荧光染料或着色燃料的渗透剂施加在工件表面。由于毛细作用，渗透剂可以渗入表面各种类型的开口和细小缺陷中。清除工件表面多余的渗透剂并且干燥后，再涂上一层显像剂，缺陷中的渗透剂在毛细作用下，重新被吸附到工件表面上，从而显示出缺陷。常见的渗透检测法有着色检测法和荧光检测法。

● **修理工艺技术**

航空器是一种集中了机械、动力、电子、液压、化工等多领域先进技术的综合装置，因而需要的修理工艺技术也多种多样。常见的修理工艺技术主要包括以下内容。

（1）铆接修理。通俗地说，就是用打铆钉的方法修理。这是一种不可拆卸的连接形式，主要用于板、筋零件上的裂纹、破损和变形等机械损伤的修补和加强。

（2）焊接修理。这是将两个或两个以上零件，在外界某种能量的作用下，借助于各零件接触部位的原子或分子间的相互结合力连接成一个不可拆分的整体的工艺过程，主要用来修复航空器的各种零件。

（3）胶接修理。通俗地说，就是黏接。它是利用在连接面上产生的机械结合力、物理吸附力和化学键合力而使两个胶接件连接起来的工艺方法。

（4）热处理。常用来改善和提高零件的机械性能，以便发挥零件的最大效能。

（5）表面处理工艺。用来修复表面腐蚀、磨损等常见的航空器表面故障和缺陷。主要有铝合金零件的阳极化处理、镁合金零件的氧化处理、钢零件的电镀、铜制零件的镀锡和镀银、金属和非金属材料零件的涂漆等。

（6）喷丸强化。这是指用高速度弹丸（玻璃丸或钢丸）撞击金属零件表面使之产生残余压应力并形成细化亚晶粒的冷作硬化层，从而提高零件疲劳强度和抗应力腐蚀能力的一种工艺方法。

（7）挤压强化技术。用特定高强度挤压棒，强行通过预加工过的连接孔，使孔周围产生塑性变形，从而改善机体结构的抗疲劳性，清除镗孔处应力集中的不良影响。

（8）刷镀技术。用一个同阳极连接并能提供电镀需要的电解液的电极或刷，在作为阴极的工件上移动进行选择电镀的技术，用来解决大型零件的局部电镀。

（9）热喷涂技术。把丝（棒）状或粉末状材料加热到熔化或软化状态，并进一步雾化、加速，然后沉积到要喷涂的零件或基体材料上，用来获得不同性能的涂层及修补涂层。

（10）螺栓连接技术。在飞机大部件对接时，采用高强度的重要螺栓进行连接。

8.10　了解飞机维修成本

● **维修成本的来源**

维修飞机，首先是要制订维修方案。飞机维修方案一旦经过适航当局批准确立，其中包括的所有维修项目就必须在规定的周期内强制完成。飞机维修方案一般包括航线维修大纲、系统维修大纲、发动机维修大纲、结构维修大纲和区域维修大纲，维修成本都来源于这些大纲中的例行维修项目，以及包括执行例行项目时所发现的缺陷和偏差所发生的成本。因此，维修成本主要包括以下各类成本。

（1）航线维修成本。航线维修是最低级别，也是最基础的维修工作。我国航空公司航线维护一般都采用航前检查、短停（过站）检查、航后检查和周检。维修工作主要包括检查和补加滑油与检查轮胎气压等工作。航线维修的任务是完成航线工作单中规定的检查工作，并及时排除飞机所发生的故障与偏差，提高航班的正点率。因此，航线维修成本主要是人力资源成本。以 A320 为例，航线维修成本大约占总维修成本的 13%。

（2）系统维修和飞机区域检查成本。在航空公司的维修方案或飞机制造厂推荐的维修计划文件中，都要给出一系列针对飞机各个系统和部件及飞机区域的维修项目，以保证飞机各个系统及部件能安全可靠地工作，并确保在特定飞机区域内的导线、管路、机械操作机构和结构无损伤。

（3）飞机结构检查成本。飞机的结构检查也被称为大修或 D 检，是对飞机机身的最高级别的检修。其目的是保持飞机结构的持续适航状态，并将飞机结构的腐蚀控制在 1 级水平或更好的状态。

读者可以想象，在运行中飞机反复地起飞和降落，经受增压和减压等，这会导致飞机结构的疲劳损伤，各种气候、环境的影响会造成腐蚀损伤，也有可能受到外来撞击，例如，受鸟击或受地面设备的碰撞而损伤。因此，结构检查又分为疲劳检查项目和腐蚀检查项目两大类。总的来说，飞机大修的周期为四年，一架飞机的大修成本约为每年 25 万美元。

（4）发动机修理成本。发动机所需的维修成本是最多的，其中最多的是发动机离位大修成本。随着技术的发展，发动机能够在翼时通过状态监控和孔探检查来确保发动机的可靠性及确定发动机的功能状态，发动机的大修周期完全取决于发动机热部件的寿命或时限。飞机在起飞时所需的发动机推力最大，这使得发动机热部件受到的磨损和热应力也最大，所以发动机寿命件的时限以热循环为周期。一台发动机所装的热部件的周期也各有不同，在每次大修时根据所更换或修理的热部件的数量不同而大修费用也有所不同。某些发动机叶片维修需要送到国外维修，其费用可达上万美元。

● **影响维修成本的因素**

从机队的角度分析，民航维修成本分为直接成本和非直接成本。直接成本包括针对机身、发动机和部件维修所需的人力成本与材料成本；非直接成本主要包括与行政管理、工程系统管理、质量控制等相关的管理成本，及工具、设备和厂房等相关的成本。维修的直接成本是维修技术与能力的反映；而非直接成本则反映航空公司的管理水平。综合分析影响维修成本的因素主要包括航线网络和运行、航空公司、维修方案、飞机机型和地理位置。

（1）航线网络和运行因素。航班的平均航程是影响航空公司运行成本的关键因素之一，在其他条件相同的情况下，航程越长其单位成本就越低，且单位成本随着航程的增加而急剧下降。造成这种状况的主要原因是大部分运行成本都发生在飞机的起飞、降落、爬升和下降过程中。在这些阶段，飞机需要足够的动力，因而耗油量占比较大，成本较高。短航线（或支线）航班的起降和过站时间占比较大，占用时间也会相对较长，增加了支出。而起降次数增多又使得飞机和发动机的架次和循环增加很快，所以维修成本不断上升。在所有的影响因素中，航线网络对飞机维修成本的影响最大，航线网络结构在很大程度上决定机队的利用率水平。

（2）航空公司因素。航空公司对维修成本的影响主要反映在公司自身的管理和维修能力上。如果航空公司的维修系统较为复杂，将直接导致资源浪费、重复投资等情况的出现。例如，信息不能共享、工具设备不能共享、航材不能共享和维修基地过多。从维修计划的角度看，分散的机队运行模式会直接导致一些制定维修方案所需的基本数据失真，如飞机的利用率、机队的平均航程等。这使得同一机队的维修方案得不到统一，并使得维修计划在执行上得不到统筹安排，反而严重影响整个机队的利用率和维修成本。航空公司维修系统的组织结构要得到高度的统一和集中，才能使维修的人力、财力和物力实现最小化。

（3）维修方案因素。在航空公司制定维修方案的主要考虑因素中，大部分的内部因素是可控和可变因素，也就是说，这些因素在不同的条件下是可以被改变和优化的。安全、可靠和经济是制定维修方案的中心点，而维修方案和计划又是一切维修活动的主导性依据文件。随着我国民航运输业竞争的加剧，不断攀升的运行成本已严重影响了航空公司的利润水平，降低运行成本迫在眉睫。

（4）飞机机型因素。随着飞机设计技术观念的发展，飞机固有可靠性和可维护性的提高，将直接导致维修成本的降低。先进的机型可直接通过自身的故障监控系统探测飞机的故障和完成自我系统的测试，避免部件被拆下检测和降低部件的误拆率，并大大缩短维修人员的排故时间。同一系列的飞机具有相同的技术标准和部件的通用性，这也是降低维修成本的主要途径。这一点在欧美地区的低成本航空公司里表现得非常突出，使用同一种机型或同系列的飞机是这些低成本航空的核心战略。但随着飞机的老龄化，维修成本不断上升，而且会影响飞机的可用率和航空公司的服务质量。

（5）地理位置因素。一般来说维修基地的位置要与航空公司的航线网络结构相适应，公司的主要维修基地应位于航线网络的主要枢纽机场，且要考虑航材供货方因素，制订维修方案和实施维修方案时也要综合考虑航空公司维修基地的分布特点。这样不仅可避免额外的航材运输费用，且可对公司飞机进行就地检修。这不仅便于航班编排，还可以提高飞机的利用率、避免调机飞行。

● **如何降低维修成本**

飞机维修成本包括直接成本和非直接成本。要降低直接成本，就需要深入细致地分析直接成本（如人力成本和材料成本）的来源，研究如何节约这类成本；要降低非直接成本，就要厘清非直接成本的构成和主次，如行政管理、质量控制等管理成本，设备和厂房等相关成本，研究节约这类成本的可能性。因此，可以按如下思路降低维修成本。

（1）制订经济的维修方案并认真执行。飞机维修是按照审定的维修方案进行的。在有限的飞机资源、人力资源和设备资源的情况下，科学地制订和执行维修方案是降低维修成本的重要途径之一。公司应从制订一个经济的维修方案入手，并以最经济的手段进行组织、领导、控制和执行。

（2）最小化飞机的地面维修时间。飞机营运服务会给公司带来效益，地面维修时间越长，维修成本越高。要想最小化飞机的地面维修时间，需要一个非常完善和高标准的飞机维修体系。不同的航空公司可根据自身条件和维修能力采取制定不同工作包的方法进行维修。对于运力紧张的航空公司可制定更灵活、更小的工作包，给 C 检工作包"瘦身"，而将大量的维修项目分解和消化到航后飞机过夜工作包中完成，以减少飞机的停场时间，但这需要航空公司有相当的工程管理能力。

（3）优化维修周期。在维修方案中的每一项工作任务都有一个维修周期或间隔要求，维修单位必须按照给定的周期控制执行。在允许的条件下，选用飞机及部件维修周期的最大值，其维修的频率就低，所需的人力成本和材料成本就越低。

（4）最大化维修设施利用率。企业具有的维修设施直接反映了它的维修水平和能力，并且维修设施是一项巨大的投资。建立一个符合航线网络特点的维修系统是航空公司发展的有力保证。在满足飞机维修需求的情况下，航空公司维修基地还要尽可能地实现维修设施的利用率最大化。

（5）提高维修工作效率和人力资源利用率。维修项目的工时是提高维修人力资源利用率和工作效率的重要应用参数。在维修方案中，每一项任务都需要给定一个理论工时，这是生产计划和生产安排的重要依据。通过实际工时与理论工时对比来衡量工作效率，也可用来考核员工的绩效。

我国民航企业的发动机和部件修理的维修能力相对落后。为了降低和控制成本，航空公司要充分利用人力资源并统筹规划，在不同的维修基地建立互补共享式的部件维修站，以避免人力资源的浪费和工具设备的重复投资。

（6）维修工作委托外包。有一些航空公司将整个维修工作全委托给其他航空公司或独立的维修企业。这样可避免航空公司大量的固定投资，并能使航空公司的管理简单化。

8.11　我国民航维修的代表性机构简介

● **民航局安技中心维修工程室**

民航局安技中心维修工程室是中国民航局飞行标准司的技术支持部门，其主要工作是协助中国民航局飞行标准司持续适航维修处对国外维修单位进行管理；对航空器运行中发生的重大机械故障进行跟踪调查、提出报告；参加航空器评审委员会中的维修大纲评审工作等。其核心业务如下。

（1）航空营运人运行合格审定与持续监督中的航空器与仪表设备要求、航空器维修与持续适航等方面的管理。

（2）民用航空维修机构的合格审定与持续监督。

（3）航空器维修执照的颁发、吊销。

（4）开展航空器运行状态的审定与持续监督，包括适航指令的实施监督，航空器年检及适航证的再次签发。

（5）收集管理民用航空器运行中使用困难报告，与航空器审定部门协调处理有关航空器工程评估问题。

（6）审批民用航空器维修方案、可靠性方案、最低设备清单和航空器型号合格审定中的有关飞行标准。

（7）开展维修监察员和相关委任代表的选拔、培训和检查监督。

（8）收集国际民航组织和外国政府民航当局有关航空器维修和适航管理规章、标准方面的信息，组织有关业务技术交流。

● **航空公司的维修工程组织结构**

一般中型及以上航空公司维修工程系统的组织结构如图 8-2 所示。这种结构基于三个基本理念：控制幅度理念、职责分类理念、生产业务与所有监督职责分开的理念。前两个理念来自于传统的管理思想，最后一个理念是航空维修业特有的理念。

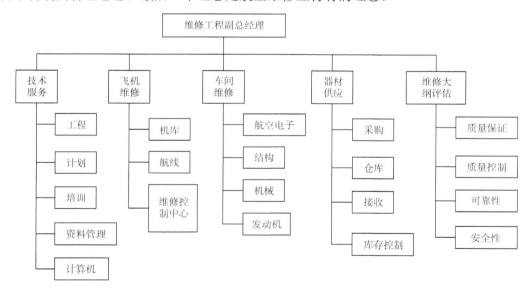

图 8-2　维修工程系统的组织结构

这里，维修工程副总经理的职责包括：在总经理领导下全面负责飞机维修工程管理工作，组织落实公司飞机适航性责任，保证公司维修工程始终满足 CCAR-121 部（即《大型飞机公共航空运输承运人运行合格审定规则》）的运行要求，并向公司总经理负责。

整个系统的目标：建立完整和谐的飞机维修工程管理系统，提高安全质量、提高飞机利用率、减少航班延误率、降低维修成本和管理成本，提升总体管理水平。

对于维修质量与适航性管理，公司设有总工程师并赋予其职责，内容包括：全面领导公司维修系统质量部门，负责监督维修工程系统，落实其飞机适航性责任，使之持续符合CCAR-121 部规定的合格审定要求，保证公司质量管理政策在飞机维修工作中得到有效贯彻和执行。

由此可以看出，飞机维修与持续适航管理是密切联系在一起的。

● **代表性航空器维修企业简介**

1）北京飞机维修工程有限公司

北京飞机维修工程有限公司（Aircraft Maintenance and Engineering Corporation Beijing，Ameco Beijing）可为航空公司提供航线维护、飞机大修及喷漆、发动机大修、附件修理、起落架大修、工程技术、人员培训、地面设备校验等方面的服务，是中国民航局授权的民用航空器改装设计委任单位代表。北京飞机维修工程有限公司持有中国民航局、美国联邦航空管理局、欧洲航空安全局等 18 个国家或地区颁发的维修执照。

除了确保股东中国国际航空股份有限公司全部机队的正常营运，北京飞机维修工程有限公司还为近百家国内外用户提供维修服务。近几年，北京飞机维修工程有限公司与多家国际用户建立了长期的合作关系。

2）广州飞机维修工程有限公司

广州飞机维修工程有限公司（Guangzhou Aircraft Maintenance Engineering Co., Ltd，GAMECO）经营范围包括为中外航空公司提供各种飞机大修、航线维护、附件维修与翻新、工程技术支持和培训服务。

公司拥有目前中国跨度最大的桁架结构机库。该机库南北长 400 米，东西宽 133 米，总建筑面积 9.6 万平方米，可同时容纳四架宽体飞机在机库内维修；每天为 200 多班经停广州白云国际机场的国内、国际航班提供安全、正点和高效的地勤服务。

3）厦门太古飞机工程有限公司

厦门太古飞机工程有限公司（Taikoo（Xiamen） Aircraft Engineering Company Limited，TAECO）是由来自中国、日本和美国的 6 家公司在中国厦门合资兴办的大型民用飞机维修企业，为世界各地飞机经营者或拥有者提供飞机维修服务及从事与此相关的业务，其经营范围包括飞机及飞机部件的维修、改装、拆分及检测等。

公司拥有六座双宽体机位机库，其中第四机库可同时接纳一架 A380 及一架 B747 飞机停场大修。

总之，我国民航目前已经具备了各种民用大型飞机的维修能力，支撑着民航业的高速发展。

第9章 享受飞行

前面涉及航空运输的诸多方面。读者也许要问周围的朋友：你坐过飞机吗？如今，这个问题可能已经不再是问题了。在 30 年前，这绝对是个常见的问题，那时乘坐飞机旅行一次绝对是高消费。也许今天大家问的更多的是乘飞机的感觉怎样？在本章，笔者试图对此做较为详细的介绍、谈些体会与感悟，与各位读者分享。

9.1 飞 的 体 验

如果你坐上飞机来一次旅行，你会有很多新的体验。有些新体验，你很容易就能意识到，但有些体验也许并不能马上意识到，容笔者慢慢扩展。

● 新的高度

说到高度，我们自然领略过地面上许多物体的高度。你也许爬上过大树，在树顶部俯视还在地面的玩伴，他们爬不上来吗？你也许登上过高楼大厦，在窗户、阳台或观景台鸟瞰城市的全景。啊！原来城市就是这样！你也许登上过高山之巅，浏览旷野，一览众山小。那么，坐上民航飞机，达到巡航高度，是一种什么体验呢？首先，你得知道：你已经达到海拔 8000～10000 米的高度。因为，长航线的飞机一般在 8000～12600 米的高度飞行，有一些公务机的飞行高度可以达到 15000 米。民航飞机的最优巡航高度为 9000～12500 米。2017 年夏天笔者乘飞机去新疆乌鲁木齐调研，飞机客舱的显示屏上指示的高度是 10972 米。这个高度显然是登上高楼或山顶无法达到的。即使高水平的登山运动员，取得登顶珠穆朗玛峰的成绩，那也是在万米以下。因此，笔者意识到，离开民航飞机，自己无论如何也无法达到这个高度。这不能不说是一个新的体验。

● 可观的距离

说到远距离的旅程，你可能会有各种各样的经历。2017 年 7 月，笔者曾到湖南的吉首参加一次国际学术会议，临近出发才发现：从天津坐火车去吉首需要约 26 小时。对时间不足的人来说，这显然是不划算的。再查从天津或北京到吉首的航班，结果一无所获。笔者这才知道吉首就没有民用机场，只好选择了由天津到张家界的航班，然后再乘火车由张家界去吉首。其中，从天津到张家界的距离为 1768 千米，航班用时约 2.5 小时；而张家界到吉首距离 125 千米，火车用时约 2 小时 22 分。可见：乘坐飞机还是很方便的。2017 年 8 月，笔者第一次去新疆乌鲁木齐调研。天津到乌鲁木齐的地面路程是 3300 多千米。毫无疑问，笔者选择了民航班机，飞行不足 4 小时就到达了乌鲁木齐机场。各位可以想象，改用其他交通工具去乌鲁木齐的困难和时限。当然，笔者也有从北京飞往土耳其伊斯坦布尔，再转机到安塔利亚参加国际学术会议的经历。对笔者而言，离开了民航班机，这样的旅程将是不可能的。

● **明明白白地飞行**

乘坐民航飞机你会有更多的体验。例如，有的航班会在显示屏给出各种信息，包括：飞机的飞行轨迹；飞机飞行高度，机外温度；距离目的地的距离，已飞行距离；飞行速度，飞行方向；风向（顺风逆风）、风速等。例如，在天津到乌鲁木齐的航班上，笔者看到航班显示的信息有：高度 10972 米，机外温度 −42.0℃；距目的地距离 842 千米，已飞行距离 1840 千米；真空速度 853 千米/小时，航向 268°；逆风，风速 129 千米/小时。这些信息在其他交通工具上就没有这么详细，甚至就没有。

在有的飞机上，笔者还曾看到显示屏显示飞机着陆或起飞时飞行员看到跑道的情况。这能让旅客感受到：他自己就是在飞行。

● **轻轻松松地飞行**

坐在民航飞机上你可以轻松地度过你的旅程。通常飞机上会为旅客供应报纸、杂志。旅客自己也可随身携带喜爱的书刊用以阅读。你也能够享受到航班为你准备的音乐、影视服务。在座位上配有耳机插孔，你借来耳机就可以听音乐，或者再借助显示屏来观看影片，等等。你还可以品味飞机上的饮品、甜点和主食。当然，如果困了，你可以美美地睡上一觉。如果你有什么不适，请及时联系乘务员，他们会尽量帮你解决，等等。

● **空中观景**

前面谈的主要是航班主动为旅客提供的飞行信息与服务，以使旅客获得舒适的体验。如果旅客对乘机旅行比较熟悉，选择靠窗的位置，就可以看到在地面难以看到的各种新的景象、感受各种新体验。

（1）蓝天与白云。飞行在万米高空，透过飞机舷窗，会看到湛蓝的天空。在阳光照射下，朵朵白云，洁白无瑕。蓝天、白云构织的各种图案，真是美景如画、变化万千。这与在地面观看的效果真的不一样。

（2）绿野与沙漠。尽管飞行在万米高空，在天气晴朗之际，透过飞机舷窗，旅客会看到：大地绿色无际、郁郁葱葱，那是农田、山林，不同的植物，一片片、一块块，把大地装扮；旅客也会看到：大地片片土黄，甚至漫无边际，其中偶尔有几点绿色、星星洒洒，那多半是沙漠。没到过沙漠的人此时可能会感到原来沙漠有那样大的面积，一个人单独置身茫茫沙漠会感到怎样的孤独、无助。

（3）公路与河流。透过飞机舷窗，细心的旅客会看到：蜿蜒、漫长的公路，它们交织、连贯，形成完整的网络，似乎将大地笼罩其中，而这正是人类建设的重要成果。仔细的旅客甚至会观察到汽车在公路上循序行驶，特别是晚上，汽车灯光划破夜空徐徐前行，有时它们会像珍珠般串联成漂亮的项链，在黑夜中熠熠生辉。

当然，旅客还会看到宽窄不一、弯弯曲曲的江河。虽然难以看到一条河流的全貌，但看到长长的一段就足以令人耳目一新，原来河流也有着自己的秉性和智慧：遇到高山挡路，它就迂回而行，但不忘初心、奔向大海！

● **更多体验**

乘坐飞机旅行，只要留意，作为旅客，你会有更多的体验。

（1）山不再高。喜欢旅游的人也许都爬过山，如黄山、泰山、华山、峨眉山等，他们深知爬山的艰难、不易。有了缆车、索道，游客方便了、省力气了，但又有几个人能登上山顶，或者说登上最高峰呢？确实不多。乘坐飞机飞到空中，你就可以俯视高山，观山峦星罗棋布、赏大地风景如画。

（2）穿云破雾。乘坐飞机飞行遇到云、遇到雾都不稀奇。飞机在云雾中飞行，你向窗外看去，就会有一种穿云破雾的感觉。雾从前方涌来、云往后方退去，这是飞机带给我们的、自身难以实现的深切体验。这就是你在飞行。

9.2　飞 的 感 悟

实际上，乘坐飞机之后，人们都会有各种思考、感悟。这些思考、感悟可能会激发人的兴趣、改变人的观念、增强人的意识。依笔者的体会，有以下几点。

● 空间与时间

我们生活在地球上。地球遍布海洋、山川，其赤道周长约 4 万千米，巡游世界真是难上加难。离开了交通工具，人类的许多生活、工作很难完成。例如，天津的游客要到新疆旅游，由天津火车站到乌鲁木齐火车站总里程约 3300 千米。这个距离当然远，无法改变，乘火车需要耗时近 44 小时。依据 360 搜索引擎预测：驾车需要近 40 小时，步行就需要更多的时间了。

有了飞机，这个距离就不再遥远。天津滨海国际机场到乌鲁木齐地窝堡国际机场，全程约 3222 千米。乘坐民航班机，由天津机场到乌鲁木齐机场仅需要不到 4 小时。如果将距离折算为时间来度量，这不是拉近了距离么？

笔者的一位朋友在乌鲁木齐工作。但他出生在天津，在天津长大，上大学也在天津，毕业时他却选择了到乌鲁木齐工作，一工作就是 10 多年并在那里成家立业。谈到离开父母的感受，他觉得还可以接受。借助航班，他每年能有几次回到天津或有亲属来乌鲁木齐，省亲交流，聚离交织、相得益彰。

可以说，飞机使人们之间的空间与时间在缩短，世界也变小了！

● 高度与视野

我国的万里长城是古代最伟大的工程之一。在长城下看到的是它的巍峨壮观。在飞机上看万里长城，它却像一条细细的、弯弯曲曲的丝带。但如果你知道它是人类在古代建设的、尺度最长的建筑，你的认识可能就更深刻了，会赞叹：我们的祖先是多么的勤劳、伟大！

美国国际空间站上的宇航员曾激动地介绍：他们在太空看到了中国的长城、美国的科罗拉多大峡谷。当然他们站得更高，高度不同，视野当然不同。

在湖南湘西土家族苗族自治州境内有一座著名的桥梁——矮寨大桥。它是吉首至茶洞高速公路跨越矮寨大峡谷的一座特大型桥梁，更是长沙至重庆公路的关键通道。该桥采用钢桁加劲梁单跨悬索桥结构，主跨 1176 米，桥面宽度为 24.5 米，桥面距峡谷底部高度达 350 米。据介绍，设计建设者共同创造了"四个世界第一"：大桥主跨 1176 米，跨峡谷悬索桥创世界第一；首次采用塔、梁完全分离的结构设计方案，创世界第一；首次采用岩锚吊索结构，并用碳纤维作为预应力筋材，创世界第一；首次采用"轨索滑移法"架设钢桁梁，创世界第一。

受地形限制，大桥两端直接与隧道相连。因此，一般游客很难看到大桥的全貌。有趣的是，笔者从张家界乘飞机起飞过程中，恰好在空中看到大桥全貌，更感受到它的雄伟、壮观。因为它就架设在大峡谷的两岸山峰的顶部。

站在更高的高度、有了更开阔的视野，你的思维和理念是否会发生变化呢？会产生什么样的感悟呢？

● 速度与机遇

作为一个普通的劳动者，你也许遇到过一些特殊的事例。例如，你在火车站台等着上车，另一列火车从身边铁轨上呼啸而过。你会体会到火车速度之快，特别是当你坐在疾驰的高铁列车上，观察到另一列对开的高铁列车飞驰而过时，你会感触更深。对你而言，对开的列车速度近 600 千米/小时。

坐在飞机上，旅客能否遇到类似情景呢？飞机的速度如何呢？有一次，笔者遇到了沿同一航线的两架飞机对飞。在由哈尔滨返回天津的航班上，笔者从舷窗中看到了右下方逆向而来的飞机飞驰而过。这也许是一般旅客很难遇到或意识到的。相对笔者而言，那架逆向飞行的飞机的速度大约是 1700 千米/小时。这样的速度，你遇到过吗？

实际上，乘坐民航飞机还有许多意想不到的机遇。例如，旅客会看到弯弯的地平线，看到日出日落；有时旅客会看到远处有一架飞机向自己的下方飞来，很快就消失得无影无踪。有时也会在飞机上看到与云雾相伴的彩虹。例如，在 1 月中旬，从德国法兰克福飞往北京的航班，当地时间 17 时起飞，约在北京时间第二天 9 时 30 分到达。旅客选择靠近窗口的位置，在这个时间段就可以看到日落和日出，这又有一番新意。

荷兰民航飞行员海斯特的巧遇更为独特。在驾机飞越喜马拉雅山脉时，他意外看到远处天空中导弹发射的壮观景象。他迅速拿起相机将这个景象拍摄下来。他也认为这是一生中难得一见的事情，感觉把它分享给公众很有意义。

● 经历风险

乘坐飞机有时也会遇到危险。尽管我们为一次旅行能够做很多准备，但各种客观条件的限制、主观因素的变化仍然会给我们带来意料不到的危险。这里仅举几例。

1）孕妇生产

2017 年 1 月某晚，山东航空 SC4778 航班在韩国首尔仁川国际机场准点起飞，前往山东青岛。起飞 5 分钟时，飞机仍处在爬升阶段，正常情况下，此时的旅客应该安静地坐在座位上。就在此时，一名女旅客突然身体不适，情况紧急。经询问得知，这位女旅客已经怀孕，出现临产症状。乘务长立即安排乘务员拿来毛毯、枕头、热毛巾，并焦急地通过机舱广播寻找医生。出于对旅客的安全考虑，机长立即决定返航，并与仁川国际机场取得了联系，请求医护人员及车辆保障，同时通过航空器通信系统将相关信息通知山东航空运行控制中心。该运控中心也立即与山东航空驻首尔的商务人员联系，全力提供协助救助，关注车辆及医护人员到位情况。乘务组很快在机舱内搭建起一个临时产房，拿来了飞机上的氧气瓶和急救药箱。机舱内曾有专业护理经验的两名女旅客主动负责接生、助产。最终临产女旅客在飞机上顺利诞下一名健康的女婴。

当晚 8 时 55 分，航班在仁川国际机场顺利降落。韩国医护人员早已在等候。飞机舱门打开后，医护人员立即上机对产妇和孩子进行检查，确认新生儿身体健康，产妇身体状况良好。

产妇母女被送往医院后，机组人员办理完相关手续，航班继续航程。后来了解到，产妇是中国人，独自一人乘坐飞机，产后母女平安。该航班乘务组都是 90 后，在飞机上遇到产妇临盆，还是第一次。看到孩子生下来的时候，她们对自己的职业有了更强的归属感和荣誉感。受产妇生产影响，航班抵达青岛晚了近两个小时，但旅客没有抱怨，而且还支持救护，为乘务组、机组点赞。实际上，自山东航空成立 22 年来，这还是第一次。

2）疾病救治

任何人都难免生病、不适，在航班上突发疾病也常见于报道。例如，2015 年 10 月 1 日，在上海飞往荷兰阿姆斯特丹的航班上，一名女孩突发疾病，腹部疼痛，反复呕吐，脸色惨白，额头冒汗。乘务员急切地用中英文求助。同机的四川大学华西医院的医生袁丁，在介绍自己是医生后对患者进行初步诊治。他采用中医"足三里"疗法，按压女孩的"足三里"穴位。经过半个小时的治疗后，患者的腹痛逐渐得到缓解。在与机上另一名医生商讨后，袁丁告诉机组人员："应该是急性腹痛，不是急性阑尾炎。"随后，袁丁继续为患者按压"足三里"穴位，并将这种手法教给了患者的女伴。当到达阿姆斯特丹时，该患者自己走下了飞机。

再如，2017 年 6 月 20 日，一名旅客在乌鲁木齐飞往武汉的航班上突发腹部剧烈疼痛，机组决定备降兰州中川国际机场。机场服务室在接到通知后，第一时间通知急救中心，做好接机准备。该航班降落后，地服工作人员和航空医护人员将患病旅客搀扶下机及时检查，初步诊断为尿路结石。在征得旅客同意后，兰州机场迅速安排急救绿色通道，并将其送往兰州新区的辅仁医院进行救治。后经医院确诊该旅客患有尿路结石伴随肾积水。一小时后，手术碎石成功，旅客病情转危为安。

3）遭遇险情

尽管业界对鸟击进行了诸多防范，但民航飞机遭遇鸟击的事件仍时有发生。例如，2005 年 4 月 20 日，一架刚从重庆江北国际机场起飞的民航班机突然遭遇鸽群，一台发动机被撞坏，飞机载着 116 名旅客在空中盘旋 1 个小时后才安全着陆。如果你坐在飞机上，遇到这种情况，会紧张吗？如何应对呢？事后在被撞坏的飞机起落架上发现一只残留的鸽子脚和一些血迹。经检查，飞机左发动机的 38 块风扇叶片，已有 19 块全部报废，估计造成直接损失约 300 万元。

也许你听说过一位传奇机长——萨伦伯格。2009 年，他因成功将一架受到鸟击而双发动机失效的飞机迫降在美国纽约附近的哈得孙河上，且机上人员全部幸存而在世界范围内广受好评。他著有《最高职责》（杨元元译）一书。这里的典型情况是：2009 年 1 月 15 日，美国东部标准时间约 15 时 26 分。一架美国航空公司的空客 A320-214 飞机计划由纽约拉瓜迪亚机场飞往北卡罗来纳州夏洛特道格拉斯国际机场。航班起飞后不久，突然遭到一群鸟类的撞击，致使两台发动机推力几乎完全丧失。在飞机失去动力的情况下，机组决定水上迫降。萨伦伯格驾机成功越过华盛顿大桥，沿着纽约和新泽西城市之间的哈得孙河上方滑行，最后平缓地降落在河中心。这是惊心动魄的 3 分 31 秒。这架空客 A320 上共有旅客和机组人员 155 人，包括两名机师、三名乘务员，还有一个被抱在怀里的婴儿。他们都通过客舱前端和机翼上的紧急出口安全撤离到机翼上，等待救援，如图 9-1 所示。最终，机上 155 名旅客和机组人员全部幸免于难。其中一名乘务员和四名旅客重伤，飞机严重损坏。萨伦伯格是最后一个离开飞机的人，离开之前他还在客舱巡查了两个来回，以防遗漏任何人。当他巡查完成时，飞机后部的水已经很深了，他的腰以下全湿透了。

图 9-1　迫降在哈得孙河上的飞机和遇险人员

可以说，民航大型客机在水上迫降成功本身就是奇迹。对于有过跳水经验的人应该有这样的体验，人横躺着掉入水中时，水面简直硬如一面墙，而且飞机刚起飞不久，满载航油，稍有不慎就容易摩擦起火导致爆炸。这真是一次杰出的着陆。笔者认为，萨伦伯格驾机沿哈得孙河上方滑行的决策和操控至关重要。这种平稳滑行有效地降低了飞机迫降时对水面的冲击力，防止了飞机冲入水中。我们不仅要被机长精湛的驾驶技术、完美的决断而折服，我们更被机组在紧急情况下镇定、沉着的组织工作所感动。面对从天而降的灾难，他们当时没有恐慌，没有歇斯底里，完全是专业的、冷静的、有条不紊的。事情按照人们所期望的那样在进行。在飞机之外，警察、消防、海岸护卫船以及商业船只迅速到达了飞机迫降地，面对正在缓缓下沉的飞机，整个救援工作在短短的 16 分钟内圆满完成，155 名遇险人员悉数生还。这次救援也堪称完美。

- **收获与感悟**

经历飞行、有了各种体验这是非常宝贵的，但并不是全部。笔者以为，更为重要的是经历后的思考、感悟。通过乘坐飞机旅行，你知道了世界原来这么大，你还知道了距离还可以变小，理想之地不再遥远。

通过乘机旅行，你是否意识到你能够站得更高、视野更开阔、看得更远呢？当然这也需要你的决心和行动——努力实践。

有了乘机旅行中偶然的机遇、体验了速度的激情，你是否感悟到机遇并非自然从天而降，而是留给了坚持探索、善于观察和捕捉的人呢？

经历风险也许是人们都不希望的。但经历了风险，旅客的人生观、价值观也许会发生改变。经历"孕妇生产""疾病救治""遭遇险情"等，作为旅客，你是否感受到"以人为本、安全第一"的理念真的是实实在在的东西，绝不是什么空谈。你不觉得民航飞机的机长、机组、乘务员在尽职尽责吗？萨伦伯格等坚决、果敢的行动，驾驭飞机的能力不仅避免了灾难的发生，同时也让他成为人们崇敬的英雄，点燃了人们对于生活的激情。同时，各种突发事件也在提醒我们，即使在和平与安详的生活环境中，也要时刻准备迎接生命中随时会出现的挑战，及时应对、化解意想不到的风险。

《最高职责》的译者杨元元先生，也曾是一位民航飞行员、曾任中国民航总局局长。他认为，"在一个飞行员的飞行生涯中，可以有成千上万次起飞着陆，大部分如过眼烟云，但总有那么几次是难以忘怀的"。"在整个职业生涯中，我最为钦佩的是那些在工作中恪尽职守，有着全神贯注的专业精神，并总是想使下一次飞行有所超越的人。通过从已发生的事故中吸取宝贵的教训，我们的航空业日渐得到改善。这些教训是以许多生命的代价换来的，我们绝不允许这些教训被遗忘，绝不允许重蹈覆辙。我们必须铭记什么才是重要的，并且深明其中的缘由"。《最高职责》的审校黄友义先生认为："飞行是对生命负责，翻译是对读者负责。"

9.3 乘机旅行常识

在生活和工作中每个人都有可能乘坐民航飞机，值得提醒的是，这里有许多需要学习和领会的东西。因为民航运输这种交通方式有许多与其他交通方式不同的地方。本节简要介绍乘机旅行常识。

● **选择交通方式与购票**

你有了生活或工作需求，在确定了目的地之后，首先就得制定出行计划，选择主要交通方式。如果出行的距离比较远，耗时比较长，民航班机也许是最佳选择。但这个选择的前提是你的目的地及其邻近城市有民航机场，且已经开通民航航班。否则，你就得选择其他交通工具。

如果你要去的城市航班比较多，你就有了选择航班的可能。你可以根据自己的方便、喜好、票价等选择航空公司及其航班。如果你要去的城市航班比较少，甚至只有一个航班，那就不需要选择了。

既然选择了乘坐飞机出行，你就要及时购票，免得耽误行程。因为许多航线的机票并不那么宽裕，你可能买不到机票。这是随着我国经济社会发展，人们的经济条件日益提高、生活观念大为更新、出行方式发生了重要变化所致。

再者，就是要为自己购买保险。当然，这不是强制的，要看个人意愿。

● **办理乘机手续**

业界将办理乘机手续称为值机。值机的直接结果就是打印出一个称为登机牌的卡片，其中标明了你的目的地、在飞机上的座位号、去哪个候机厅候机、何时登机等。这里所说的主要是境内航班情况。境外（含港澳台地区）航班情况多样，本书篇幅有限，不便介绍。

登机牌是你后续旅行程序的关键凭证，必须妥善保存。如果需要，你还要办理行李托运等。

在网络信息技术发达的今天，值机这件事已经非常便利了。多数大的航空公司或机场都提供了多种办理乘机手续的途径，现简要介绍如下。

1）值机柜台办理乘机手续

这是传统的值机方式。到达机场后，你要寻找告示显示屏，它会指示你哪个航空公司在哪个柜台值机。这样，你就能确定你的航班属于哪个航空公司、在哪个柜台值机。

你走到相应的值机柜台，将身份证（或护照）和机票（现在国内都不取机票）交给值机人员。值机人员要确认你的目的地等，再为你办理乘机手续。喜欢靠窗户位置的朋友可以在换登机牌的时候让办理人员给你安排一个靠窗位置，一般都没有问题，除非你去得很晚，位置都安排给别人了。

如果你有大件行李，就在这里托运。在经济舱，20千克以内的行李是免费的。值班人员也要问你一些有关问题，托运的行李是不允许夹带违禁物品的。办完乘机手续，值机人员会给你登机牌，将身份证（或护照）、机票的旅客联退给你。如果你办理了行李托运，值机人员就会将行李票贴在登机牌上，供提取行李使用。

2）机场自助值机

这是指旅客在机场借助专门的值机机器，自行进行旅行证件验证、座位选择、打印登机牌。如果需要托运行李，则在值机柜台完成行李托运。

3）网上值机

网上办理乘机手续是一种方便快捷的在线服务方式。它是指旅客通过互联网登录航空公司离港系统的自助值机界面，自行操作完成身份证件验证、提前选择座位，并打印出A4纸登机牌。如果有需要托运的行李，到机场后再到值机柜台办理行李托运。如果无须托运行李，那么到了机场就无须到机场值机柜台排队办理登机牌，可以直接去安检。这样可以节省时间。

如今各大航空公司都在各自官网上推出了该服务，有些公司，例如，南航在广州机场、东航在上海机场还支持二维码值机。

4）手机值机

这是指旅客使用手机上网登录航空公司离港系统的自助值机界面，自行操作完成身份验证、选择并确定座位，航空公司以短信形式发送二维码电子登机牌到旅客手机上，旅客到达机场后在值机柜台打印登机牌、托运行李。

5）短信值机和微信值机

据笔者了解，目前有些航空公司已经开通了短信值机、微信值机等。短信值机指旅客通过发送和接收短信息的方式办理值机手续。微信值机与手机值机的情况类似。

旅客使用网上值机的好处有很多。第一，旅客在到达机场之前就可以从容不迫地自行上网办理值机，方便快速；第二，旅客只需要在登机之前到达机场交运行李，等待登机，大大减少了候机时间；第三，除去需要设置很少的收运行李柜台，机场无须准备大量值机柜台和自助值机设备，大大缩小了值机区域和值机成本。

● 安全检查

如果你是国内旅行，办理好乘机手续后，下一个程序就是安全检查。安全检查主要包括如下几个步骤。

（1）身份确认。进入安检通道，在通道口有一个安检柜台。旅客将登机牌、身份证（护照）交给安检员。安检员审核并且还要给旅客照相，确认身份没问题会在登机牌上面盖章、放行。

（2）人物分离。旅客将随身携带的物品等放到安检传送带上，包括外套、钱包、手机、笔记本电脑、充电宝、手提行李等。

（3）随身物品检查。旅客随身携带的物品要通过安检门旁的 X 射线安检机进行检查。手提行李是不允许夹带违禁物品的，如打火机、大容量充电宝、管制刀具、大瓶的液体等物品。

（4）旅客检查。旅客则需要通过安检门。安检员对其全身进行检查，甚至包括解下腰带、脱下鞋子等进行检查。

（5）去候机厅。通过安检后，旅客寻找候机厅标识，沿着箭头指示方向去候机厅。

● **出境旅行**

如果旅客的目的地是境外（包括港澳台地区），办理好乘机手续后就不只是安全检查了，往往还要进行检验检疫、边防检查、海关检查，简介如下。

（1）检验检疫。如果旅客要出境一年以上，那就有必要到检验检疫部门进行体检，以获取有效的健康证明。如果旅客的目的地恰是某一疫区，那就需要进行必要的免疫预防疫苗接种。

携带生物物种资源、活动物、动物食品、动物标本、植物及其产品等的旅客，应主动向检验检疫官员申报。

（2）边防检查。如果旅客是中国籍的（包括港澳台地区居民），旅客就需要交验有效的护照证件、签证。如果持有有关部门签发的出国证明，旅客要及时出示、交验。

如果旅客是外国籍的，就需要交验有效护照、签证、出境登记卡，并在有效入境签证的规定期限内出境。

（3）海关检查。如果旅客携带需向海关申报的物品，必须填写《中华人民共和国海关进出境旅客行李物品申报单》，选择"申报通道"（又称为"红色通道"）通关；如果没有需要申报的物品，他就无须填写申报单，选择"无申报通道"（又称为"绿色通道"）通关。

（4）安全检查。与前面相同。

这四项检查的顺序并不是一成不变的，有时是交叉进行。经过这四项检查后，旅客就可以去往候机厅、登机口。在途中会有免税商店，旅客可视需要购买免税商品。

● **候机与登机**

（1）确定登机口。通过安检后，你要仔细查看你的登机牌。它标明你的航班在哪个登机口（候机厅）登机，找到对应的候机厅，在那里候机。

（2）候机。在每个登机口和候机厅，机场都设有显示屏，显示登机信息。旅客要注意观看显示信息，也要注意听机场广播信息。在候机厅候机时，可以吃饭、喝饮品，甚至到吸烟室吸烟。对不清楚的事情，你要多问问机场服务人员。

（3）登机。到了登机时间，机场广播和显示屏都会有通知。工作人员组织登机，旅客只需要拿出登机牌，排队进入登机通道，按顺序验牌登机。

在登机口柜台有工作人员，旅客将登机牌交给工作人员，工作人员会用机器识别、存储相关信息，然后撕下登机牌的一部分，再将登机牌其他部分退还旅客，旅客就可持登机牌经廊桥进入飞机，或上摆渡车，再经舷梯进入飞机。

（4）找座位就座。飞机上的座位号标在放行李的舱壁（座位上方）上。进入飞机后，可根据登机牌上标明的位置寻找座位。例如，8D、13C，数字代表是第几排，一般是由前往后排序；每排有几个位置，用字母 A、B、C、D、E、F 等代表。找到座位，就可将随身携带的行李放到上方行李舱中，然后在座位上就坐。

如果旅客有问题，可以询问乘务员，他们会为你解答。

● 经停与中转

1）经停

因为航班航程较远，而且出发和终到两地客源不充足，航空公司就安排经停机场为航班第三地。在第三地航班可以再次上下旅客，增加上客率。如果飞机是正点到达的，一般航空公司是要求旅客下机的，并且要求将随身行李带下飞机。

如果你的航班在中间有经停，就在中途某个机场降落，一般停留半小时左右。你还要上这架飞机，坐你原来的座位，继续前往目的地，就如同长途大巴到中途车站进站一样。对有经停的航班，你就要注意：下飞机时不要走"到达"通道或"中转"通道，而应走"经停"通道。一般机场在交叉口都设有指示标志，也有服务人员提示。

在经停的时间里，因为会有第三地的旅客上飞机，所以航班要再次打扫卫生，同时进行安全检查，上下餐食、饮料等。一般经停时间为40～60分钟。然后，经停旅客再次通过廊桥上飞机。有时飞机晚点了，航空公司为了提高航班正点率，也可能不要求远程旅客下飞机，而是尽快让第三地旅客上、下飞机，然后抓紧时间起飞，保证航班正点率。

2）中转

如果出发地和目的地之间没有直达航班，你就得选择两个航班，即先乘坐 A-B 航班；然后再乘坐 B-C 航班。这是两个航班，它们可能是毫无关系的。结束上一个航班（A-B），再开始下一个航班（B-C），这就是中转，就如同你乘坐火车从沈阳去郑州，你可以先乘坐某次列车从沈阳到北京，再乘另一次列车从北京到郑州。

如果你的航班有中转，你就要注意：首先要把随身携带的行李等拿下飞机，要选择走"中转"通道，而不要走"到达"通道或"经停"通道。一般机场在交叉口都设有指示标志，也有服务人员提示。有时，中转还要提取托运的行李，然后再次办理乘机手续和进行安检。

对于多数乘飞机出行的旅客来说，中途转机显然费时费力。值得欣慰的是，目前国内较大的机场都提供了中转联程服务。即使旅客乘坐不同航空公司的航班，在机场中转时，也不用重新安检，不必中途提取托运行李，可以直接完成中转、登上后续航班。究竟如何，必须看当地机场的具体情况。

● 到达

（1）国内到达。对境内航班，飞机到达目的地机场后，如果你有托运行李，记得去提取行李。在通往出口的通道上会有提取行李的指示。按指示到达行李提取处，找到你的行李。行李票——托运的凭证，一般贴在登机牌上，到达并取出行李后，会有工作人员检查托运凭证和行李上的标签是否相对应。千万小心，别拿错了行李！这样会给你和他人带来很多不便。

（2）国际到达。对国际航班或境外航班，提取行李之前，必须先办理出入境（进入其他国家或地区）的各种手续。以美国为例，主要内容有：①入关。填写 I-94 非移民登记表。在飞机上，乘务员会发给每位旅客一张 I-94 登记表。如果有签证了，就要白色的，如果没有，就要绿色的（visa waiver），该表格有中文版的。②填写美国海关申报表，在飞机上，还是由乘务员发放，也有中文版的。记住，携带现金数额写上 500 美元以下就可以了。③等待入关。下飞机后会有两个通道，一个是美国公民（US citizens）通道，另一个是访问者（visitors），你要走 visitors 通道，要排队、顺序办理相关手续。④过关。排到你时，你应该向工作人员提供护照及签证、I-94、I-20（如果是学生）。然后要按左手和右手食指的指纹，并照相。你要完全按照工作人员说的去做，工作人员会问你一些问题，例如，为什么到美国来，回答符合要求才放行。⑤提取行李。到 Baggage Claim 处等待并提取行李。⑥安检。到安检仪前，递交刚刚填写的美国海关申报表，并提交行李通过 X 射线机检查。通过安检后就可以离开航站楼了。请一定要注意，本书仅是供读者了解一些常识。到境外旅行，一定要仔细了解境外的法律、法规和制度，以免耽误行程、遭受损失。

9.4　重视乘机安全

● 安全是首要目标

对于航空运输，"安全第一"是毋庸置疑的。飞机上所有旅客和机组人员都必须围绕这个核心理念和目标开展工作、采取行动。在同一架飞机上，每一个人的行为都关系和影响着他人的安全，不可肆意妄为，否则后果是非常严重的。因此，在民航飞机上，所有人员构成一个"命运共同体"，每个人都应该遵守国家和航空公司的规定，听从乘务员、安保人员乃至机长的指挥。在民航飞机上，机长是最高指挥官。这不是一句随便说说的话。

说到坐飞机，人们一定会想到乘务员、飞行员。把服务与乘务员联系在一起，把安全与飞行员联系在一起，殊不知"确保安全，人人有责"，客舱安全不仅是乘务员的责任，还与每一位旅客息息相关。

● 安全须知认真学

在民航客机上，座位前面的口袋里都有安全须知。它是一张印好的塑封卡片，供旅客阅读学习。安全须知的内容一般包括：①安全带、氧气面罩的使用方法；②座椅靠背的调节方式；③放置行李的注意事项；④便携式电子设备的禁用和限制；⑤紧急出口的位置、紧急出口门的操作方法、紧急撤离路线；⑥正确的防冲撞姿势、跳滑梯姿势；⑦救生衣的使用方法，救生筏的使用示范；⑧指示灯及充满烟雾时的逃生通道；⑨禁止吸烟，禁止玩弄、损坏洗手间内的烟雾探测器警告，等等。这些都是确保客舱安全以及出现紧急情况帮助旅客有效自救、迅速撤离的极其重要的常识。这些"须知"可能常常用不上，但万一出现险情，就会起到关键作用。安全须知就是要让旅客了解飞机上与安全有关的设备、注意事项，从而更好地保护旅客的安全。

初次乘机的人可能会忘记安全事宜，这是要注意的。如果旅客文化程度不高，还可以通过安全须知录像或乘务员演示来学习。每次航班起飞前，乘务员都会播放安全须知录像。对没有录像设备的机型，乘务员会做安全演示，目的是让旅客尽快了解乘机规定、客舱安全的基本内容，让旅客学会正确使用机上应急设备和了解应急出口的位置及逃生方法，有助于旅客在紧急情况下正确、迅速地采取有效行动。旅客需要仔细听，万一发生紧急情况，不要因为不知道氧气面罩怎么使用而失去生存的机会。

以笔者观察，多数素养高的旅客都会仔细阅读安全须知，但也有很多旅客根本就不看安全须知录像或安全演示，要么是闭目养神，要么是与人聊天或看报纸杂志。我国民航运输中常有旅客严重影响安全的事件发生，这与他们不了解、不理解安全须知有一定关系。

- **起飞与降落最关键**

起飞和降落过程是飞机由地面向空中（或空中到地面）运动的转变过程。飞机在这个过程中的加速度很大，也就是说飞机与地面、空气之间的作用力很大，也极有可能发生颠簸等。因此，国家法规和航空公司均对旅客在起飞与降落过程中有具体要求，这是必须遵守的。

旅客应该知道：乘务员的首要职责就是保证客舱安全。他们首先要组织旅客观看安全须知录像、亲自示范各种操作。客舱广播要提醒旅客：系好安全带、收起小桌板、调直座椅靠背、打开遮光板、关闭手机和电子设备等。这些都是防止意外发生的关键举措。但笔者时常看到，有的旅客不遵照执行。实际上，这既是对他人、集体的不负责任，也是对自己、对家庭的不负责任。因为一旦发生意外，后果不堪设想。为了做到这一点，乘务员常常一遍一遍地检查，督促旅客采取这些措施，而旅客应该积极主动配合，这是为了大家的安全。

例如，氧气面罩脱落后，需要用力先拉一下面罩，才能将面罩罩在口鼻处，把带子套在头上进行正常呼吸。客舱释压后，如果不能正确使用氧气面罩，那是多可怕的事情。再者，每个机型的安全须知也不一样，有很多差异，还是应该阅读学习的。

9.5 细说飞机出口与紧急撤离

- **飞机出口**

民航飞机上都有舱门口和紧急出口。当然舱门口是用来上下飞机的，紧急出口则是用于紧急撤离的。在安全情况下，坐在飞机紧急出口的旅客绝对要注意，无论如何不能因好奇而提拉紧急出口把手，否则飞机将会迫降或失事。无论如何，舱门口和紧急出口对于确保飞机上人们的生命安全至关重要。因此，飞机上的出口座位也就显得十分重要。

- **出口座位及旅客**

出口座位一般是指客舱第一排座位和紧急出口处的座位。这种位置的特殊性就是旅客可以不绕过障碍物而从该座位直接到达出口。

必须强调的是，这种出口座位的旅客对于整个飞机上人们的安全至关重要，他们就是飞机上的"安全员"。因此，在飞机的舱门关闭前，客舱乘务员会对坐在紧急出口座位的旅客进行确认，详细说明相关的安全注意事项、旅客须履行的职责，并提醒旅客安全情况下千万不要拉动紧急出口把手。在紧急撤离时，旅客要有一定的判断能力，如果窗外没有危险要迅速打开紧急出口，协助其他旅客撤离。

乘务员还要特别询问旅客意愿，并要得到旅客的明确表态。因为出口座位前比较宽敞、坐着舒服、出入便捷，很多人喜欢坐出口座位。但坐出口座位的旅客首先应该意识到自己的责任和义务。如旅客无法识别以及使用中英文沟通或不符合出口座位的相应条件，乘务员会及时为旅客调换座位。

● **出口座位旅客职责**

出口座位旅客就是飞机上的"安全员",对于整个飞机上人们的安全负有责任和义务。坐在这种位置上,就必须履行安全职责。首先旅客要仔细阅读出口座位旅客须知卡,并认真听取乘务员所作的相关介绍。在每个出口座位前的座椅口袋内,飞机都配备有出口座位旅客须知卡。乘务员会提醒旅客阅读。这个卡里对不宜在出口座位就坐的情况以及在出口座位就坐的旅客应当具备的能力及义务做了详细的介绍。

坐在出口座位的旅客也不能将行李放置于紧急出口处,要保持安全通道畅通。如果旅客不知道这些规定,乘务员就要一次一次地确认、解释。在乘务员确认出口座位时,旅客要很好地配合。如果你不适合就座在出口座位,如个头小、身体单薄、年老体弱、带小孩的旅客等,要主动配合乘务员更换座位。

● **紧急撤离**

紧急出口是用于紧急撤离的。平时,机组人员都经过多次培训,每年都会进行相应的复训、实际操作。旅客作为新时代的公民就要提高安全意识,增强维护安全的自觉性。在应对紧急情况时,大家安全意识强,掌握处置方法,反应及时,处理得当,在一定程度上就可以减少伤害的发生。

有了紧急情况,飞机上所有人员要服从组织、听从指挥,机长就是"最高指挥官";乘务员在机长的指挥下,组织旅客有序撤离。例如,2005 年 8 月 2 日,在加拿大多伦多法国航空一架 A340 型客机降落时,遭遇雷雨袭击,飞机滑出跑道,机身断裂并燃起大火。机上 309 人在两分钟内全部安全撤离,只有 24 人受了轻伤。再如,萨伦伯格驾驶飞机在美国哈得孙河迫降成功并指挥机上人员成功撤离。除去飞机性能、地面快速救援,飞行员高超的迫降技术,乘务组出色的指挥能力,以及机上旅客的密切配合都是很关键的因素。机组、乘务组人员临危不乱、快速反应,旅客对逃生知识的掌握,良好的撤离秩序,地面有关部门迅速的应对救援措施,缺一不可。

9.6 机上生活话细节

笔者把乘飞机旅行说成机上生活,也是为了让读者增加间接体验。再者,乘飞机旅行一般时间较长,它包括日常生活的方方面面。

● **餐饮**

乘坐飞机时,航空公司会免费提供小食品和饮料。对长航线航班,如遇到进餐时间,航空公司还会提供正餐。一般是一中一西两盒(米饭+面包等);对短航线航班,航空公司可能就派点儿点心。

在飞机上,你可以适当喝水和饮料,但多了就得上厕所。虽然厕所常备着,但它的使用与家里还是不一样的。例如,遇到飞机颠簸,厕所就要停止使用。再者,人多的时候你就得排队等候。

飞机上一般有供餐饮等用的小桌板,在前面的椅背上,你得学会使用。某些机型的小桌板不是在椅背上，而是藏在座位旁的扶手里，你可以拿出来使用。

为了避免恶性竞争，国际航空公约对各航空公司都有很严格的限制。这样，机上餐饮就成了航空公司招待旅客的"重头戏"，餐具和菜肴都很讲究。进餐时，将前排座椅背后的小桌板拉出来，以便摆放饭盒、餐具。对于对食物有特殊要求的旅客，事先要向订餐组或在机场柜台办理乘机手续时说明，航空公司会特别为你做准备。为适应国际旅客，飞机上一律采用西餐的形式。进餐时，乘务员也会为你供应茶、咖啡、可乐、汽水等饮料。你也可以随时向乘务员索取。

- 阅读与写作

通常飞机上会有报纸、杂志供应，你可以选择阅读。当然，你也可以随身携带自己喜爱的书刊到飞机上来阅读。也有人在飞机上进行写作、思考。

- 环境调节

座位上方有聚光灯，按按钮可以开关聚光灯。如你在飞机上感到闷热，可打开风阀，也可解开外衣或将外衣脱掉，但不要脱衬衣、穿背心。

- 娱乐与交流

大部分的先进机型上都有电影和音响设备，为你提供视听节目。长时间飞行，不妨和邻座不相识的旅客聊聊天，交换彼此的见闻，既可解除寂寞，又多交些朋友，享受一下"四海之内皆兄弟"的乐趣。当然，在需要的时候也可以互相帮助、互相支持。

- 观景

如果你喜欢观景，就得选择靠窗的位置。在晴朗天气时，你就可以通过舷窗看到在地面难以看到的各种新的景象、感受各种新体验。例如，变化万千的蓝天与白云，茫茫绿野，蜿蜒、漫长的公路，弯弯的地平线，日出与日落，等等。

- 睡觉

睡觉时，你可以把座位放倾斜，换上拖鞋，把枕头摆好，盖上毛毯，最好系上安全带，免得飞机遇到气流颠簸时发生危险。

- 使用卫生间

依机型不同，卫生间会有不同，有的在前、有的在后。因男女有别，你进卫生间之前应先看清楚门外的标志，以免误闯。门上有"OCCUPIED"的信号，表示卫生间在"使用中"，不要再去敲门。门上有"VACANT"，表示没人，你可以进入卫生间使用。进入卫生间后，一定要上锁，这样"OCCUPIED"的信号才会亮，以告诉别人你已在使用中。"FLASH"表示你用毕要冲水。在卫生间内，吸烟也是绝对禁止的。

- 海关申报表

对国际航班或境外航班，在航行中乘务员会发一份入境登记表或海关申报表，应该早一点填妥。需要填写的项目，在护照上都有，须以英文填写。如果不会填，可请随行导游或乘务员代填。国内航班，不需要申报。

- **注意事项**

在飞机上生活与地面以及其他交通工具上有很多不同，必须多加注意：①禁烟。目前国内航班都禁止吸烟。②喝酒。根据国际空运协会规定，经济舱不招待酒类，不过也有部分航空公司的经济舱是供应酒类的。只要指定酒名，乘务员就会送上来。国内航班很少看到有人喝酒。③晕机。如果你晕机，可向乘务员要镇静剂，或打开空气调节阀孔吹冷空气，实在忍不住，可以拿出呕吐袋来预备呕吐时使用。④使用氧气面罩。遇到机舱内氧气密度不平衡，有呼吸困难、头痛、咳嗽、心脏不舒服等现象产生时，只要拉下头上的氧气罩罩在口鼻处，不久就可恢复正常。

9.7 解 疑 释 惑

- **哪些人不能或不宜乘坐飞机？**

无成人陪伴的儿童、残障旅客、盲人、聋人及犯人等特殊旅客，只有在符合承运人规定的条件下，经承运人预先同意并在必要时做出安排后方可载运。以笔者之见，这些人往往需要他人照顾，安全需要得到保障。在紧急状况下，乘务员和其他旅客难以为他们提供各种照顾。

传染病患者、精神病患者或健康情况可能危及自身或影响其他旅客安全的旅客，承运人不予承运。根据国家有关规定，不能乘机的旅客，承运人有权拒绝其乘机。已购客票的按自愿退票处理。

孕妇、老人、婴幼儿会受到自身条件制约，不可以随自身意愿乘机。近期动过手术、中耳炎患者最好也避免乘坐。不少航空公司规定：婴儿必须出生满 14 天后才能登机，以免呼吸器官无法适应。这些都是为了旅客的安全，因为在高空机舱内空气气压等与地面环境有很大的不同。

- **为什么要听客舱广播？**

客舱广播是为旅客服务的，广播内容包括安全和服务两部分。对于安全信息，正常的安全检查，遇气流颠簸、起飞和降落前都会通过广播提醒您；再者，就是特殊情况和突发事件，都会通过广播让旅客了解。如果旅客不注意听，那就失去了广播的意义。对于服务信息，乘务组会通过广播让旅客了解如餐饮时间，此次航班的航程、时间，途经的省市和山脉河流还有一些服务项目等。

- **在起飞或降落时，为什么耳朵感觉不适？**

飞机起飞后在高空飞行时，旅客会产生耳胀、耳鸣、疼痛等生理反应。这属于正常现象，不必紧张和大惊小怪。这实际与耳朵的构造有关。人们之所以能听到外面的声音，都是因为鼓膜的振动。鼓膜是介于外耳和中耳之间的一层半透明的薄膜，它将外耳和中耳分开。在飞机上升或下降时，外耳感受的客舱空气压力发生变化，鼓膜之内的压力没有变化，这就造成这层鼓膜内外的压力不同，会引起这层薄膜变形，造成耳朵疼痛。

虽然外耳和中耳之间有鼓膜阻隔不能直接相通，但是人体为了平衡内外的压力，设计了一个压力平衡系统——鼻咽管。它像"阀门儿"一样，在压力差增加到一定程度时，它就会自动打开，调节压力。解决耳朵不适或疼痛的办法主要是要多做咀嚼、吞咽等动作，让鼻咽管活动起来。当你有咀嚼、吞咽等动作时，这个"阀门儿"就打开了。这时鼓膜内外的空气可以流通，也就降低了鼓膜内外的压强差。因此，耳朵感觉不适时可张开嘴、做咀嚼动作。嚼片口香糖或吃东西，保持口腔活动，可以减少不适的感觉。如有婴儿同行，可在此时喂食牛奶。

飞机下降时不要睡觉。人在睡觉时，自主的活动减少，鼻咽管调节能力变弱，再加上睡眠时某些神经被抑制，对轻微的疼痛也没有有效的应对，致使被压的很痛了才会醒来。

● 飞机是密封的吗？

其实飞机的密封是相对的。大家可以想想，如果飞机真是完全密封的，那飞机里面的人还不得被闷死？简单地说，飞机客舱内的空气要循环，以保持清新。否则，客舱内空气中的氧气就会越来越少。空调系统把飞机引进的空气经过调整后送入客舱内部，为人们创造一个适宜的客舱环境。空调就像一个打气筒，不断地把外来空气引入客舱。如果任其不断地充气，那么很快飞机就会像充气太多的皮球一样发生爆裂。所以，飞机制造者又设计了一套飞机增压系统来调节客舱内的压力。

以 B-747 飞机为例，增压系统其实是两个空气活门，也称为外流活门。当客舱压力低了，它就关紧些，少放出一些空气，使客舱升压；如果压力高了，它就开大点，多放些空气出去，使客舱减压。飞机飞得越高，外界大气就越稀薄，外界气压就会越来越低。此时，如果飞机客舱内还保留在地面时的压力，飞机内外的压强差会很大，作用在飞机蒙皮的力就会越来越大，飞机就会越来越危险。因此，在飞机上升时，飞机的增压系统会在保证人体感觉舒适的情况下适当减少客舱的压强，以保证飞机蒙皮不受太大的压力。而在飞机下降过程中，增压系统会随着飞机的下降，把客舱的气压慢慢地调整到适宜的程度。所以说，飞机的密封是相对的，客舱内的气压是随着飞机高度而变化的。

● 为什么不能使用手机？

一般而言，从关舱门开始到打开舱门，飞机上都是禁止使用手机的。移动电话不仅在拨打或接听过程中会发射电磁波信号，在待机状态下也在不停地和地面基站联系，在它的搜索过程中，虽然每次发射信号的时间很短，但具有很强的连续性。因此，手机发出的电磁波就会对飞机的导航系统造成干扰，在能见度低的情况下影响更大。

另外，现代飞机的飞行很大程度上依靠计算机的控制，而计算机传输数据的线路分布于整个飞机，在客舱中使用手机，其发出的电磁波会对传输线路产生干扰，影响正常信号的传输。手机、计算机、收音机等传送的电信号，如果与航空电器的某些信号频率恰好相同或相近，加上振幅（或波幅）较大，就会产生最大的破坏。

许多旅客都知道：使用手机会影响导航系统，但随着手机的不断更新，商家推出了飞行模式的手机。在此郑重提醒各位：这种飞行模式的手机在飞行中同样是不能开机的。因为民航当局并未认可。所谓的飞行模式，只不过是商家的促销手段，质量不高的产品无法保证不干扰飞机的飞行。

随着技术的进步，有些航空公司的民航飞机上已经允许旅客使用手机了。具体情况各异，旅客一定得遵守航空公司的规定。

- **为什么要系好安全带？**

飞机起飞前在跑道上高速奔驰，速度达 200 千米/小时以上。如果遇到突发的意外情况，飞机将被迫终止起飞；飞机降落接地后，需要迅速地减速。在这两种情况下，如果您没有系好安全带，就会被飞机强大的惯性和阻力抛离座位而撞伤。再者，飞机的运动与汽车有区别，它不仅是前后运动，而且还有上下运动。飞机安全带在垂直方向上也对旅客有重要的保护作用。飞机在平飞过程中，有时会遇到强气流的作用而产生严重颠簸，甚至大起大落，有时急速下降几百米。此时您若不系好安全带，也容易被抛离座位而发生危险。不少旅客因忽视系安全带，已有过深刻的教训。

2004 年 7 月 4 日，四川航空由北京飞往重庆的航班起飞后大约 30 分钟，乘务员通知旅客，飞机遭遇气流，可能出现剧烈颠簸，请系好安全带。不久，飞机就开始上下剧烈颠簸，并伴随左右方向的大幅摇摆。在两三秒时间内飞机突然直线下坠约 300 多米。行李舱内行李滑动的声音与客舱内旅客的惊叫声此起彼伏。此时，客舱尾部正在做供餐准备的 5 名乘务员因飞机颠簸太剧烈，无法马上回到座位系好安全带，在飞机出现左右大幅摇摆时，他们被惯性地从飞机尾部的一侧甩向了另一侧，刚刚拿出的饮料则全部泼在了一位乘务员的身上。幸好此时餐车没有推出，否则飞机如此剧烈的颠簸和摇摆，后果不堪设想。

- **为什么要收好小桌板？**

收好小桌板是为了在紧急撤离时无障碍，保证个人能以最快的速度离开飞机。以笔者之见，在起飞、降落、颠簸时，打开小桌板对你的安全是极为不利的。

请谨记！收好小桌板不是为乘务员或他人做的，而恰恰是为您自己。"生命诚可贵"，不要让一个小桌板影响您的安全。

- **为什么要调直座椅靠背？**

调直座椅靠背，首先是为了使后排座位前面的通道顺畅，以备紧急撤离时后排的旅客能快速离开飞机。要是你前排的客人在起飞、降落时忘记调直座椅靠背，你可以提醒他或告诉乘务员让他调好靠背。

- **为什么要打开遮光板？**

起飞和降落时都要打开遮光板，一是为了您观察窗外有什么异常，以便及时通知乘务员；二是发生紧急迫降后如果没能及时离机，您也可以得到救援人员的及时救助，他们将通过这个窗口看到您、去救助您。

- **怎么看航班超售？**

超售就是某个航班卖出的票数超过飞机座位数。为了保障自己的收益，几乎每家航空公司都存在一定比例超售的现象，以保证航班座位的利用。这是国际民航界的共识，不要见怪。国外航空公司一般把超售机票占售出机票的比例控制在 3%左右，我国则规定超售机票不能超过售出机票的 5%。旅客要问了，这样岂不是有些人无法登机？确实如此。当然，也时常有人买了机票却没去乘坐飞机。

如果有人因超售无法登机，航空公司的一般做法是：首先在旅客中寻找自愿改乘其他航班者。如果没有足够的自愿者，就采取拒绝登机的方式。为了避免无法登机，你应尽量早到机场，办理登记手续。如遇超售情况，晚到的就有可能无法登机。

一旦被拒载，旅客有资格要求航空公司作出补偿。航空公司也会对自愿改乘航班的旅客开出补偿证明和配套的旅程优惠计划。被拒绝登机的旅客会得到现金补偿，当然，他也可以要求提供往返机票补偿证明、相应的旅程优惠计划等来替代现金补偿。具体的补偿需要在办理登机手续的柜台立即办理，同时航空公司和旅客会签订一份协议以放弃今后向航空公司追溯责任的权利。

● **航班延误或取消怎么办？**

因各种原因，航班延误或取消时有发生。以笔者之见，这主要是资源问题和安全要求所限。希望各位读者能正确理解。一般飞机晚点，在用餐时间时，航空公司都会提供免费饮料或餐食。如果晚上的飞机不能飞了，就得看情况。如果是因飞机维修、航班调配等原因，航空公司会提供食宿。由于天气、突发事件、空中交通管制等原因，就只能退票或改签了，这种情况航空公司是不管食宿的。具体情况要看国家管理当局的规定。

● **为什么机票"不可签转/改期/退票"？**

航空公司设计了各种优惠机票。很多优惠机票是带有限制条件的，常见的有：①不可签转，这是指出票后不能更改航空公司；②不可改期，这是指出票后不能更改出发或回程日期，具体依照航空公司规定执行；③不可退票，这是指出票后不能退回程票或全部机票，具体依照航空公司规定执行。因此，购买优惠机票时一定要注意它是否有限制条件。一般而言，越是优惠的（打折的）机票，限制条件就越多。

9.8　乘机经验分享

尽管笔者及合作伙伴编著了本书，但我们的乘机经验也很有限。当然，这也是需要大量的付出的。因此，谈到乘机经验，资料主要来源于自己总结、朋友介绍和网络共享。

（1）计划好到候机楼的时间。如果第一次坐飞机，最好提前至少两个小时到候机楼，避免不熟悉程序导致的时间紧张。到了机场，旅客要抓紧办理各种手续，因为航空公司规定航班起飞前45分钟停止办理乘机手续。特别是在黄金周、春运期间等旅客巨多，需要排队，有的机场执行规章非常严格，时间到了就不能再办手续，如北京首都国际机场。

（2）随身携带贵重或者易碎的物品。如果有贵重或者易碎的物品，为避免损失，最好还是随身携带。特别是远距离、含中转的国际航班，托运行李等往往难以保证物品安全。

（3）托运行李收费。托运行李时有的机场会收保险费，10元左右；如果你的行李箱没有锁，有的机场会强制你买把小锁，以利于物品安全。

（4）将水果刀放在行李中托运。民航班机上是不允许携带刀具的。如果你带着水果刀，最好放在行李中托运，不然绝对会被没收。

（5）带动植物很麻烦。对国内航班，小动物不能带上飞机，要托运也要有检疫证明，比较麻烦；盆栽植物、花卉类是可以带的。对国际航班，规定就更多了，如需检验检疫的动植物最好都不带。这里不再介绍。

（6）乘机饮食与忌讳。实际上，在高空中人的各种器官机能都可能发生变化。为避免在乘机时出现头晕、胸闷、恶心、胃肠胀气甚至呕吐等症状，在乘机前应注意饮食，吃易消化及营养丰富的食品，如面包、小点心、牛奶、瘦肉和水果等。主要忌讳有：①大荤及高蛋白食物。这些食物在肠胃里停留的时间长，消化困难，加上人在空中消化液减少，胃功能变弱，极易产生胃肠痉挛、阵发性绞痛等症状；②大量的粗纤维食物，如啤酒、汽水、黄豆、萝卜等。它们易在体内产生气体。由于飞机飞行高度越高，气压越低，这类食品就会使人体内胀气，进而产生胸闷、腹胀、呼吸不畅等症状；③进食过饱和空腹上机。既要防止过饱导致的胃、心脏负担过重，也要预防空腹导致的低血糖反应。

（7）尽量轻装乘机。由于飞机客舱容量有限、空间利用率高，乘飞机时要尽量轻装，手提物品要尽量少，能托运的物品尽量随机托运。一般航空公司规定手提物品不得超过5千克，还可携带雨伞、大衣、手杖、相机、书报等。随机托运行李重量：一般头等舱30千克、经济舱20千克以内免费，超过部分需付超重费。

（8）旅客与乘务互相尊重。上下飞机时，乘务员都会与你打招呼，你也应回应或点头致意。笔者认为，这是民航飞机与其他交通运输方式的最大差异。往深里说，这也是社会文明的标志，一个民航班机上的所有人员，应该就是一个"命运共同体"。只有大家和谐共处、同舟共济，才能保证飞机飞行安全高效。

（9）按座位号入座。客舱内分头等舱和经济舱。一般都是强调对号入座的，不要抢占座位。购经济舱票者，更不能坐到头等舱，这是首先应该明白的。再者，飞机需要配平。旅客座位的安排是符合配平要求的，随意调换座位不利于飞机的配平，会影响飞机的平衡。

（10）容易晕机者早作防备。晕机者可在起飞前半小时服用防晕机药品；一般座椅背篼中都备有清洁袋。呕吐时，旅客要吐在袋内，尽量不要影响他人和环境。

（11）保持良好修养。在飞机上不要大声喧哗；谈话声音不要影响他人。坐卧姿势也不要妨碍他人。如果不小心碰到别的旅客应表示歉意，等等。

（12）谨言慎行。旅客在飞机上不能开过分的玩笑，不能说容易引起误会、导致严重后果的话。这包括辱骂乘务员、其他旅客，谎称带有武器等，否则旅客因言语不当将会被拒载，或者被拘留，并承担由此引起的巨额费用，甚至承担法律责任。

对飞机上的设备，旅客更不要随意触动。如各式各样的灭火装置，安全设施，紧急制动阀、钮等。有的国家规定无故按动紧急制动装置是要判刑的。

例如，2016年3月9日，在成都飞往乌鲁木齐的CZ3693航班上就发生旅客误把安全门打开，导致航班出现延误事件。事后该男子向乘务员解释此举"只是想在起飞前透透气"。机场地服部门把安全门从外面关上后，对该旅客进行取证、笔录、重新检查后才放行飞机。

再如，2015年1月12日晚，西部航空从拉萨飞往重庆的PN6272航班上，飞机抵达重庆江北机场滑行完毕后，一男性旅客擅自打开了紧急出口，导致应急滑梯包被释放。预计造成航空公司10万元左右的经济损失。该男子因此被机场警方拘留。

（13）飞机上的各种用品仅供使用。飞机上的用品均仅供使用，千万不能拿走，如厕所内的卫生用品，座椅背篼内的东西，以及小毛毯、小垫子、塑料杯、刀叉等。

（14）听广播了解天气情况、增减衣服。在将要到达目的地之前，航班通常会广播地面天气情况，提醒旅客注意天气变化。下机时，可根据天气情况，准备衣物。特别是去寒带或热带地区，更要注意增减衣服。在机场，一般都会有更衣室供旅客使用。

（15）飞机备降其他机场，要顺其自然。如果遇到天气不好的情况，航班就得改降其他机场。此时不要慌张，还应充分理解航空公司的安排，平复心态，继续下一个行程。

（16）丢失行李，冷静对待。有时因为各种原因，行李可能一时没找到。你可找机场行李管理人员或所乘航班的航空公司协助寻找。一时找不到，可填写申报单交航空公司。如果丢失，航空公司照章赔偿。

参 考 文 献

昂海松. 2012. 现代航空工程[M]. 北京：国防工业出版社.

陈东林. 2008. 航空概论[M]. 北京：国防工业出版社.

刁伟民. 2008. 航空保安[M]. 北京：中国民航出版社.

樊邦奎. 2001. 国外无人机大全[M]. 北京：航空工业出版社.

郭增麟. 1994. 世界空难探秘[M]. 北京：当代世界出版社.

过崇伟. 1992. 航空航天技术概论[M]. 北京：北京航空航天大学出版社.

何庆芝. 1997. 航空航天概论[M]. 北京：北京航空航天大学出版社.

侯启真. 2014. 机场安全防范技术[M]. 北京：中国民航出版社.

黄永宁. 2013. 民航概论[M]. 北京：旅游教育出版社.

霍志勤. 2013. 跑道安全理论与实务[M]. 北京：中国民航出版社.

江东. 1999. 走进飞行先驱世界[M]. 北京：兵器工业出版社.

姜长英. 2000. 中国航空史[M]. 北京：清华大学出版社.

李为吉. 2001. 现代飞机总体综合设计[M]. 西安：西北工业大学出版社.

李永. 2005. 民航基础知识教程（第二版）[M]. 北京：中国民航出版社.

李永. 2012. 民航基础知识[M]. 北京：中国民航出版社.

刘得一. 2005. 民航概论[M]. 北京：中国民航出版社.

刘汉辉. 2008. 民用航空安全之道[M]. 北京：中国民航出版社.

刘让贤. 2013. 航空概论[M]. 北京：航空工业出版社.

马玲玉. 2013. 民航基础教程[M]. 北京：航空工业出版社.

牟道忠. 2013. 航空港概论[M]. 北京：科学出版社.

切斯利·萨伦伯格，杰夫·扎斯洛. 2016. 最高职责[M]. 北京：北京联合出版公司.

史超礼. 1978. 航空概论[M]. 北京：国防工业出版社.

史超礼. 1986. 航空概论[M]. 北京：北京航空学院出版社.

王华伟，吴海桥. 2014. 航空安全工程[M]. 北京：科学出版社.

徐吉林. 2013. 航空材料概论[M]. 哈尔滨：哈尔滨工业大学出版社.

杨华保. 2002. 飞机原理与构造[M]. 西安：西北工业大学出版社.

张晓明. 2007. 民航旅客运输[M]. 北京：旅游教育出版社.

章健. 2012. 航空概论[M]. 北京：国防工业出版社.

中国大百科全书编辑委员会，《航空航天》编辑委员会. 1985.中国大百科全书[M]. 北京：中国大百科全书出版社.

周长春. 2011. 航空安全管理[M]. 成都：西南交通大学出版社.